国家职业资格培训教材
技能型人才培训用书

家政服务员

（初级）

国家职业资格培训教材编审委员会
江苏省家政学会 组 编
钱焕琦 熊筱燕 主 编

机 械 工 业 出 版 社

本书是依据《国家职业技能标准 家政服务员》（初级）的知识要求和技能要求，按照岗位培训需要的原则编写的。本书主要内容包括：家政服务员职业概论，制作家庭餐，洗涤与收纳衣物，清洁家居，照护孕、产妇与新生儿，照护婴幼儿，照护老年人，照护病人。章首有培训学习目标，章末配有复习思考题，书末附有配套的试题库及答案，以便于企业培训、考核和读者自测自查。

本书主要作为各级职业技能鉴定培训机构的考前培训教材，也可作为读者考前复习用书。

图书在版编目（CIP）数据

家政服务员：初级/钱焕琦，熊筱燕主编 . —北京：机械工业出版社，2017.5（2023.11 重印）
国家职业资格培训教材　技能型人才培训用书
ISBN 978 - 7 - 111 - 57246 - 6

Ⅰ.①家…　Ⅱ.①钱…②熊…　Ⅲ.①家政服务 - 技术培训 - 教材　Ⅳ.①TS976.7

中国版本图书馆 CIP 数据核字（2017）第 146721 号

机械工业出版社（北京市百万庄大街 22 号　邮政编码 100037）
策划编辑：赵磊磊　责任编辑：赵磊磊
责任印制：单爱军　责任校对：李锦莉
北京虎彩文化传播有限公司印刷
2023 年 11 月第 1 版·第 2 次印刷
169mm×239mm·13.75 印张·255 千字
标准书号：ISBN 978 - 7 - 111 - 57246 - 6
定价：49.80 元

电话服务
客服电话：010-88361066
　　　　　010-88379833
　　　　　010-68326294
封底无防伪标均为盗版

网络服务
机　工　官　网：www.cmpbook.com
机　工　官　博：weibo.com/cmp1952
金　书　网：www.golden-book.com
机工教育服务网：www.cmpedu.com

国家职业资格培训教材（第2版）
编审委员会

前　言

近 30 多年来，人们的生活水平有了很大提高，家庭生活方式也发生了巨大的变化。家庭的结构、功能，以及家庭生活管理的目标、原则和资源方面呈现出的新特点，对家政服务提出了许多新要求。

首先，家庭结构的变化对家政服务提出了个性化要求。随着家庭经济收入的提高、住房条件的改善、人口流动性的增加，以及人们独立意识与个性意识的增强，几代同堂的大家庭越来越少，小家庭越来越多。像过去那样，依靠大家庭的家庭成员互相照应、共同分担家务则变得越来越困难。因此许多家庭开始借助社会资源，运用商业性服务帮助料理家庭事务。家政服务行业应运而生，从各个方面为家庭提供服务。家庭结构也日趋多元化，除了三口之家的核心家庭以外，老人独居的空巢家庭、单亲家庭、重组家庭，以及父母在外地工作由祖父母照看孙子女的隔代家庭等家庭形式也屡见不鲜。不同家庭结构的家庭在生活方式上必然有很多差异，因此对家政服务的要求也十分个性化。比如，有幼儿的家庭需要的是儿童照看服务，有年迈老人的家庭需要的是老人看护服务。而且，同样是儿童照看和老人看护，不同年龄阶段的儿童、不同健康状况的老人对服务的需求也是不一样的，因而对服务人员的技能要求也就不同。除了一般家庭需要的基本家政服务以外，富裕家庭还对高端家政服务提出了要求，这些要求包括：家庭理财、法律服务、换房服务、鲜花礼仪、车库管理等。

其次，家庭功能的变化对家政服务提出了更高的要求。家庭功能一般包括生育功能、教育功能、生产功能、消费功能、心理愉悦功能。现代家庭生活越来越强调消费、教育、保健、心理愉悦等功能，也就是越来越多地使用商品化服务，越来越注重子女教育和自身的教育，越来越重视家庭成员身体健康和心理健康。例如，老人不仅要求家政服务员耐心可靠，更希望他们懂得一些医学常识和护理技能；年轻父母希望家政服务员不仅会照顾孩子吃饭、睡觉，还要懂得如何与孩子做游戏，培养孩子的智力和社会交往能力；有些不能自理的病人希望由同性别的服务员照料，以免害羞和尴尬。家政服务员如果不具备一些家政的基本知识和技能，就很难提供高质量的服务。

再次，家庭生活管理目标、原则和资源的变化，促使人们对家政服务进一步提出了健康、科学和高效的要求。现代家庭生活节奏加快，人们格外重视时间的合理安排和家庭事务的高效管理。同时，随着经济收入的增加，人们越来越不满足于简单的应付，而是更注重健康、环保、休闲。一日三餐不仅要求丰盛，更需要营养均衡、口味适宜。环境不仅需要打扫整洁，更需要布置装饰优雅、家具保养得当。完成家务不仅依靠双手，还需要懂得正确使用各种工具、电器及化学产品。因此，现代家庭对家政服务进一步提出了健康、科学和高效的要求。广大家庭对家政服务的高要求，不断促使家政服务业和家政服务从业者进一步在经营上和素质上提高和完善。

家政服务业作为服务业中一个规模较大并极具发展潜力的重要领域，正处于亟待发展的黄金时期。家政服务业具有就业容量大、就业领域宽、用工灵活的特点，是促进下岗失业人员、农民工、大中专毕业生等群体就业和再就业的重要载体，是扩大内需、调整经济结构、实现经济平稳较快发展、构建和谐社会的重要途径。

当前，家庭对家政服务消费的需求远远没有得到满足。适销服务短缺和信息流动不畅，导致用户对服务不熟悉，对服务人员或服务质量缺乏信任感。很多家庭的现实需求处于抑制状态，潜在需求也无法向现实需求转化。究其原因，很重要的一个方面就是专业化人才缺乏，无法提供个性化、高质量的服务。

家政服务业只有向精细化、专业化方向发展，才能实现可持续的发展和繁荣。家政服务业一方面需要在广度上拓展业务范围，满足广大家庭各种不同的需求，另一方面需要在深度上延伸，提高服务的专业化程度，提升服务的水准。只有这样，无数家庭的各种潜在需求才可能向现实需求转化，家政服务的市场和行业发展空间才能充分打开。

家政服务业人才培养应向专业化方向发展。这不仅有助于提高家政服务行业的专业化程度，提升家政服务的总体水平，满足社会的需求，而且能为家政服务从业者的职业发展建立专业基础，拓展事业前景，满足个人发展的需要。专业的、高层次的服务更容易得到社会的认可和尊重，职业的社会地位提高有助于提高从业者的积极性和持久性，确保家政服务业人才队伍的稳定性。

鉴于以上考虑，江苏省家政学会组织行业专家学者根据人力资源和社会保障部最新制定的《国家职业技能标准　家政服务员》（以下简称《标准》）编写了家政服务员培训教材。本书严格按照《标准》中的理论知识要求、技能要求及岗位培训需要的原则编写。本书主要内容包括：家政服务员概论，制作家庭餐，洗涤与收纳衣物，清洁家居，照护孕、产妇与新生儿，照护婴幼儿，照护老年人，照护病人。

本书附有大量的知识要求试题和技能要求试题，以便于机构培训、考核和读者自测自查。本书主要用于职业技能鉴定培训，也可作为读者考前复习用书。

本书的编写分工如下：第一章由朱运致编写；第二章由何小龙编写；第三章由夏宁、夏爱兰、卞小梅编写；第四章由刘海、徐爱萍编写；第五、六章由朱世珍、王丹丹、郭智剑编写；第七、八章由金健、朱克俭编写。

全书由钱焕琦制订编写提纲，统改定稿，熊筱燕参与了策划和组织，王波、蔡丽娅、王哲、沈奕洁、董晓云、耿莉、祁敏参与了部分工作。本书在编写过程中借鉴和吸收了国内外学术界的有关研究成果，在此一并谨致谢忱。

由于编者水平有限，书中难免存在错误和不足之处，恳请广大读者批评指正。

编　者

目　录

第一章

家政服务员职业概论

培训学习目标

1. 理解家政服务工作的价值，确立积极的职业道德观念和服务意识。
2. 了解初级家政服务工作守则，形成良好的职业习惯。
3. 掌握基本的卫生常识和安全防护知识，树立健康安全意识。

第一节　职业道德

一、职业道德基本知识

1. 什么是职业道德

职业道德是指人们在职业生活中应遵循的基本道德，即一般社会道德在职业生活中的具体体现，它是职业品德、职业纪律、专业胜任能力及职业责任等的总称，属于自律范围，它通过公约、守则等对职业生活中的某些方面加以规范。

简单地说，我们除了要具有基本的社会道德素养，比如遵守公共秩序、尊重他人、爱护环境、乐于助人等外，还需要遵守家政服务行业所规定的行为规范，比如尊重雇主、诚实守信、服从管理、不断学习提高服务水平等。

2. 家政服务员要有什么样的职业道德

在家政服务行业，做得最好、最受欢迎的家政服务人员不一定是技能最好的，而是那些服务心态最好的家政服务员。所以，怎么看待家政服务业，以什么样的心态对待所从事的家政服务工作，是家政服务从业人员树立职业道德意识之前必须解决好的思想问题。

（1）自尊自爱　一方面，家政服务员以职业工作者的身份为雇主提供服务和帮助，按劳取酬，雇主与家政服务员的关系是雇佣关系，不是主仆关系，所以家政服务员在工作中不需要低声下气、唯命是从。所以，家政服务员应以良好的心态和心情工作，堂堂正正为雇主服务。另一方面，家政服务员也要避免投机心态，千万不要以出卖自己的人格为代价去换取所谓的"荣华富贵"。应通过自己的劳动获得报酬，不自轻自贱，不走捷径，保持人格独立。

（2）尊重雇主　尊重雇主就是家政服务员对待雇主要摆正自己的位置，要从雇主的需求出发提供服务，而不能自说自话，强人所难，更不能目中无人，反客为主。家政服务员的"尊重"具体体现在：尊重雇主及其家庭成员；尊重雇主的生活习惯；尊重雇主的服务要求；尊重雇主的家庭隐私。

（3）尽职尽责　按合同约定的服务内容、服务时间，认真负责、有条不紊地做好各项工作，是家政服务员应尽的职责。

很多家政公司的管理规章制度上都谈到守时、守信的问题。守时，就是家政服务员要按合同约定的时间到雇主家里提供服务，不能迟到、早退；守信就是按承诺的要求完成工作，服务到位，忠实地履行自己的职责，不失信于人。

（4）勤奋好学　家政服务员的工作就是要为雇主提供优质满意的服务，从而获得自己应得的劳动报酬。要做到这一点，一是眼里要有活，二是要把活做好。而要把活做好，就需要不断学习提高。对家政服务员而言，要不懂就问，不会就学。只有勤奋好学，对业务技能精益求精，才能不断提高工作质量和效率，成为优秀的、令人满意的家政服务员。

二、职业守则

家政服务员的职业守则是广大从业人员工作行为的指南。

1. 遵纪守法，诚实守信

遵纪守法就是遵守各项规章制度和法律法规，认真履行岗位职责和行为规范。在家政服务行业中，主要体现在按规章办事，不损害公司和雇主的利益，积极维护个人声誉，敢于抵制各种违法乱纪行为。

诚实守信就是要求家政服务人员：老老实实做人，踏踏实实做事，扎扎实实工作；讲实话、用实力、办实事、求实效；不弄虚作假，不偷工减料，不贪小便宜；说话实事求是，做不到的事情不能夸口；遇到困难或犯了错误，能诚实地汇报情况，不隐瞒、不欺骗，努力建立起和雇主之间的信任关系。

2. 爱岗敬业，主动服务

爱岗敬业作为基本的职业道德规范，是对人们工作态度的一种普遍要求，爱岗敬业就是要用认真负责的态度来对待自己的工作。要能够尽自己所能为雇主服务，认认真真地做好每一项工作，办好每一件事情。

主动服务是指在服务过程中能主动为雇主考虑，根据雇主的需求、喜好和习惯调整自己的工作方式，提供令人满意的服务。家政服务员还要有主动学习的意识，不断提高自己的服务水平。

3. 尊老爱幼，谦恭礼让

家政服务员对任何人都要友善热情、表示尊重，为老人和幼儿服务时需要格外细心。要能够根据老人和幼儿的特殊条件，为他们提供周到的服务。

尊老爱幼，谦恭礼让的另一层含义是，要平等对待雇主家庭的所有成员，对待身体不好、说话行动有困难的人也应同等尊重，不应有偏见和歧视，更不能因为这些原因在服务质量上打折扣。

4. 崇尚公德，不涉家私

社会公德是社会生活中最简单、最起码、最普通的行为准则，是全体公民在社会交往和公共生活中都应该遵循的行为准则。《公民道德建设实施纲要》用"文明礼貌、助人为乐、爱护公物、保护环境、遵纪守法"二十个字，对社会公德的主要内容和要求做了明确规范。家政服务员是社会的一员，理应遵守社会公德，在工作中要时时提醒自己举止文明、与人为善。

家政服务员在雇主家庭中要做好职责范围内的工作，但不能介入雇主的家庭生活，要保护雇主的隐私，不探听、不泄露雇主的个人信息。

第二节　卫生常识

一、饮食卫生常识

家政服务员在工作生活中一定要养成好的卫生习惯，尤其要重视饮食卫生，因为病从口入，饮食卫生会直接影响身体健康。

（1）养成吃东西以前洗手的习惯　人的双手每天要接触各种各样的东西，会沾染病菌和寄生虫卵。吃东西以前认真用肥皂洗净双手，才能减少"病从口入"的可能。

（2）生吃瓜果要洗净　瓜果蔬菜在生长过程中不仅会沾染病菌和寄生虫卵，还有残留的农药、杀虫剂等，如果不清洗干净，不仅可能染上疾病，还可能造成农药中毒。

（3）不随便吃野菜、野果　野菜、野果的种类很多，其中有的含有对人体有害的毒素，缺乏经验的人很难辨别清楚，只有不随便吃野菜、野果，才能避免中毒，确保安全。

（4）不吃腐烂变质的食物　食物腐烂变质，就会变酸、变苦，散发出异味，这是因为细菌大量繁殖引起的，吃了这些食物会造成食物中毒。有些家庭主妇比较节俭，有时将轻微变质的食物经高温煮过后再吃，以为这样就可以彻底消灭细菌。医学实验证明，细菌在进入人体之前分泌的毒素，是非常耐高温的，不易被破坏分解。因此，这种用加热方法处理剩余食物的方法是不可取的。有些人吃水果时，习惯把水果烂掉的部分削掉再吃，以为这样就比较卫生了。然而，微生物学专家认为：即使把水果上面已烂掉的部分削去，剩余的部分也已通过果汁传入细菌的代谢物，甚至还有微生物开始繁殖，其中的霉菌可导致人体细胞突变而致癌。因此，水果只要是已经烂了一部分，就不宜吃了，还是扔掉为好。

（5）不随意购买、食用街头小摊贩出售的劣质食品、饮料　这些劣质食品、饮料往往卫生质量不合格，食用、饮用会危害健康。不喝生水。水是否干净，仅凭肉眼很难分清，清澈透明的水也可能含有病菌，喝烧开过的水最安全。

（6）不要用白纸包食物　有些人喜欢用白纸包食品，因为白纸看上去干干净净的。可事实上，白纸在生产过程中，会添加许多漂白剂及带有腐蚀作用的化工原料，纸浆虽然经过冲洗过滤，仍含有不少化学成分，会污染食物。至于用报纸来包食品，则更不可取，因为印刷报纸时，会用到油墨或其他有毒物质，这些物质对人体危害极大。

（7）不用卫生纸擦拭餐具　化验证明，许多卫生纸（尤其是非正规厂家生产的卫生纸）消毒状况并不好，这些卫生纸因消毒不彻底而含有大量细菌；即使消毒较好，卫生纸也会在摆放的过程中被污染。因此，用普通的卫生纸擦拭碗筷或水果，不但不能将食物擦拭干净，反而会在擦拭的过程中，给食品带来更多的污染机会。

（8）不能用酒消毒碗筷　一些人常用白酒来擦拭碗筷，以为这样可以达到消毒的目的。殊不知，医学上用于消毒的酒精度数为75°，而一般白酒的酒精度数多在56°以下，并且白酒毕竟不同于医用酒精。所以，用白酒擦拭碗筷，根本无法达到消毒的目的。

（9）及时清洗抹布　实验显示，在家里使用一周后的全新抹布，滋生的细菌数会让你大吃一惊；如果在餐馆或大排档，情况会更差。因此，在用抹布擦饭桌之前，应当先充分清洗。抹布每隔三四天应该用开水煮沸消毒一下，以避免因抹布使用不当而给健康带来危害。

（10）不用毛巾擦干餐具或水果　人们往往认为自来水是生水、不卫生，因此在用自来水冲洗过餐具或水果之后，常常再用毛巾擦干。这样做看似卫生细心，实则反之。须知，干毛巾上常常会存活着许多病菌。目前，我国城市自来水大都经过严格的消毒处理，所以说用洗洁剂和自来水彻底冲洗过的食品基本上是洁净的，可以放心食用，无须再用干毛巾擦拭。

二、个人卫生常识

保持个人卫生不仅仅是为了看起来清爽精神，更重要的是个人卫生关系到自己和他人的健康。家政服务员在为雇主服务时需要格外注意自己的卫生习惯。

1. 勤洗手

人的手在日常生活中与各种各样的东西接触，必然会沾染灰尘、污物，以及有害有毒物品，还有微生物、细菌、病毒等。一只没有洗过的手，至少含有 4 万~40 万个细菌。指甲缝更是细菌藏身的好地方，一个指甲缝里可藏细菌 38 亿个之多。如果不养成勤洗手的习惯，就容易把细菌带入口中，吃到肚里，这就是人们常说的"菌从手来，病从口入"。所以，要养成勤剪指甲，饭前、便后、劳动后洗手的习惯。洗手可除掉黏附在手上的细菌和虫卵，用流水洗手，可洗去手上 80% 的细菌，如果用肥皂洗，再用流水冲洗，可洗去手上达 99% 的细菌。洗手时应注意不能几人同用一盆水，以免交叉感染，互相传播疾病，且洗手时间应超过 15 秒。

2. 勤洗澡

人体的皮肤很重要，不仅能防御有害物质对人体的侵犯，还具有参与调节人体新陈代谢的功能。由于皮肤不断分泌汗液及皮脂，因此灰尘及微生物、细菌等很容易沾附在皮肤上，如果皮肤不能保持清洁卫生，不但会影响皮肤正常的生理功能，还可能引起皮肤病，如疖肿、皮癣、疥疮等。因此我们应当注意皮肤的清洁，经常洗澡，换衣服，除去皮肤上的汗垢、尘污和皮屑等不洁之物，保持皮肤的清洁卫生。

3. 坚持刷牙漱口

口腔是消化道的入口，与呼吸道关系密切，由于温度、湿度、酸碱度以及残留在口腔的食物残渣，均适宜微生物、细菌的生长繁殖，不仅容易损坏牙齿，还能引起其他疾病，如扁桃体炎、呼吸道疾病、风湿性心脏病、肾炎等。我们应当注意口腔的清洁卫生，坚持每天刷牙漱口，养成良好的卫生习惯。

4. 不随地吐痰、甩鼻涕

痰是呼吸道分泌出来的黏性液体，可借咳嗽动作排出体外。吐痰人人皆会，但并不是每个人都具备良好的吐痰习惯。有些人不注意保护环境，有痰随地吐，鼻涕甩一地，既影响环境卫生又有损个人形象。有些所谓"爱卫生"的人，将痰吐在地上，用鞋一抹，以为看不见痰迹就算干净了，就不妨碍卫生和健康了。殊不知痰液中含有几百万个细菌、病毒等。特别是患有呼吸道疾病的人，如肺结核、流感、流脑等病人痰液里的细菌和病毒更多，曾经流行过的"非典"更是如此。因此，人人都要养成不随地吐痰的好习惯。在家中有痰要吐在马桶里及时冲洗，在公共场所应把痰吐在废纸上包起来，然后扔进纸篓或垃圾箱里，自觉做到不随地吐痰，维护公共场所卫生。

5. 不面对他人咳嗽、打喷嚏

咳嗽和打喷嚏是人的正常的生理现象，但是不注意场合，面对别人或食物打喷嚏则是一种既不卫生又不礼貌的不良行为。一声咳嗽可喷射出近 2 万个很小的飞沫，一个喷嚏可喷射出近 100 万个小飞沫。而且飞沫喷出的速度很快，不到 1 秒就可以飞出 4.6 米，顺风的话可达 9 米之遥。鼻腔和咽喉部是细菌、病毒聚居最密集的地方之一，喷出的飞沫中含有大量的细菌和病毒。飞沫的水分蒸发后，细菌和病毒又随尘土飞扬，继续危害他人的健康。因此，在咳嗽和打喷嚏时应该注意礼貌和卫生，尤其是患有呼吸道传染病的人，更应该自觉注意。如果在面对人或食物的场合忍不住要打喷嚏，应当立刻掏出手巾或面巾纸，掩住口和鼻子。实在来不及也要转身背向他人或食物，并用手捂住口和鼻子。

6. 垃圾及时清理，不乱扔废物

养成每天晚饭后倾倒垃圾的习惯。吃剩的饭菜等垃圾很容易繁殖细菌，吸引蚊虫，产生臭味，污染环境。所以每天的生活垃圾要及时处理、倾倒，不要过夜。天气热的时候，可以在垃圾桶内放置或喷洒杀虫剂防止小虫的繁殖。

7. 被褥勤洗晒

被褥起码每半个月或者一个月晒一次。因为日光有很好的消毒作用，日光中的紫外线可以杀死细菌，而阳光的加热和干燥作用又可加速病菌的死亡。这样，在清洗时除不掉的细菌便可通过日光的照射而杀灭。同时，被褥在阳光下照射 1 ~ 2 小时，会使棉絮变得松软、柔和，给人以舒适的感觉。因此，在拆洗被褥时，不妨多在阳光下晒晒。即使没有时间拆洗，只要定期在日光下照射 1 ~ 2 小时，同样可起到清洁被褥的作用。

除螨虫除了要勤晒被子外，还要勤洗勤换。要知道三个月以上不晒被子，被子里就会有 600 万只螨虫，但是仅凭晒被子并不能有效除螨。螨虫在被子的表层里面生长，晒被子只会让螨虫往被子里面钻，如果再去拍，只会把螨虫的尸体和排泄物拍成粉末状，反而增加了过敏源。所以，被子不光要晒，还要经常清洗，且清洗时要加入一些消毒液。

三、居家环境卫生常识

1. 保持空气清新

要经常开窗通风换气，使室内空气流通，保持空气洁净、新鲜。尤其在冬季更要注意勤通风，即使天冷，每天也要开窗换气，每次开 10 ~ 30 分钟，就可降低室内病菌浓度。必要时可采用药剂消毒、清洗、喷洒等方式清除杀灭病原体微生物。药剂消毒有杀菌彻底、速度快、使用方便等特点，是家庭生活中最常用的消毒方法之一。可选择的药物（或化学品）很多，应选择有卫生部门批准文号的，按使用说明中的比例配置消毒药并达到浸泡规定时间。厨房要使用抽油烟机，防止油烟污染空气。居室要勤打扫，防止灰尘对空气的污染。

2. 保持环境整洁

保持室内整洁、清洁、干燥，不乱堆杂物。在整洁、清洁、干燥的环境中，蟑螂等害虫不容易隐蔽繁殖。用餐后要将食物及时密闭，将地上及垃圾袋内的垃圾及时清理，并将餐具用热水冲洗干净，另外炉灶等处也要定期清洁。如果发现了蟑螂、老鼠等虫害，要及时处理灭杀。可以在屋内无人的情况下使用杀虫剂、灭鼠剂。

3. 种植绿色植物

居室内养植一些吊兰、绿萝、仙人掌等，对净化室内空气有益处。尤其是刚刚装修或购买了新家具的时候，可以把绿色植物放在房间里，净化空气，还可以在房间里放一些活性炭，吸附有毒有害气体。

4. 注意环境保护

保护环境我们可以从身边的一些小事做起：使用电器、充电后及时拔掉或关闭电源，可减少对电的浪费；夏天将空调调到 26°C，可以大大节约能源；尽量少用一次性餐具；用自备的菜篮子或布袋买菜购物，少用塑料袋；洗碗洗菜尽量不要一直放水，将洗衣服的水留下来冲马桶、拖地；纸可以反复使用，应用完纸的两面，并用手绢代替面巾纸，少砍树木，可造福子孙；使用可降解、用量少的洗涤用品；出门携带自己的水杯，方便又卫生。

第三节　安 全 常 识

一、服务安全常识

1. 防盗

居民住宅的安全防盗，最关键的一条就是要提高警惕，严守门户。不要公开外出的秘密，不要给犯罪分子提供家中无人的信息。不要把家门的钥匙交给外人，尤其是陌生人。家门的钥匙一旦落到他人之手，就要立即更换门锁。进出家门切莫忘记锁门，即使是短时间离开，千万不能麻痹大意。从事家政服务工作的人员，千万不要把陌生的或者不太熟悉的人放进家门。当主人不在家而有客来访时，应当很有礼貌地请来者与主人预约，或者等主人回来后再来。这样做，一方面坚持了原则，另一方面也使家庭安全有了可靠的保障。

车辆防盗，首先是防止自行车或助动车被盗。很多家都有自行车，家政服务员很多时候需要骑自行车或助动车外出办事。自行车或助动车被盗，主要原因是户外停放，无人管理，偷盗者容易得手。这就要求车主做好防盗工作，白天放在室外的自行车或助动车一定要上锁，晚上把车搬到室内保安全。

2. 防骗

当前，诈骗案件频频发生，骗子骗术百出，手法多样，其主要特点是根据对方的心理状态而下手骗取他人的财物。如何防止受骗？最重要的是保持清醒的头脑。

作为家政服务人员，不要企图从别人的"施舍""照顾"中获得"天上掉下的馅饼"，也不要轻易把自己的钱财交由他人。在商品交易的过程中，如果互相不认识，就要做到钱货两讫。对于那些"好心人"或者在路边进行交易的，都不要贪便宜而上当。

照顾小孩的家政服务员要格外警惕，在带孩子外出玩耍、接送孩子的过程中一定要让孩子在自己的视线范围内，不要轻信陌生人，遇到特殊情况要及时和孩子的家长联系核实。

3. 防火

家庭火灾，大多数是人为的。家用电器、煤气等使用不当就容易造成火灾。所以家政服务员要认真学习如何正确使用各类家用电器和设备的知识、规范操作，避免火灾发生。使用各种电器都要详细阅读说明书，掌握正确的使用方法，不清楚的地方要及时询问。电器一旦出现故障，要及时告知雇主，请专业电工修理。要掌握液化气、管道煤气灶具的安全使用方法，不得自行拆装有关设备或者器具，遇到故障应当与煤气公司联系，及时解决问题。使用燃气时不得离开火源，防止火焰被风吹灭或者被煮的汤、水因沸腾外溢浇熄火焰，也要防止锅内食品被烧干、烧焦后起火。用火完毕，应当关闭所有的开关和阀门。遇到气体泄漏不得开灯，不得划火柴，应立即关闭气源阀门，打开门窗通风排气。严禁用热水或者火焰烘烤的办法利用残余液化气。

4. 防中毒

煤气灶、天然气灶长期使用后，输气橡胶管、接头密封件以及开关阀门老化、失灵，会导致气体泄漏引起中毒；煮沸的汤、水溢出浇灭火苗也会使气体泄漏；至今还使用煤炉的家庭，一氧化碳中毒的可能性很大。因此，不得私自接、装煤气、天然气用具；对煤气、天然气用具要定期请专业人员保养和清洗；当煤气、天然气器具工作时，不能离开；使用完毕，务必关闭所有的阀门和开关；煤炉用户取暖时，一定要安装烟道，把废气排到室外。

二、自我防护常识

家政服务员这一职业和其他服务型行业一样也有一些风险，由于这一行业入户服务的独特性，其风险也有其特殊性。家政服务员既要真诚地对待雇主，也要有足够的防范意识。

1. 问清雇主家庭情况

在求职洽谈时，家政服务员就要对雇主的家庭情况有比较详细的了解，尤其是居家服务的服务员，应尽可能通过各种渠道打听一下雇主的情况，并对居住条件进行实地考察。如不具备单独的住房条件，可选择与家庭中的其他同性别的成员共同居住。入户后，无论是单独居住，还是共同居住，都要有安全的门锁。入睡前，应将房门锁好，拉上窗帘。

2. 熟悉周边环境

俗话说：远亲不如近邻。家政服务员起码要知道怎么称呼邻居，怎么与邻居沟通，因为生活中的一些紧急情况离不开邻居的帮忙。记住雇主家庭所在地名、街名、路名、社区名、楼牌号、门牌号，周围有哪些明显标志，通几路公交车，站牌在哪里，最近的医院、商店、学校、幼儿园以及菜市场位置等。熟悉周边环境，熟悉常走路程，会对家政服务员处理一些突发性问题或者与外界有联系的事情带来帮助。

3. 牢记相关电话号码

遇有紧急情况，拨打电话是最能应急的方式。因此，相关的电话号码一定要牢记，如：报警电话"110"，火警电话"119"，急救电话"120"，交通事故电话"122"，查询电话"114"等。另外，雇主电话，所在社区物业服务电话，煤气、自来水抢修电话，家政服务公司电话等也要记牢。拨打求救电话时，要沉着冷静，说清事发地点，发生何事及求助要求。

4. 不轻信他人

家政服务员在雇主家庭中工作，处于相对封闭的环境，容易感到孤独。很多家政服务员是在人生地不熟的外地工作，亲戚朋友少，因工作关系，也不能经常与朋友交往。因此，家政服务员很渴望结交朋友，乡土观念特别强烈，听到家乡话，见到家乡人就感觉特别亲切。但在现实生活中同乡骗同乡的案例屡见不鲜。总而言之，凡事都要三思而后行，慎重观察，不要轻易相信他人。

5. 学会应对突发情况

一旦遇到威胁或侵害，一定不要害怕，对方一定更加恐慌、更加害怕，顾虑更多。他们知道，事情一旦败露无法面对家人和社会的舆论谴责，更难逃脱法律的制裁。千万不要有任何幻想和顾虑，要严厉斥责其言行，坚决地拒绝他们的无理要求。如果没有明确的态度，对方会以为是一种默认，进而造成更加严重的后果。如果情况没有好转，应及时辞职，脱离危险。

如果对方使用暴力胁迫，应找准时机采取有效措施制止对方的侵害。如站在窗前，可打碎玻璃，大声呼救，惊动周围邻居。遇到暴力时应该反抗，最好能在对方的明显部位留下明显的抓、咬伤痕，这是重要证据。但前提是首先要保护自己的生命，要用智慧战胜邪恶。

6. 用法律武器保护自己

遇到危险后，最有效的方法是拨打110报警。如在雇主家中无法拨打电话报警，可借机到外边打电话报警。也可直接到附近派出所报警，总之，报警的时间越早越好。同时要保留好物证。保留好物证，是公安机关侦破案件和定性的依据。千万不要因对方的恐吓而退缩，不要指望通过私了解决问题，因为这样的结果常会使犯罪分子得寸进尺，使自己继续受到侵害。

三、安全救护常识

1. 报警

当门前、楼道或者庭院出现陌生人闲逛、逗留时，从事家政工作的人员应当密切注意观察，一旦发现有犯罪迹象就要立即报警。报警时，语言要简洁、明了。应当报告包括区、街道、路名、门牌号码等内容的发案地点、发案时间以及简单的案情。切忌讲话罗唆，耽误时间。

家庭发生刑事案件后，特别是发生入室盗窃、抢劫的案件后，必须保护现场。因为现场隐藏着大量的犯罪信息，以及与犯罪有关的痕迹和物证，是侦查破案的出发点。一是在刑事案件发生后，不要为了急于了解财物的损失情况而整理零乱的现场，不要任意翻动现场物品改变现状。二是要防止无关人员进入现场，以免他人破坏现场的原貌。三是在抢救被害人而必须进入现场时，也应当尽量缩小移动或者翻动物品的范围，并且记录移动或者翻动前的原状。四是不要复原现场已经被犯罪分子翻动过的物品。只有当公安民警到达现场后，经过他们的同意才能清理现场。

2. 火灾的扑救

发生火灾，首先要及时扑救，在炒菜、油炸食物时，温度过高，锅里的油就会着火。这时，千万不要用水泼，而应当迅速抓起一大把菜、米、面或其他食物丢入锅内，也可以用锅盖盖在锅上使火与空气隔绝，这样油锅里的火很快就会熄灭。

在火灾初起时，一定不要只顾抢救钱、物而贻误了灭火和脱身的有利时机。值得注意的是：电器火灾应当在切断电源后用水浇灭，但是在通电的状态下绝对不能用水灭火，以免触电；煤气、天然气造成的火灾，应当首先关闭阀门，切短电源，然后用水灭火；家具等一般物品着火，可以用水扑灭，也可以就地取用毛毯、棉被等将火焰盖住，然后扑灭；化学危险品起火，可以用面粉、沙土等覆盖灭火；扑救火灾时，不要随便开启门窗，以防止空气大量流入使火势蔓延。

火势不能控制时，应立即打报警电话119，报告消防部门。报警时应当简练、准确地讲清以下内容：失火的地点、路名、靠近的交叉路口、门牌号码等。

3. 煤气中毒的急救

发现有人煤气中毒，原则上应迅速让中毒的人脱离中毒环境，避免缺氧。要立即打开门窗通风，迅速将患者转移到空气新鲜、流通处，并注意保暖。还要确保中毒者呼吸道通畅，如发现中毒者已经神志不清，应将其头偏向一侧，以防呕吐物吸入呼吸道引起窒息。切忌采用冷冻、灌醋或喝酸汤等错误做法。应尽快打

120 求救，到医院就诊。

复习思考题

1. 作为家政服务员，怎样才能做好工作，更好地满足现代不同家庭的需要？

2. 结合你自己的经验，谈谈家政服务员在工作中必须要做到的有哪些，绝对不能做的有哪些？

3. 请你谈谈自己的求职经验或教训，总结一下求职的时候特别需要注意哪些问题。

4. 请你说说在家政服务中曾经遇到的困难甚至危险，并说说你是怎么解决和应对这些问题的。

第二章

制作家庭餐

培训学习目标

1. 了解一般常见原料的初步加工方法，熟悉不同类别原料加工的基本规律。

2. 熟练掌握原料的清洗加工、刀工处理、烹调技法和风味调配方法，能够通过各种刀法的综合运用获得菜肴制作所需的料形。

3. 熟练运用不同的烹饪技法、调味手段和调制方法完成不同风味菜肴的制作。

第一节　加　工　配　菜

一、蔬菜分类常识与食用方法

蔬菜是可供佐餐食用的草本植物的总称，习惯上又称为果蔬原料。此外，有少数木本植物的嫩芽、嫩茎和嫩叶（如春笋、香椿、枸杞的嫩茎叶等）、部分低等植物（如菌类、藻类）也可作为蔬菜食用。按蔬菜的主要食用部位分类，可以将其分为根菜类、茎菜类、叶菜类、花菜类、果菜类、孢子植物类共六大类。

蔬菜原料含有多种营养成分，各种成分的营养素及含量因品质不同而各有差别。在人类的日常膳食结构中，蔬菜是重要组成部分，大多数蔬菜的糖类、蛋白质、脂肪含量均不高，因而不能作为热能和蛋白质的来源。但其维生素、无机盐以及膳食纤维的含量却很高，品种也极其丰富，对人体的生理调节、酸碱平衡和新陈代谢起着十分重要的作用，同时蔬菜原料也在人类预防和治疗疾病中发挥着重要作用。许多蔬菜还对心血管系统疾病具有一定的防治作用。

1. 果蔬原料的选择与加工

果蔬原料在烹饪加工时一般具有加热时间短、容易成熟的特点，有许多果蔬原料可以直接生食，所以果蔬原料的初步加工非常重要，是否符合卫生要求，取决于加工方法正确与否，摘剔加工是果蔬原料首要的加工程序。

果蔬原料的摘剔加工是去除不能食用的根、叶、筋、籽、壳、虫卵及残留的杂物、农药等，通过修理料形，使之清洁、光滑、美观，达到基本符合制熟加工的各项标准，为下一步加工打下基础。

摘剔加工时首先要注意节约，去皮类原料去皮时不能带很多肉，取菜心时摘剔下来的叶边部分应用于其他菜肴，避免浪费。其次是要据原料的特征进行加工，摘剔时要尽量保持可食部位的完整性，使原料的成形功能不受破坏。例如黄瓜，既可以加工成片、丝、条等形状，也可以加工成筒、篮、船等花色造型，但如果在去瓤加工时方法选择不当，就会破坏这些成形功能。三是根据成菜的要求进行加工，同一种原料因成菜的要求不同而要采取不同的摘剔方法，如南瓜、香瓜等原料，在制作一般菜肴时都是先去皮后去瓤，而制作南瓜盅或香瓜盅时就不能去掉外皮。再如芋头，当用于油炸或炒菜时应该先去掉外皮，当用于煮或蒸的时候应该后去皮，因为这样可以更好地保留芋头的香味。

常见果蔬原料摘剔加工常用的方法包括：

（1）叶菜类原料的加工　叶菜类原料一般采用摘、剥的方法，去掉外层的黄叶，切除根部的根系，以及吸附的杂物。有时为了菜肴的需要（如选菜心），摘下的叶片比较多，但不能浪费，应合理利用。

（2）根茎类原料的加工　根茎类原料多采用削、刨、刮等方法，主要目的是去皮或去内瓤。有些原料可采用沸烫去皮法，即将需要去皮的原料放入沸水中短时间加热烫制，使果蔬原料的表皮突然受热收缩，与内部组织脱离，然后迅速冷却去皮。此法一般适用于成熟度较高的桃、番茄、枇杷等果蔬原料。烫制时的水温要求达到100℃，时间控制在5～10秒之间，时间过长会影响肉质的风味。如果是块茎类原料且用量较大，可采用碱液去皮法，即将原料放入配制好的碱液中加热，同时用竹刷搅拌去除原料表皮。此法去皮的原理是利用碱液的腐蚀能力将表皮与果肉间的果胶物质腐蚀溶解。但碱液浓度、加热温度和时间要处理得当，应根据原料表皮的组织结构和原料种类而定，处理过度不仅会使果肉受损，还会使原料的表皮粗糙不光滑。烹饪中采用此法加工去皮的原料并不太多，常见的如莲子、杨花萝卜的去皮等，大量的土豆、胡萝卜的去皮加工也可以采用此法。加工时采用边搅拌边加热的方法进行去皮，去皮后的果蔬原料应立即投入流动的水中彻底漂洗，去除残余的碱液防止变色，大批量加工时还需要用0.1%～0.3%的酸液进行中和。随着科学技术的发展，快速方便的去皮方法不断出现，如机械滚筒去皮法已经在食品加工行业得到运用；激光去皮法已经实验成功，相信不久也会在食品工业中得到应用。

（3）干果原料的加工　干果原料一般是去皮、去壳加工，去壳可采用剥和敲的方法，去皮可采用浸泡去皮法和油炸去皮法。浸泡去皮法是将干果原料放入温水中浸泡，然后撕去外皮，撕去外皮的干果原料可用油炸的方法使之成熟，如桃仁、松仁等；油炸去皮法是将带有薄皮的原料放入温油锅中加热，待原料成熟后捞出晾透，然后用手轻轻搓去表皮，如花生、桃仁、松仁等，经油炸去皮后的原料一般都已成熟，可以直接食用或作为配料，保管时需要密封，以防回软变味。

2. 果蔬类原料的食用方法

蔬菜是烹饪原料中的一个重要类群，在烹饪中有着广泛的运用。蔬菜原料作为烹饪原料的重要组成部分，在烹饪中的运用主要表现在以下几个方面。蔬菜可以作为主料，单独成菜，具有清鲜爽口、调节口感的功能；蔬菜作为主料运用广泛，如四川的开水白菜、北京的翡翠羹、陕西的菠菜松等；家常菜中应用更为普遍，如糖醋黄瓜、清炒茼蒿、蚝油生菜等。蔬菜也可以作为配料，用于荤菜的围边、垫底，可很好地调节菜肴色彩、美化菜肴，使菜肴达到营养平衡的目的；蔬菜作为配料，既可配鸡、鸭、鱼、肉等动物性原料，也可以配香干、豆腐等豆制品，还可以相互之间搭配，如香菇青菜、韭菜炒百叶、青椒炒肉丝等。有些蔬菜还兼具调味的功能，是重要的调味品，如葱、姜、蒜、辣椒、香菜等，既能作为蔬菜食用，又能去除异味，矫正菜肴的风味。

蔬菜还是糕点、小吃制作过程中的重要馅心原料。如青菜、萝卜、卷心菜、韭菜、芹菜、荠菜、菠菜等，都可用于多种糕点、小吃馅心的制作；有些淀粉含量高的蔬菜还可以替代粮食作为主食，如南瓜、土豆、莲藕、荸荠、豆类等；蔬菜还可以用于制作腌咸菜、酱菜、泡菜、干菜等食品，增加了蔬菜原料的食品风味，丰富了植物性原料的类型。此外，一些蔬菜可制作成罐头制品。

由于蔬菜品种多样、形态各异，因而适用多种刀法和烹调方法，既可以制作冷菜，又可以制作热菜、汤羹和甜菜，因此蔬菜原料在烹饪中发挥着重要作用。

蔬菜入馔前要保证新鲜、清洁、无冻伤以及无发芽腐烂等现象，运输过程中不能有挤压伤，应当选择品相好、无虫蛀或虫卵的蔬菜，防止某些寄生虫危害到人类健康。因此，蔬菜原料的品质检验就显得很重要。需要从蔬菜原料的含水量、形态、色泽等几个方面加以选择，确保原料的新鲜度。如果采购量稍大未能当日用完，还要注意其保管方式，不宜采用冷冻的方式予以保存，可以散放在通风阴凉处，但要注意遵循先进先用的原则。

二、家禽家畜类原料的初加工方法与注意事项

家禽家畜类原料是烹饪加工中的主要物料，自从人类饲养、驯化野生动物为家养的家禽和家畜后，这些家养的动物就成了人类的主要动物性原料来源。这些家禽家畜类原料种类很多，但其结构却基本相同，主要由肌肉组织、脂肪组织、结缔组织和骨骼组织构成。其中肌肉组织是肉的主要构成部分，在正常禽畜体

内，肉体的含量一般为 50% ~ 60%，其含有人体必需的蛋白质，是家禽家畜中营养价值最高的可食部位；脂肪组织是衡量肉品品质的第二个因素，它决定着家禽家畜的风味，营养价值很高，一般含量为 20% ~ 30%；结缔组织在禽畜体内连接各个部位，包括腱、筋膜、血管等，约占 10%；骨骼组织是动物机体的支持组织，也是肌肉的依附体，分为软骨和硬骨两种，骨骼中还含有 10% 左右的脂肪和 3% 左右的胶质蛋白，因此骨骼组织具有较高的营养价值。

家禽家畜类原料的营养成分主要包括水、蛋白质、脂肪、糖类、无机盐和维生素等。家禽家畜类原料在人类饮食中占有很重要的地位，是重要的烹饪原料之一。家禽家畜类原料在烹饪中运用广泛，在菜肴制作中可以充当主料，独立成菜，通过原料自身特点反映菜品的风味特征，常见的如红烧肉、香酥鸡等；也可以作为配料或加入蔬菜原料，和蔬菜类原料合并成菜，如红烧肉中加入豆腐果、百叶结、土豆、板栗、萝卜等均可以形成不同风味的红烧肉；蒸鸡除了香酥鸡，还可以加蔬菜原料炖汤，如山药、竹笋、菌类等和鸡鸭同炖。

对于家禽家畜类原料的加工而言，内容各不相同。家禽家畜的初加工内容随时代的发展产生了很大的变化。20 世纪 90 年代之前，专业厨房里对家禽的加工内容包括宰杀、烫毛、去内脏、分档、洗涤整理。家畜类原料在 20 世纪 90 年代时的加工内容大致包括原料的肉分档出骨、清洗，一般不包括宰杀加工；进入 21 世纪以后，随着社会分工的细化，这些加工内容都已经被移出了后厨，可以直接从市场上采购所需的具体原料部位，如鸡脯肉、鸡腿肉、猪里脊肉、猪排骨等。目前家禽家畜类原料的加工主要是指洗涤加工，其他的加工内容都已经不在后厨进行。

针对家禽家畜类原料的洗涤，主要是对胴体、四肢、头尾和内脏的洗涤，如图 2-1 所示。洗涤方法通常包括自然洗涤法和强化洗涤法。

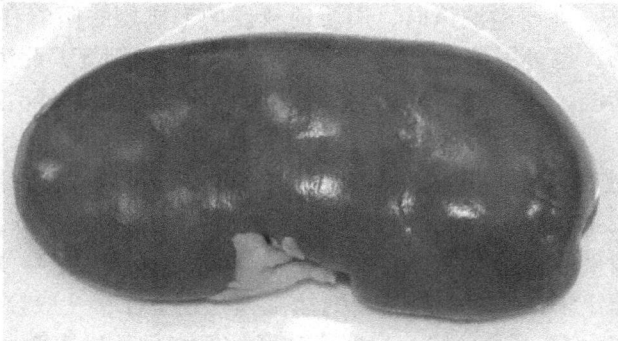

图 2-1　猪腰

1. 自然洗涤法

自然洗涤法是指不借助任何外力作用，直接用清水作用于原料，使原料达到清洁卫生效果的洗涤方法。原料的质地和形状不同，洗涤方法也不尽相同。常见的自然洗涤法主要包括清水漂洗法、流水冲洗法、灌洗法等。

（1）清水漂洗法　此法主要适用于松散易碎的原料，如脑、骨髓、筋等。洗涤时先在容器中注入清水，再将待洗原料置于水中，漂去原料中夹杂的毛、草、壳等杂物，漂洗时不能用力搅拌或翻动，以防止原料散碎，反复漂洗后如仍有杂物，可轻轻拣去再漂洗，确保原料的完整和光滑。

（2）流水冲洗法　此法主要适用于禽类原料的翅、爪等部位，这些部位相对外表比较洁净，泥沙虫菌杂质少，洗涤时将原料置于水龙头下，在流动水的冲击作用下，使原料表面的少量泥沙等杂物脱离原料表体即可，有时会适当借助手掌的力量在原料的表面轻轻揉搓，以加速表面杂质的脱离。

（3）灌洗法　此法主要适用于具有腔体结构特征的原料如猪肺的加工，洗涤时将流动的水从肺部气管的管口注入，通过许多支气管和血管后，使肺叶里残留的血液和水充分混合，降低血液的浓度，最后划破肺叶使血液充分排出，既可去掉猪肺的异味，又可使猪肺成为白色，这是一种独特的洗涤加工方法。

2. 强化洗涤法

强化洗涤法是指借助外力或高温、强碱等作用，使原料外表洁净的洗涤方法。

（1）里外翻洗法　主要适用于动物的部分内脏洗涤，如动物的肚、肠等，这些原料的外表具有较重的黏液或具有较污秽的杂物，洗涤时将原料内外翻转、搓揉洗涤，使外表的黏液和容腔内的污物都能得到清洗而去除干净。

（2）刮洗法　在原料洗涤的过程中用刀反复刮去原料表面的污物、毛根、黏液、皮膜等杂物，此法经常用于猪肉的外皮、脚爪、火腿等原料外表的洗涤加工。

（3）刷洗法　在原料洗涤时，用质地较硬的毛刷刷去附着在原料表面或空隙中的泥沙污物，也可用其他工具，如竹刷、草把、丝网等，此法主要用于附着较紧的污物的清洗，如螃蟹、火腿等，若是脂肪较重的原料，配合温水洗涤效果会更好。

（4）盐溶液洗涤法　此法主要适用于虫卵较多或可以直接食用的蔬菜原料，特别是原料体内钻有幼虫的豆荚类原料。用盐水浸泡后不仅可以使蔬菜表面的虫卵脱落，还可以使原料体内的幼虫钻出体外，但盐水浓度一定要掌握好，浓度过低幼虫不容易逼出来，浓度太高又会把幼虫腌死在里面，一般控制在2%～3%为佳，浸泡时间为15～20分钟。盐溶液洗涤一般水量都比较宽，盐溶液与原料的比例不低于2:1。

（5）烫洗法　此法主要用于胶性强、油性重、黏液较多的原料，如鳗鱼、鲥鱼、肠、胃等。洗涤时将原料放入90℃甚至是沸腾的热水中冲泡浸烫，使原料表体的黏液凝结、油脂脱落，再用清水洗涤。

（6）明矾洗涤法 此法是将原料放在浓度为 2% 左右的明矾溶液中，用筷子搅动原料，使原料色泽变白、肉质更加透明，常用于虾仁的洗涤加工，在行业内称之为"打水"。因为明矾对虾青素有很好的分解作用，用明矾洗涤后的虾仁比用清水洗涤后的虾仁感观效果好。但由于明矾的化学性质和危害性，现在行业中已经很少运用此法。

（7）碱液洗涤法 此法主要适用于对加工性的动物原料和油发的干货原料进行洗涤，如香肠、火腿、油发肉皮、油发蹄筋等。洗涤时将原料放入 4% 的碱水溶液中擦洗，使原料外表的油污去净。需要注意的是，用碱液洗涤后的原料必须用清水将碱液漂净方可投入使用。

（8）盐醋搓洗法 主要用于动物中黏液较重的原料的洗涤，如动物的肚、肠等，洗涤时在原料中加入盐和醋，反复揉搓，使外表的黏液和容腔内的污物与原料分离，然后用清水洗净，重复 2~3 遍即可。此法和里外翻洗法混合使用，原料的洗涤效果更佳。

此外还有一些不常用的化学物品洗涤法，如 84 消毒液、洗涤剂等物质对原料也具有清洗消毒功能，倘若用这些物质对原料进行洗涤，需要注意 84 消毒液、洗涤剂等稀释的比例，应该严格按照说明书的配比要求进行配比，洗涤后必须用清水漂洗干净方可投入使用。

三、鱼、虾的加工方法与注意事项

鱼是水生动物中食用范围最广的一个品种，鱼类的营养价值主要是蛋白质、脂肪、无机盐和维生素等，其含量丰富又极易被人体消化吸收，具有很高的营养价值。其中蛋白质含量为 15%~18%；脂肪的含量跟鱼类的品种和年龄有关系，一般含量为 1%~3%，个别鱼类达到 10% 左右，如鲥鱼；无机盐在鱼体中的含量也较丰富，一般以钾、钙、磷、碘等为多，资料显示，每 100 克淡水鱼中含碘 5~40 微克，海产鱼中每 100 克鱼肉含 50~100 微克碘，与家禽家畜肉相比，鱼肉的碘和磷含量要高很多；鱼体内的维生素主要存在于肝脏中，主要是维生素 A 和维生素 D。

总体来说，鱼类是高蛋白、低脂肪的动物性原料。鱼肉的肌肉细嫩，结缔组织纤软，加之蛋白质的吸水能力强，因此烹调后，成熟的鱼肉柔软滑嫩，消化吸收率高，与禽畜类相比，鱼类原料的营养价值要略高。

虾蟹类原料也含有丰富的蛋白质，此外还含有多种无机盐、维生素和脂肪，尤其是微量元素的含量是很多其他原料不能相比的。虾蟹原料的消化吸收率很高，尤其是吃虾能提高血液中三磷酸腺苷（ATP）的浓度，增进胸导管淋巴液的流量。

1. 鱼类原料的加工

鱼类原料的品种很多，从鱼类原料生长的环境看有淡水鱼和海水鱼之分，从鱼类原料的体表结构看有有鳞鱼和无鳞鱼之别。鱼类原料形态多样、品种繁多，加工和处理的方法也因具体品种的不同而各有差异，归纳起来主要包括体表加工和内脏加工两大类。其加工程序是：去鳞或黏液→开膛→去内脏→洗涤。

体表的清理加工就是将鱼体外表的鳞片、黏液、沙粒等不能食用的部位去除干净，加工时要根据鱼的体表特征选择具体方法，不能破坏鱼体的完整，尤其是部分海产鱼类的表体含有泥沙，一旦弄破鱼的表体，泥沙就会流动到破损处，这样将很难除去。内脏加工是指将不可食的部位加以去除，对可食用部分进行清理洗涤，以达到卫生清洁的可食用状态。

（1）有鳞鱼的去鳞加工　绝大多数鱼体的外表都有鳞片，这些鳞片具有保护鱼体的作用，所以质地较硬，一般不具有食用价值，加工时应首先去除，去除的方法是由尾部向头部逆向退鳞，直至去尽鳞片。个别特殊鱼类的鳞片中含有较多脂肪（如鲥鱼），烹调时鳞片里的脂肪随温度升高而慢慢融化，可以改善鱼肉的滋润度和滋味，可以保留。

（2）无鳞鱼的去除黏液加工　无鳞鱼的体表有发达的黏液腺。这些黏液有较重的腥味，而且非常黏滑，不利于加工和烹调。黏液去除的方法应根据烹调要求和鱼的品种而定。一般有生搓和熟烫两种。

1）搓揉去液法。有一些菜肴，如生炒鳗片、炒蝴蝶片等，在原料加工去除黏液时应采用揉搓去除黏液的方法，否则会影响成菜的嫩度，而且不便于出骨加工。采用搓揉去除黏液的加工方法是：将宰杀去骨的鳗肉或鳝肉放入盆中，加入盐、醋后反复搓揉，待黏液起沫后用清水冲洗，然后用干抹布将鱼体擦净即可。

2）熟烫去液法。就是将表皮带有黏液的鱼，如鲖鱼、泥鳅、鲶鱼、鳝鱼、鳗鱼等，用热水冲烫，使黏液凝结脱落，然后再用干抹布将黏液抹尽。烫制的时间和水温要根据鱼的品种和具体烹调方法灵活掌握。一般用于红烧或炖汤时，可用 75～85℃ 的热水浸烫 1 分钟，水温过低黏液不易去尽，水温过高会使表皮突然收紧而破裂，影响成形的美观。另有一些特殊菜肴，如软兜鳝鱼、脆鳝等江苏名菜，在烫除黏液的同时还要使肉质成熟，以便于进行出骨加工，所以烫制的温度和时间有所不同。

2. 虾蟹类原料的加工

用于烹饪加工的虾蟹类属于两个种类。其中虾类中作为烹饪原料的有海产的龙虾、新对虾、仿对虾、鹰爪虾、白虾、毛虾、美人虾等，平常所说的竹节虾、基围虾都属于养殖的海产对虾系列，淡水产的有中华新米虾、日本沼虾等，以及半淡水产的罗氏沼虾等；蟹类品种也十分丰富，常见的海产蟹有梭子蟹、锯缘青蟹等，淡水蟹有中华绒螯蟹、溪蟹等，根据其生长环境划分可分为江蟹、湖蟹、河蟹等。

（1）虾的加工　　虾的加工主要是剪去额剑、触角、步足，体型较大的需要剔去头部的沙袋及背部沙肠，大龙虾一般不需剪去触角，因为触角中也带有肉质，而且装盘时还有美化作用。加工时要将虾卵保留，经烘干后可制成虾籽，它是非常鲜美的鲜味调味料，如图 2-2 所示。

图 2-2　基围虾

（2）蟹的加工　　将其静养于清水中，使其吐出泥沙，然后用软毛刷刷净骨缝、背壳、毛钳上的残存污物，最后挑起腹脐挤出粪便，用清水冲洗干净即可。加热前可用棉线将蟹足捆扎，以防受热后蟹足脱落，不能保持完整造型。死蟹不能食用，易引起组氨酸中毒。

四、刀具的种类及使用保养方法

1. 刀具用具的种类及使用特点

为了适应不同种类原料的加工要求，必须掌握各类刀具的性能和用途，选择相应的刀具，才能保证原料成形后的规格和要求。刀具的种类很多，形状、功能各异，其分类方法主要有两种：一是手工刀具，二是机械刀具。手工刀具按刀的形状来分，有方头刀、圆头刀、尖头刀、斧形刀等；按刀的用途来分，有批（片）刀、切刀、斩刀、前批后斩刀等。无论是以形状分，还是以用途分，就一把刀而言，其形状与用途是统一的。机械刀具主要从功能上分类，如切片机、粉碎机、去皮机等。对于手工刀具而言，除了对刀形用途的选择外，刀刃的硬度、刀具的重量等都对刀具选择具有重要意义。

"工欲善其事，必先利其器"，"磨刀不误砍柴工"，都是说刀具的锋利是切割原料的保证。锋利的刀具，可以保证原料切割后具有光滑、完整和美观的形态，也可以使操作者节省体力。刀具的锋利主要靠磨刀石的磨砺和保养来实现。

刀具使用后，必须用百洁布擦去刀具上的残留物和水分，特别是在加工盐、酸、碱含量较多的原料之后，更要擦抹干净，否则刀具容易生锈。为保持刀刃锋利，刀具应经常磨；不经常使用的刀具要擦干后放置于干燥的地方，有时为了防止生锈，还可以在刀面上涂抹一层油脂或面粉，油脂可隔绝空气中的水分，面粉可以吸收空气中的水分，都有助于防止刀具生锈。

磨刀的用具主要是磨刀石。不同地区磨刀石的形状是不一样的，但以长条形为主，常用的包括粗磨石、细磨石和油石；有些地区还以灰砖作为磨刀石，主要是用于刀具开刃后的磨刀工具。磨刀常用的方法主要有三种：平磨、翘磨和平翘结合磨。无论使用哪种磨刀法，都需要不停地向磨刀石上洒水，以冲去刀具和磨刀石摩擦所起的沙，以保证刀具和磨刀石直接接触，使刀具锋利。

2. 砧板的种类与保养

砧板是原料切割时的衬垫工具，通常有木质、塑质、竹质等材质。目前行业中大多数砧板是选用银杏、榆树、柳树等木质材料制成的，这些树的木质坚固而具有韧性，具有既不伤刀刃，又不易断裂和干燥后不易腐烂的特征，经久耐用，其中以银杏树为最佳。木质砧板的缺陷是含有卫生隐患、用后不及时清洁则易腐烂。因此在卫生要求较高的加工场所可以选择塑料砧板，卫生整洁，但缺点也很明显，易伤刀刃。

3. 刀具使用的规范化

在烹饪生产过程中，目前的刀工主要还是手工操作，具有一定的劳动强度，刀工的规范化直接关系到操作者的身体健康。据研究资料显示，不正确的操作姿势是从事烹饪工作的专业技术人员患职业病的重要原因之一，这些疾病包括腰肌劳损、梨状肌综合征以及肩周炎等，另外一些人为的手指切伤也与此有关。正确的操作规范，对提高工作效率、省时省力、减少职业病具有重要作用，是刀工操作准确、迅速、精细、安全的保障。另外在刀工进行时，工具的卫生与否，会对原料造成直接的影响。

在刀工操作前，应对加工位置的高低进行调整，准备好刀具、砧板、餐具等；操作时，人自然站立，身体微微前倾，调整到舒适的站姿再进行刀工加工，运刀时应以左手持料，右手执刀，刀具自然起落，进行有节律的运动，完成原料的切割。

五、直刀、平刀、斜刀等刀工技术

1. 刀工的概念

刀工是指运用刀具对烹饪原料进行切割的加工。从原料的清理加工到分割加工都离不开刀工。这里所说的刀工，主要是对整形原料分解切割，使之成为组配菜肴所需要的基本形态，这是餐饮从业人员手工工艺中重要的基本功之一。原料切割成一定形状后，不仅具有了某种美观的形态，更重要的是为制熟加工提供了方便，为实现原料的最佳成熟度提供了条件。

刀工是烹调工艺的三大技术要素之一。原料的形态就是通过刀工工艺确定的。但各种形态的确定并非随心所欲，应当根据烹调的具体要求进行刀工处理。刀工的作用主要体现在便于入味、便于排除异味、便于成熟、美化菜肴等方面。

刀工能把各种不同形状的原料加工得整齐美观，各种原料形状规格一致，整齐划一，长短相等，粗细厚薄均匀，看上去清爽利落，诱人食欲。

2. 刀工技法

刀工技法简称为刀法，指对原料切割的具体运刀方法。根据原料成形的形状，一般把刀法分为单一刀法和混合刀法。单一刀法习惯上称为一般刀法，依据刀刃与原料的接触角度，可分为平刀法、斜刀法、直刀法和其他刀法四大类型。

（1）平刀法　刀刃运行与原料保持水平的所有刀法。成形原料平滑、宽阔而扁薄，行业中又称为"片刀法"或"批刀法"。依据用力方向，平刀法有平批、推批、拉批、锯批、波浪批和旋料批等，如图2-3所示。

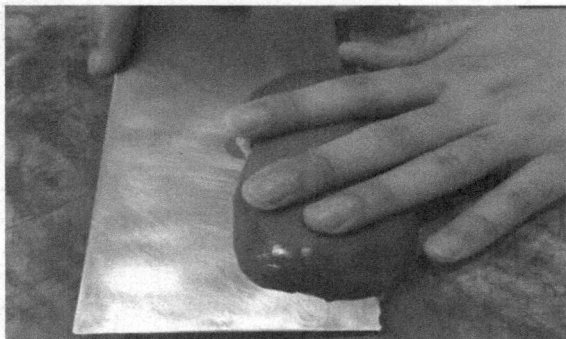

图2-3　平刀批

1）平批。原料保持在刀刃的一个固定位置，刀具平行推进，不向左右移动。对易碎的软嫩原料，如豆腐干、鸡血等加工常采用此法。

2）推批。运用由里向外的推力进行切割。批料时，刀从刀刃开始进入原料，入刃后刀向刀腰移动断离。对脆嫩性蔬菜，如生姜、白菜、茭白、竹笋、榨菜等常用此法。

3）拉批。运用由外向里的拉力进行切割。批料时原料从刀腰进刃向刀尖部移动断离。对韧性稍强的动物性原料，如鸡脯、腰子、猪肝、瘦肉等常采用此法。

4）锯批。即推批和拉批的结合，韧性较强、软烂易碎或块体较大的原料常用此法。

5）波浪批。又称抖刀批，刀刃进料后做上下波浪形移动，有时还要左手配合原料的旋转完成，此法应用较少，仅指菊花变蛋的批片。

6）旋料批。即批料时一边进刃一边将原料在砧板面上滚动，专指对柱状原料的批片，旋料批可以取下较长的片。根据刀刃进入原料的位置，可以分为上旋料批和下旋料批，上旋料批指从材料的上端进刀，批片时原料向刀刃运行的反方向推动；下旋料批是指从原料的底部进刀，批片时原料向刀刃前进的方向滑动。一般多用于植物性原料的加工成形。平刀法的运刀要用力平衡，不应此轻彼重，而产生凹凸不平的现象。

（2）斜刀法　刀刃运行与原料保持锐（钝）角的刀法。成形原料具有一定坡度，以平窄扁薄的形状为最终料形，行业中又称"斜批"或"斜片"。依据运刀时刀身与原料所形成的角度，斜刀法有内斜刀与外斜刀之分，如图2-4所示。

1）内斜刀法。刀背向外侧倾斜，右侧角度为锐角，约40～50度。内斜刀法通常运用的是拉力，故又叫"斜拉批"。适用于软嫩而略具韧性原料，如鸡脯肉、腰子、鱼肉等的加工。内斜刀法是切割柳叶片、抹刀片的专门刀法，能相对扩大较薄原料的坡度截面，增加其与汤卤的接触面。

图2-4　斜刀批

2）外斜刀法。刀背向内侧倾斜，右侧角度为钝角，约130～140度。外斜刀法通常所用的是推力，故又叫"斜推批"，适用于脆性和黏滑原料，如葱段、猪肚、熟牛肉等的加工。

（3）直刀法　刀刃运行与原料保持垂直的刀法。直上直下，成形原料精细、整齐划一，行业中又称为"切"或"剁"。直刀法是所有刀法中较复杂也是最主要的一类刀法。依据用力程度可分为切、剁、排三类，如图2-5所示。

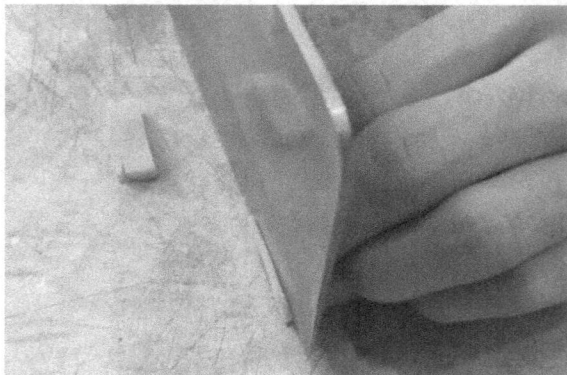

图2-5　直刀切

1）切法。运用腕力，刀刃离料0.5~1厘米向下割短原料的方法。依据用力的方向又有直切、推切、拉切、锯切等方法。

①直切。用力垂直向下，切断原料，不移动切料位置者即叫直切，连续迅速切断原料叫"跳切"。适用于对脆嫩性植物原料的加工，如萝卜、土豆、白菜等。

②推切。运用推力切割原料的方法，刀刃垂直向下、向前运行，适用于对薄嫩易碎原料，如豆腐干、猪肝、里脊肉、鱼肉等的加工。

③拉切。运用拉力切料的方法，刀刃垂直向下、向后运行，适用于对韧性原料的加工，如一般肉类。

④锯切。是推切和拉切的结合。对酥烂易碎原料，如羊膏、面包等常采用此刀法。锯切要求以轻柔的韧劲入料，加大摩擦力，减弱直接的阻力，至2/3左右时再直切。

⑤铡切。运刀如铡刀切草，是切刀法的特殊刀法。刀刃垂直平起平落，叫直铡法，适用于对薄壳原料的加工，如螃蟹、熟鸡蛋等；刀刃交替起落叫前后起落铡切法，对小型颗料原料，如虾米、金橘饼等的切碎常采用此刀法。

⑥滚料切。俗称"滚刀切"，在切料时，一边进刀一边将原料向里滚动，是对球形或柱形原料取块的专门刀法，滚料切所成的块，叫"滚料（刀）三角块"。

2）剁法。用力于小臂，刀刃距料5厘米以上垂直用力，迅速击断原料的刀法称为剁法。根据用力的大小又可分为砧剁、排剁、跟刀剁、拍刀剁和砍剁等。

①砧剁。将刀扬起，运用小臂的力量，迅速垂直向下，截断原料的刀法称为砧剁。带骨和厚皮的原料常用此法。砧剁运刀时，左手按料离刀稍远，右手举刀直剁而下，故又叫直剁。砧剁不宜在原刀口上复刀，应一刀断料，准确迅速。否则易产生碎骨、碎肉，从而影响原料质量。用于砧剁的原料，一般有排肋、鱼段等。

②排剁。即反复有规则、有节律地连续剁，是制肉蓉、菜泥的专门刀法。由于这种刀法是由左至右再由右至左的运刀，故叫做排剁。

③跟刀剁。将原料嵌进刀刃随刀扬起剁下断离的方法。一些带骨圆而滑的原料，如鱼头等，常用此刀法。

④拍刀剁。刀刃嵌进原料，用掌跟猛击刀背，截断原料的刀法称为拍刀剁。

⑤砍剁。借用大臂力量，将刀高扬，猛击原料的刀法。专指对大型动物头颅、躯干的开片刀法，砍剁要稳、准、快，要充分注意安全并注意运刀的力度。

3）排法。运用排剁的刀法，但又不将原料断离，只使之骨折、筋断、肉质疏松的方法称为排法。排刀法具有增大原料表体面积，增强浆、糊的附着力，使致密结构疏松柔软，方便成形，便于入味，缩短加热时间，利于咀嚼食用的诸种功能。依据排刀的不同运刀部位，又有刀跟排与刀背排的区别。

①刀跟排。即运用刀跟部刃口，在原料肉面进行排剁。适用于对腱膜较多的

块肉的加工和扒、炖、焖的禽类原料的加工，刀跟排深度不宜超过1/2。

②刀背排。用刀背对原料肉面排敲，使之肉质松嫩的刀法。适用于对猪排、牛排的加工。

使用上述两种排法，皆应注意用力不宜过猛，保持排刀的均匀密度，防止出现皮破、肉碎或凹凸不平的现象，从而影响原料的质量。

4）其他刀法。指不常使用的，除平、斜、直刀法以外的其他刀法的统称。绝大多数不属于成形刀法，从而不是刀工的主体，大多数是作为辅助性刀法使用的。有些虽然能使原料成形，但由于应用受原料的限制，而使用极少。这些刀法有削、剔、刮、拍、撬、剜、剐、割、铲、敲等。

技能训练

技能训练1 油菜、西红柿等时令蔬菜的加工

蔬菜原料的加工就是将原料中不可食用的或对人体有害的部位进行去除或整理加工的一道工序，经过选择的原料之所以还要进行加工，主要是因为以下三个原因：一是原料中可能含有不符合食用要求的夹杂物，如黄叶、烂叶等；其次有些原料可能局部变坏和变质，去除这部分后其他完好部分仍可以食用；三是部分原料虽然无害，但是因为粗老或带有异味而不能食用，如果壳、老根等。

果蔬原料的初加工一般要经过摘剔加工、洗涤加工、短暂保存等加工工序。

1. 摘剔加工

摘剔加工是采用摘、剥、削、撕、刨、刮、剜等手法，将原料中不能食用的老根、黄叶、外壳、籽核、内瓤、虫斑、裂缝等部位进行剔除，为原料的进一步加工做好清障工作。摘剔加工时应注意根据原料的特征进行加工，如叶菜类原料应当去除老叶、烂叶、根蒂等不可食的部分；西红柿、黄瓜等，要尽量保持原料的完整，需要时可以去除表皮；同一种原料还可以因成菜的要求不同而采用不同的摘剔方法，如芋头，如果采用炸制成菜的方法就要去皮，如果是以蒸的方法成菜则不需要去皮，以保证芋头的香味；此外，还应当根据不同的季节进行加工，避免浪费，如图2-6所示。

2. 去皮加工

许多根茎类蔬菜和鲜果原料要经过去皮加工，去皮的方法因原料的不同而不同。去皮加工要注意掌握正确、快速的去皮方法，同时要保证原料的完整形态。对于成熟度较高的桃、西红柿、枇杷、核桃等果蔬原料而言，可以采用沸烫去皮的方法，用100℃的热水烫制原料5～10秒，使果蔬原料的表皮突然受热松软，与内部组织脱离，然后迅速冷却去皮。带有薄皮的干果原料可以采用油炸去皮的方法，如花生、桃仁、松仁等。莲子、杨花萝卜等原料则可以采用碱液去皮法。其他还有不常用的去皮法，如浸泡去皮法、机械去皮法、人工去皮法等，如图2-7所示。

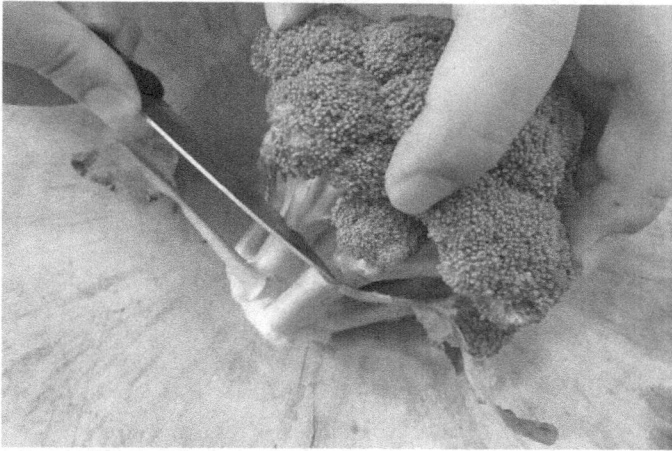

a)

b)

c)

图2-6 西兰花和香菜去梗

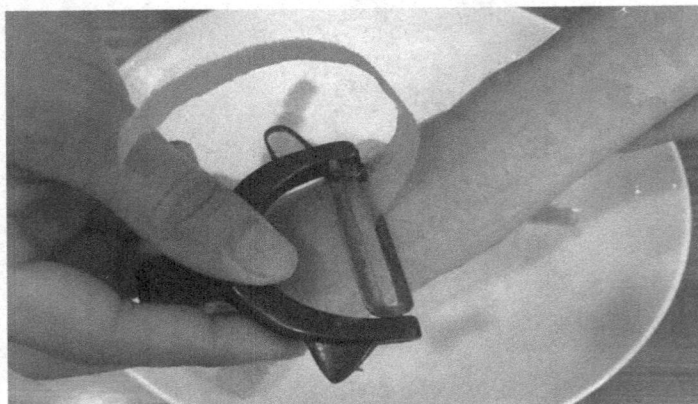

a)

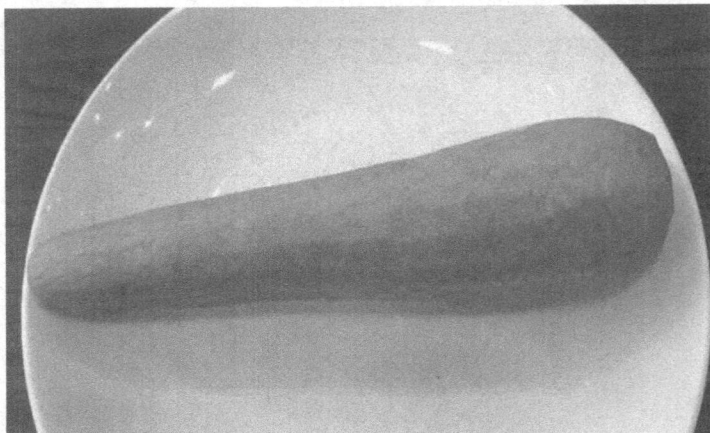

b)

图 2-7　胡萝卜去皮

3. 洗涤加工

大多数果蔬原料经过摘除、削剔加工处理以后仍需要进行洗涤加工，以进一步去除原料的泥沙、杂物，特别是肉眼看不见的化学污染物质。洗涤时要根据原料的特性掌握好洗涤的方法，果蔬原料质地脆嫩、含水量多，洗涤时动作要轻柔，切不可用力搓揉或挤压，以免破坏原料的组织结构，致使水分和养分流失。常见的果蔬类洗涤方法包括：

1）流水冲洗法。就是将摘剔后的原料放入流动的水中冲洗，将吸附在原料表面的泥沙和杂质冲洗干净，这种方法主要适用于经过加热才能食用的果蔬原料，对直接生食的果蔬原料来说，除冲洗以外还需要进行其他消毒处理。流水冲洗的时间一般应在 10 分钟以上，如图 2-8 所示。

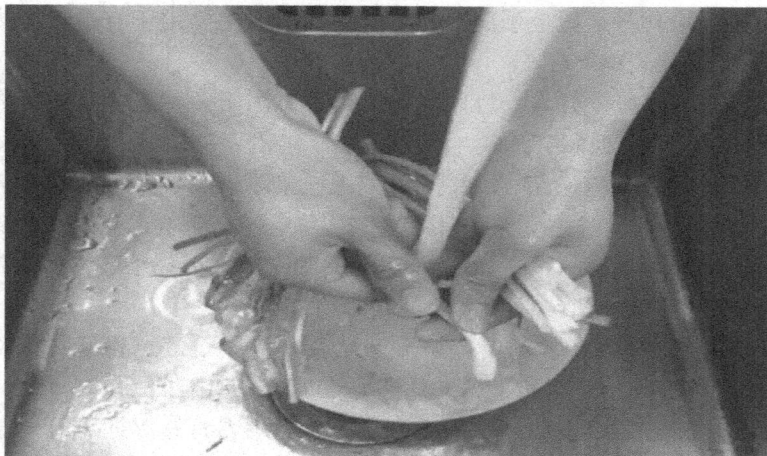

图 2-8 流水冲洗

2）清水漂洗法。此法主要适用于小型、质地细嫩的果蔬原料，如西红柿、黄瓜、豆腐等。洗涤时先在容器中注入清水，再将原料置于水中，漂去原料中的杂物，漂洗时不能用力搅拌或翻动，以防止质嫩的原料散碎。

3）淘洗法。将原料放在漏水的容器中，边冲洗边搓揉，同时漂洗，去掉原料中的泥沙、灰尘，此法主要用于对颗粒原料如芝麻、米类、豆类、玉米、花生等的洗涤加工。

4）盐溶液洗涤法。此法主要适用于虫卵较多和直接生食的蔬菜原料，特别是体内钻有幼虫的豆荚类原料。用盐水浸泡后不仅可以使蔬菜表面的虫卵脱落，还可以使原料体内的幼虫钻出体外，但盐水浓度一定要掌握好，浓度过低幼虫不容易逼出来，浓度太高又会把幼虫腌死在里面，一般控制在 2% ~ 3% 为佳，浸泡时间为 15 ~ 20 分钟，盐水与原料的比例不低于 2∶1。

技能训练 2　鸡、鸭、猪、牛、羊等原料的加工

1. 禽类原料

鸡、鸭等禽类原料初步加工的方法基本相同。对于活禽，通常是先宰杀、去除羽毛，然后开膛去内脏再洗净；对于光禽，一般只需要剖开腹部再洗净即可。

禽类原料目前基本也不在厨房中加工，大部分禽类原料各部位都可以直接从超市或农贸市场购得。厨房中对禽类原料的加工主要集中在开膛和内脏整理上面。

（1）开膛　开膛的目的是为了清除和整理内脏，但开膛的部位则需根据具体菜肴的要求进行选择。常见的方法如下：

1）腹开。从胸骨以下的软腹处横切一刀口，将内脏掏出，主要用于无特殊成形要求的整形凉菜和煨炖类汤菜，如盐水鸭、白斩鸡、扁尖炖老鸭等。

2）背开。沿背骨从尾至颈剖开，将内脏掏出，主要用于有造型要求的整形热菜，如扒鸭、清蒸鸡等。

3）肋开。从翅腋下开刀，将内脏掏出，主要用于一些有特殊成形要求的整形菜品制作，如烤鸭、凤鸡等。

无论采用哪种开膛方法都必须将所有内脏全部掏出，然后进行分类整理，掏除内脏时一定要小心有序，如果破坏了内胆或肠、嗉，都会给清理工作带来很大麻烦。禽类的肺部一般都紧贴肋骨，不容易去除干净，但如果残留体内就会影响汤汁质量，如炖汤时汤汁会混浊变暗。

（2）内脏整理　禽类原料的内脏中最常用的是肝、心、胃肌三个部位，在体型较大的家禽中其肠、脂肪、睾丸、卵等也都可以加工食用。

1）心脏。撕去表膜，切掉顶部的血管，然后用刀将其纵向剖开，放入清水中冲洗即可。

2）肝脏。用小刀轻轻摘去胆囊，用清水洗净，如果胆汁溢出应立即冲洗，并切除胆汁流经较多的部位，以免影响整个菜肴风味。

3）胃肌。胃肌又称肫，是禽鸟类原料特有的消化器官，加工时先从侧面剖开，冲去残留的食物，然后撕去内层的角质膜（也称鸡内金或鸡肫皮），洗净。

4）肠子。先挤去肠内的污物，用剪刀剖开后冲洗，再用刀在内壁轻轻刮一下以去除油脂，然后加盐、醋等反复搓揉，用清水冲洗干净即可。

5）脂肪。一般老鸡或老鸭的腹中积存着大量的脂肪，它们对菜肴的风味起着很重要的作用，一般制作汤菜时必须将脂肪与原料一起炖制，但脂肪不能与原料一起焯水，否则将大量流失。当鸡、鸭用来制作其他菜肴时，则可将脂肪取出洗净，放在碗中加葱、姜、酒上笼蒸制出油，经过滤以后其油清、色黄、味香，行业中称为"明油"。

6）睾丸。先用盐轻轻搓揉，再用清水冲洗，食用前应加葱姜上笼蒸，撕去外皮方可食用。一般可作烩菜或炖汤之用。

7）卵。在老鸡或老鸭的腹中常残留一些尚未结壳的卵，因外皮很薄且容易破裂，加工时应先用水将其煮熟，然后再撕去筋络，洗净后可与主料一同烹制。

8）舌。行业中运用较多的是鸭舌。加工时要剥去舌表的外膜，加热成熟后抽去舌骨备用。

9）颈。鸭颈或鹅颈如果单独成菜，一定要将斩杀时刀口部位的瘀血处理干净，颈部毛孔细密、细毛很多，应仔细清理，同时应当剪除颈部淋巴。

10）其他。包括头、翅膀、脚爪等，鸡头一般食用较少，鸭头、鹅头食用相对较多，加工时主要是将鼻孔中的杂物挤出冲洗干净；翅膀去尽余毛；脚爪去除角质化的老皮即可。

2. 畜类原料

　　畜类原料的加工主要是指对猪、牛、羊等原料的初加工，因为这些原料具有同源性特征，所以加工方法基本相似。畜类动物的宰杀加工大多在专门的屠宰加工厂进行，从宰杀到内脏的初步整理都不在厨房中进行，烹饪加工只对内脏进行卫生性处理，一般包括畜肉的修整及洗涤、畜类副产品的整理与清洗。

　　畜肉修整是为了去除畜肉上能够使微生物繁殖的任何损伤、瘀血、污秽物等。首先应割除残余脏器、带血黏膜及横膈膜；修除颈部淤血肉、伤肉、黑色素肉；割除粗血管、有害腺体、脓包、皮肤病伤痕，然后修除残毛、浮毛，刮去污垢；再用清水冲洗（冬天宜用温水），使外观清爽整洁。

　　畜类的副产品原料又称下水或杂碎，主要包括头、尾、内脏（心、肝、肾、肺、胃、肠）等。此类原料腥膻异味、血污均较重，清洗、加工时较为烦琐。例如，胃、肠一般都采用盐和醋揉擦，再里外翻洗，使黏液脱离，同时要修去内壁的脂肪，用清水反复冲洗；处理心脏时应先将心脏顶端的脂肪和血管割除，然后剖开心室，并用清水洗去瘀血即可；肝脏则要用刀修去肝叶上的胆色肝，批去肝上的筋膜，用清水洗去血液、黏液。

　　1）肾脏。动物的肾脏，在行业中称为"腰子"，由肾皮质和肾髓质组成，通常根据菜肴决定加工方法。如用于爆炒类的菜肴，因肾脏内部的腰腺有很浓的腥腺味，加工时先撕去外表膜，然后用刀从侧面平批成两半，再用刀分别批去腰腺，但要掌握好刀法，既要去尽腰腺也不能带肉过多，同时还要保证腰肌平整；用于炖制的特殊菜品则可以保留腰腺，如炖酥腰、拌酥腰等，加工时应先在猪腰上划几道深纹，刀深至腰腺，然后放入凉水中加热 30 分钟左右，使腰肌收缩并将血污和腺味从刀纹处排出，再用清水洗净后进行炖制，如图 2-9 所示。

　　2）心脏。用刀切除顶端的脂肪和血管，纵向剖开心脏，并用清水洗去淤血。

　　3）肺部。肺是动物的呼吸器官，许多毛细血管分布在组织内部，要想去除沉积在体腔内的淤血和杂质，必须采用灌洗的方法进行洗涤才能彻底洗净，肺通常用于炖汤。

　　4）肠胃。肠胃的外表附着很多黏液，内壁也残留一定的污秽杂物，加工时要采用里外翻洗的方法进行洗涤，同时加入盐和醋反复搓揉，以除去黏液和异味，并用小刀修去内壁的脂肪，用清水反复冲洗。

　　5）脑髓。动物脑髓非常细嫩，外表有一层很薄的膜包着，加工时如果破坏了保护膜，脑髓便会溢出，给洗涤带来不便，而且成熟后不能成形，所以洗涤时要采用漂洗法进行洗涤。

　　6）其他部位。主要是指脚爪、耳朵、舌头等部位，因形态不规则，夹缝或凹陷的地方不易洗净，加工时应先用（小）刀反复刮洗，待杂毛、老皮刮净以后再用水冲洗。

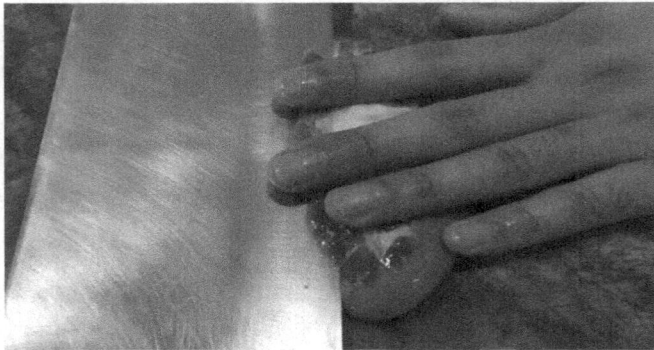

a)

b)

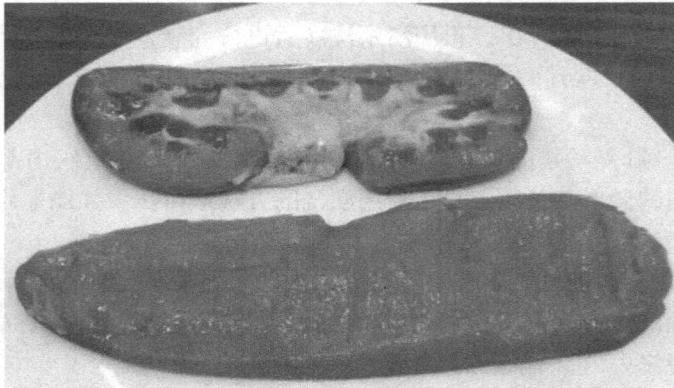

c)

图 2-9　猪腰去腰臊

技能训练 3　鱼、虾原料的加工

1. 鱼类原料的加工

鱼类原料的品种很多，初加工的方法因具体品种的不同而有一定差异。鱼类原料的初加工一般要经过宰杀、体表清理、体内整理等主要工序。

（1）宰杀 主要适用于鲜活鱼类，如黄鳝、河鳗、海鳗等的初步加工。

（2）体表清理 体表清理就是将鱼体外表的鳞片、黏液、粗皮、沙粒等不能食用的部分去除干净。加工时要根据鱼的体表特征选择具体方法，不要破坏鱼体的完整。鱼类体表的加工主要包括剪鳍、去鳞、去鳃、剥皮、去黏液、煺沙等。

去除鱼的鳞片主要是针对有鳞鱼而言，宜采用从尾部向头部逆向退鳞的方法，将鱼身上的鳞片彻底去除，黑鱼的头部也有鳞片，加工时应一并去除。去除黏液则是针对无鳞鱼而言，可以采用热水泡烫、盐醋搓洗等方法加以去除。至于海产鱼类原料中的粗皮和沙粒，一并采用刀刮的方法去除。

（3）体内整理 鱼类整理主要包括开膛去内脏（脊出法、腹出法、鳃出法）、内脏清理（去除鱼鳔、鱼肠、鱼胆、黑膜）等，如图2-10所示。

1）开膛去内脏。

①脊出法。用刀从鱼背处沿脊骨剖开，将内脏从脊背外掏出。此法适用于纺锤形鱼的加工，如荷包鲫鱼、清蒸鲥鱼等。

②腹出法。用刀从鱼的腹部剖开（不能划破鱼胆），将内脏取出。一般没有特殊加工要求的鱼类菜肴都采用此法，如常见的红烧鱼、松鼠鱼、炒鱼米等。

③鳃出法。用两根或三根筷子从嘴部插入，通过两鳃进入腹腔将内脏搅出（需事先切断肛肠），然后清洗腹腔，叉烤鳜鱼、八宝鳜鱼等菜肴采用此法。

2）内脏清理。在鱼的内脏中除鱼籽、鱼鳔外一般都不作为烹饪原料，个别原料在制作特色菜肴时可保留某些部位，但必须经过卫生性的加工处理后才能使用。

①鱼鳔加工。鱼鳔俗称"鱼肚"，是位于鱼的体腔背面的大而中空的囊状器官，多数硬骨鱼类都有鳔，轻骨鱼类则无鳔。鳔的胶原蛋白含量丰富，是很好的食用原料，特别是鲖鱼鳔、黄鱼鳔更是鳔中上品。加工时应先将鱼鳔剖开，用少量的盐搓揉一下，再用沸水略烫，洗净后即可。

②鱼籽加工。鱼籽有一层薄膜包裹，清理时将薄膜外的黑色附着物去除，用清水漂洗，洗涤时要防止鱼籽破裂松散。

③鱼肠加工。鱼肠一般不作为食用的原料，只有少数菜肴需要保留，如黑鱼肠取咽部下端较肥厚的一段，加工时用剪刀剖开，加盐搓洗后入沸水略烫，再用清水洗净。

2. 虾、蟹等节肢动物原料的加工

（1）虾的加工 虾类原料一般洗净后，可整只烹调，既方便又色彩美观，如需加工，主要是剪去额剑、触角、步足，体型较大的需要剔除背部沙肠，如图2-11所示。

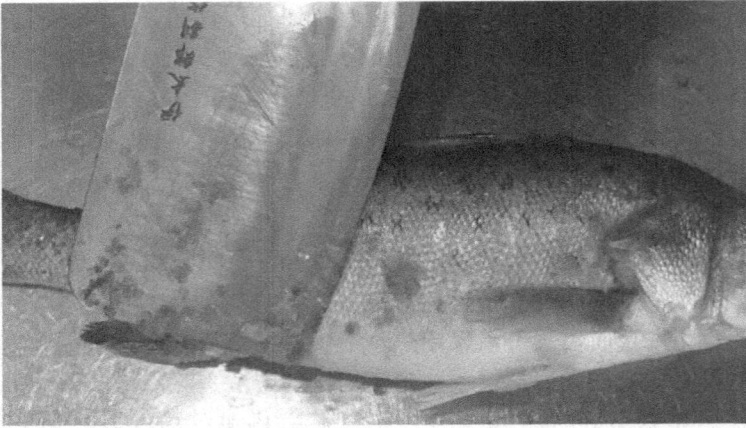

a)

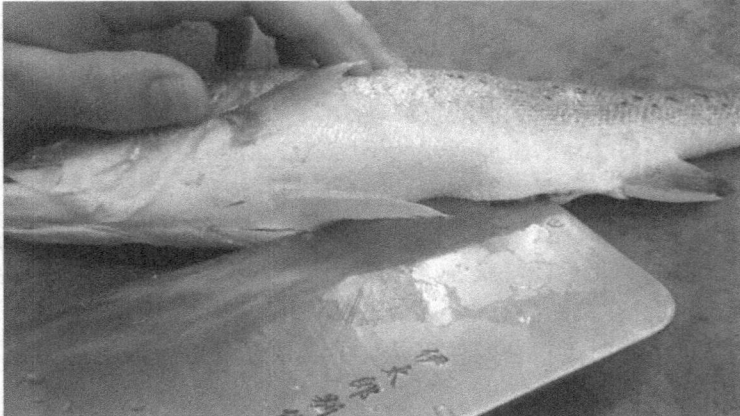

b)

c)

图 2-10　有鳞鱼加工

a)

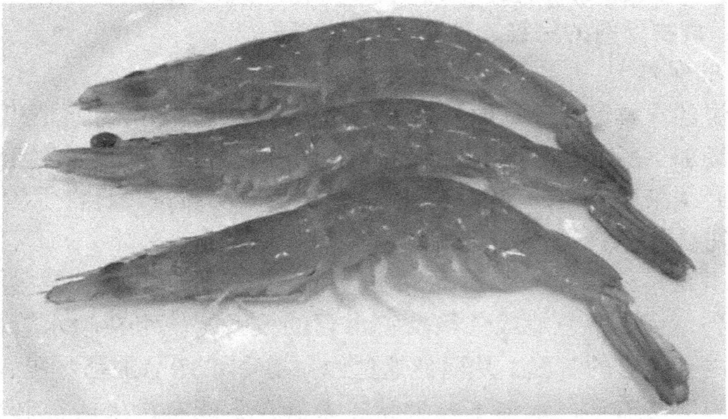

b)

图 2-11 虾的加工

　　虾的加工主要是清洗加工和去壳出肉加工，清洗加工相对简单。一般说来，大虾、活虾整只烹调既方便又鲜美且色彩美观，但将虾去壳出肉后用于做菜则具有更多的使用价值。小虾的虾仁，对虾、龙虾的虾肉运用范围更广，丰富了虾类菜品的品种，如清炒虾仁、菠萝虾球、水晶虾饼等。虾的去壳出肉一般是依据虾形的大小，采用剥或挤的方法出肉。

　　1）剥壳法。对体型相对较大的虾，如对虾，需从腹部先胸甲、次腹甲、再尾柄分节剥去甲壳。

　　2）挤捏法。针对中、小型虾，如草虾、青虾、白虾等。加工时左手捏住虾尾，右手捏住虾胸甲，两手同时向虾的背部用力，掰断腹部，然后两手同时用力向中间挤压，使虾肉从甲壳中脱出。挤出的虾仁，其形体较小者，无需挑去沙肠，只要用清水浸漂搅洗至色白即可，行业内称之为"打水"。剥出的虾肉，形体较大者，背部沙肠明显，需要挑去，否则将影响虾肉的色泽、质量和口感风味。

（2）蟹的加工　蟹类在初加工前，应将其静养在清水中，让其吐出泥沙，然后用软毛刷刷净骨缝、贝壳、毛钳上的残存污物，最后挑起腹脐，挤出粪便，用清水冲洗干净即可。整只加热时，可在加热前用棉线将蟹足捆扎，以防受热后蟹足脱落，不能保持完整造型。

对螃蟹拆肉也具有重要的意义。螃蟹外壳十分坚固，步足管壁间、胸肋与胸甲相连的腔内肋间骨缝中有丰满的肌肉，不过此处肌肉由于肌浆较多，固体性较差。背甲与胸甲之间，有大量的"脂肪"，雌性色呈橘红，称之为"黄"；雄性色呈乳白，称之为"膏"或"脂"。由于螃蟹骨缝较多且肌肉固体性差，拆肉十分繁难，生拆不易达到目的，因此，一般采用熟拆方法。

技能训练4　食物原料的保鲜、冷冻、解冻处理

1. 原料的保鲜

这里所讲的保鲜，并不是原料运输、储藏过程中的保鲜，而是初步加工后的短暂保鲜。经加工后的烹饪原料，如果不立即进行烹调，也会发生变色、变味的现象，所以必须采取一定的保鲜措施，避免影响菜品质量。日常生活中对食物原料进行保鲜需区分原料是否是新鲜活体的原料。

（1）水养法　一般都是海鲜品和水产品，如各类鱼、虾、蟹等。这类原料不宜养得过久，且要有鱼池或鱼箱及喷水管的设备，使水在喷水管的水花冲击下，保持水内有足够的氧气，从而使这些海鲜品和水产品加强呼吸，延长寿命。要注意使水内保持清洁，水温不能太高或太低，不能有污水或被其他物质浸染过，否则会影响存活率。另外，海鲜品均为咸水海鲜，要在水中放些食盐，以使水保持与海水相仿的咸度。

（2）封闭法　将原料严密封闭在一定的容器内，与日光、空气隔绝，使其不受微生物的感染或发生氧化。某些原料与日光、空气隔绝后，可以经久不坏（如罐头、饮料）；某些原料经过一定时间的封闭，风味会变得更鲜美（如封缸酒）。采取隔绝封闭的方法，有些原料宜用盐腌制，以便抑制住酶与细菌的活动，然后再封闭，这样保藏效果更好。

（3）冷藏法　低温能制止微生物的生长繁殖，同时能延缓或完全停止其内部组织的变化过程。因此一般原料均宜放在低温下（4℃以下）保藏，即通常采取的冷藏、冷却方法。由于原料的水分冷却、结冰，微生物就失去了繁殖的机会，因而原料就不会腐坏。但是，冷藏的温度要根据不同的原料性质而定，鱼肉类可以掌握在0℃以下，而蔬果类就不宜过低，同时冷藏的温度必须保持稳定。

（4）控湿法　即控制湿度的方法，采取烘干、晒干、吹干的方法，将原料

中所含的水分，部分或全部脱出，使原料保持干燥状态，微生物就很难繁殖，从而便于保藏。但要根据原料的不同情况，采取不同的方法，有些原料，需要保持相应的湿度，过于干燥，会使其萎缩、干瘪，甚至硬化而不能食用。对含水量较少的原料，保存时宜保持相对湿度，一般以不超过70%为宜；对含水量较高的原料，保存时宜降低湿度，一般以90%～95%为宜。总之，要根据原料含水量和受湿能力的不同，采取不同的控制湿度的方法。

2. 原料的冷冻

随着食品加工业的发展，经过分割、洗涤的冷冻原料在烹饪中被广泛选用，它们不仅经过分割，而且都经过了卫生性加工处理，这让烹饪生产更加方便，既加快了烹饪速度，也保证了厨房的卫生。但原料在冷藏时要控制好时间，时间不宜过长，否则会影响原料的风味。一般而言，冷冻食品最好不要超过3个月，在这个时间内能保持其食用品质。

冻结的原料必须经解冻加工后才能进行烹饪加工，如何选择科学合理的解冻方法也是非常重要的环节，解冻不当不仅会使营养和风味物质流失，还会使冻结原料产生污染。

食品解冻的目的是使食品温度回升到必要的范围，并保证最大限度地恢复其原有性质。在实际解冻过程中，食品温度的提高，使物理化学反应和生物化学反应加速，汁液的渗出则创造了微生物活动的良好条件。

对于解冻，一般有解冻与回温之分。解冻是指冷冻物料的温度处于冰晶完全消失以上的温度；而回温是指温度在冰点以下，冷冻物料内部还有部分冰晶存在的状态，肉的回温温度一般为 $-2\sim7℃$。从提供热的方式来看，解冻有两大类方法：一是温度较高的介质向冻结品表面传热，热量由表面逐渐向中心传递，即所谓的外部加热法，主要有空气解冻法、水解冻法、水蒸气解冻法等。二是采用高频、微波、通电等加热方法，使冻结品各部位同时加热，即所谓的内部加热法；另外还有利用高压静电场、电晕放电等微能解冻等。

（1）外部加热法

1）自然缓慢解冻法。此法就是将冻结原料放在常温条件下缓慢解冻。这种解冻方法肉汁流失最少，风味保持得最佳，但解冻时间较长。操作时一般将解冻间温度控制在20℃以下，解冻时间一般为10～20小时。此法操作简单，成本低，但因温度不均和解冻时间长，表面易酸化、变色，容易发生微生物污染和异物的混入。为提高解冻速度，可采用送风解冻，但在送风条件下，容易引起物料的干燥和褐变。

2）流水解冻法。将冻结原料在静止或流动水中解冻，物料表面与水的传热速度是在空气中传热速度的5～10倍，在较低的温度下，也有较快的解冻速度。采用此种方法没有酸化和干燥的问题，但裸露的表面容易吸水，导致营养成分严重损失。解冻用水有被微生物污染的危险性，另外还有污水排放的问题。此法多用于水产品的解冻。

3）加温解冻。常见形式是常压水蒸气和减压水蒸气解冻。常压高温水蒸气解冻时间短，但物料温度高，品质差；在减压状态下，水可在低温（5～20℃）下蒸发，低温饱和蒸汽与冷冻物料的表面接触，发生冷凝传热，冷凝传热具有较高的传热系数，可实现快速解冻。此法常用于薄膜包装的肉、鱼和贝类解冻。

（2）内部加热法　内部加热法主要有：介电加热解冻（高频波10千赫～300兆赫和微波300兆赫～300吉赫）和通电加热解冻。高频波加热和微波加热的原理是一样的，都是利用物料的介电特性。通电加热解冻是利用冷冻食品的电导特性，电流通过冷冻食品内部，自身产生热量。

（3）解冻状态的特点　根据解冻程度，可分为半解冻状态和完全解冻状态两种，这两种状态在烹饪中的应用和风味品质都有所不同。

1）半解冻状态。所谓半解冻状态是指将冻肉温度提高到冰结晶最大生成带的温度范围即中止解冻，此后在加工过程中再使肉达到完全解冻。处于这种半解冻状态的肉食品，由于结冰率小，肉食品的硬度恰好用刀能切割，便于加工和切配，而且流汁较少，加工切配以后仍在继续解冻，在烹调加热前恰好解冻完毕，此解冻程度是烹饪加工中最佳的解冻状态。

2）完全解冻状态。完全解冻状态下的食品，应立即采取加工、烹调措施，以防止肉质和风味的变化，因为这种状态下的原料极易受温度影响而使肉质恶化，如在30℃左右氧化酶和微生物的作用下，肉色会很快变深并产生异味。

技能训练5　成块、段、片或条、丁的加工

1. 块

块的成形可以通过切和剁来实现。块的种类很多，其选择主要是根据烹调的需要以及原料的性质而定。常见的块有正方块、长方块、菱形块、三角块、瓦形块、劈材块等。总的来说，块外形一般较大，大多适合在中、低温慢制菜品中使用，瓦形块取自鱼体的自然形态，采用斜刀法使之正反两端具有较大坡度截面，而相对变薄，因此可用于熘法制熟。

2. 段

将柱形原料横截成的自然小节叫段，如鱼段、葱段、芸豆段、山药段等。由于原料自然形体的关系，段没有宽窄的限制，如鱼段宽度可超过长度。保持原来物体的宽度是段的主要特征，另外，段也没有明显的棱角特征。在使用中，段的长度有一定的规定，常见的多为3.5、4.5和5.5厘米几种。超过这三种规格的鱼段，在传统上则称之为鱼方。在刀法的运用中，段可用直刀与斜刀法产生，因此在形态上段可分为直刀段与斜刀段两种。

1）直刀段。运用直刀将柱状材料截断成的自然小节叫做直刀段。常用于葱、各种绿叶蔬菜等原料。

2）斜刀段。运用斜刀法将柱状材料加工成的自然小节叫做斜刀段。常用于青蒜、蒜苗等原料。

3. 片

具有扁薄平面结构的料块叫片。运用平、直、斜刀法皆可成片，片形最为复杂多样，依据不同刀法的运用可分为平刀片、斜刀片和直刀片三个基本类型，如图2-12所示。

（1）直刀片　运用直刀法在宽条状原料上取下的片统称为直刀片。一般形体较小，整齐划一，体壁较薄，具有良好固体性质的脆、嫩、酥烂原料皆宜用直刀法取片。常用形制有长方片、月牙片、小菱形片、尖刀片和佛手片等。

（2）平刀片　运用平刀法在较大物体上取下的片统称平刀片，主要是大方片或菱形片。

（3）斜刀片　运用斜刀法在较大物体上取下的片统称斜刀片，主要有柳叶片、玉兰片、长条片和大菱形片等。

4. 条和丝

将片形原料切成细长的形状，即叫条或

a)

b)

图2-12　菱形片和长方片

丝。条粗于丝，不过两者截面均呈正方形。一般将宽于0.5厘米以上的细长料形称为条，大致有粗条、中粗条和细条三个等级；将细于0.3厘米以下的细长料形称为丝，一般分细丝、中细丝和粗丝三个等级，如图2-13所示。

丝较细，需从薄片上切下，一般采用叠片切的方式，但由于原料的不同，具体切时需有区别，有卷切式、铺切式和叠切式三种方式：

1）卷切式。将原料卷成柱形，再切成丝，适用于对薄而韧的大张头原料的加工，如百页、蛋皮等。

2）铺切式。将原料铺成整齐的瓦楞形，再切成丝，肉类原料宜用此法。

3）叠切式。将原料叠成方正的墩，再切成丝，适用软、脆嫩性原料，如豆腐、白菜等。丝的长度较条要长，一般为5~6厘米。

5. 丁、粒、末

从条上截下的立方体料形叫作丁。丁分两种：大丁从粗条上取下，又叫指丁，常用于炸、熘、炒等，如鸡丁、肉丁等；小丁从细条上取下，又叫黄豆丁，常用于炒或作为馅心料形，如瓜姜鱼米、五丁虾仁等。

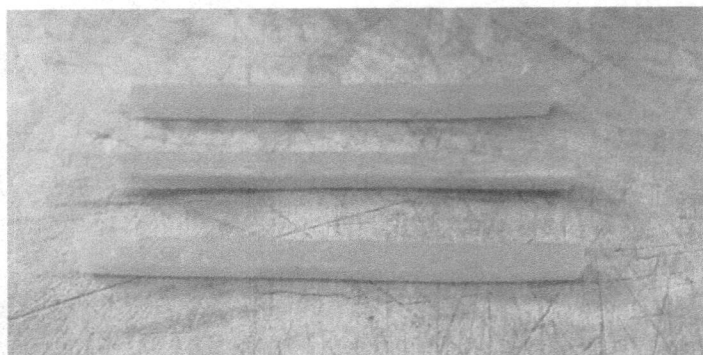

a)

b)

图 2-13　条和丝

从细丝状原料上截下的立方体叫粒或末。粒取自粗丝，大小如米，故又叫米，如松子鱼米中的鱼米、滑炒鸽松中的鸽松等，亦可用作肉糜料形，为粗蓉。末取自细丝，如肉末、生姜末等，如图 2-14 所示。

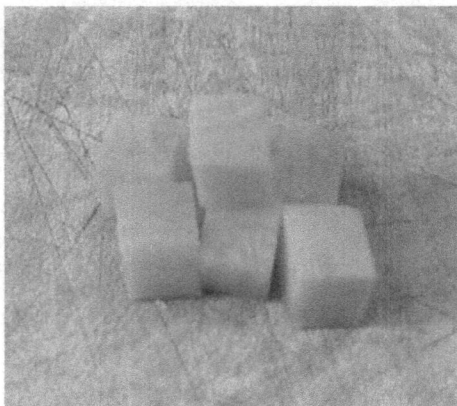

a)

b)

图 2-14　丁和粒

6. 蓉（泥）

蓉（泥）是料形的最小形式，由排剁、刮等刀法产生，传统上称动物原料为蓉，植物原料为泥。蓉（泥）一般手触和目视皆无明显颗粒感，又叫细蓉。蓉（泥）是制肉糜的专门料形，其颗粒越小，与水的接触面越大，亲水性越强，质越细嫩。但吸水量过多，又是造成制蓉失败的原因之一。

第二节　烹制膳食

一、单一主料凉菜的制作方法与注意事项

凉菜的制作原料多样，从菜肴组配的角度来划分，主要包括单一主料凉菜、主辅原料凉菜和多种原料凉菜等几种类型。

单一主料凉菜的选料应注意原料必须新鲜，且色泽要亮丽。单一原料制作菜肴应选择制法简单的菜肴，在烹调方法的选择上也不宜复杂，常见的方法如卤煮、炝拌、醉、冻等。

单一主料的凉菜制作应注意对火候的掌握，需要加热的菜肴火候不宜太足，否则不利于拼摆成型；在味型调节上，单一性植物性原料的调味可以强调清淡爽口，动物性原料则可以浓烈一些。

二、酸、甜、苦、辣、咸等味型的调制技术

1. 咸味

常见的咸味调味原料主要是盐、酱油、鱼酱、黄酱等，以盐为代表。食盐的咸味成分是氯化钠，食盐的阈值一般为 0.2%，入口最感舒服的食盐水溶液的浓度是 0.8%～1.2%。在实际烹调中一般不可能只有单纯的咸味，往往需要与其他口味一起调和，所以在调和盐浓度时，还要考虑到咸味同其他味的关系。

（1）咸味和甜味　在咸味中添加蔗糖，可使咸味减弱，在 1%～2% 的食盐溶液中，添加 7～10 倍蔗糖，咸味基本会被抵消；但在 20% 的浓食盐溶液中，即使添加多量蔗糖，咸味也不会消失，在甜味溶液中添加少量的食盐，甜味会增强，但盐的用量要掌握好。

（2）咸味和酸味　咸味会因添加少量的醋酸而加强，但醋酸添加量必须控制好，否则咸味反而减弱。对酸味来说也一样，当添加少量食盐时酸味会增强，当添加多量食盐时酸味则会变弱。

（3）咸味和苦味　咸味会因添加咖啡因（苦味）而减弱，苦味也会因添加食盐而减弱，添加的比例不同，味感变化会有差异。

2. 酸味

酸味在烹饪中的使用非常多，在酸味调味中醋使用得最普遍，但醋一般不能单独对菜品进行调味，必须与其他调味品配合使用，如酸辣、酸甜等，在与其他调味品配合使用时也要考虑到味觉的变化因素。

（1）酸味与甜味　一般说来，甜味和酸味混合会引起抵消效果，如果在甜味中加少量的酸味物质则甜味减弱；在酸味物质中加甜味物质则酸味减弱。

（2）酸味与苦味　在酸味物质中加少量的苦味物质或丹宁等有收敛味的物质，则酸味增强。

3. 甜味

呈甜味的化合物种类很多，范围很广，在烹调中以蔗糖为代表。蔗糖的最强甜味温度是 60℃ 左右；蔗糖在烹调中与其他味也会发生各种味觉变化，除前面提过的蔗糖和酸味有相杀现象外，与苦味和咸味也有相互影响。

（1）甜味和苦味　甜味会因苦味的添加而减弱，苦味也会因蔗糖的添加而减弱，但苦味达到一定浓度时，需要添加数十倍的甜味物质才能使苦味有所改变。

（2）甜味和咸味　添加少量的食盐可使甜味增强，咸味则会因蔗糖的添加而减弱。

4. 辣味

从原则上讲，辣味不是一种味觉，而是一种灼痛感。辣味是刺激口腔黏膜而引起的痛觉，也伴有鼻腔黏膜的痛觉。辣味可以和咸味、香味等混合使用，加糖会减轻辣味的灼痛感。

5. 苦味

单纯的苦味虽不算是好的味道，但它与其他味配合使用，在用量恰当的情况下，也能收到较好的味道效果。苦味物质的阈值极低，极少量的苦味舌头都感觉得到，苦味的感觉温度也较低，受热后苦味会有所减弱。

三、灶具、炊具、电饭煲、微波炉的使用方法

加热设备是利用加热源对烹饪原料进行加热的炊具，从形式上来看主要有炉和灶两大类。炉一般是指封闭或半封闭的炊具，多以辐射作为传热方式，能在原料周围形成加热；灶多是敞开式的炊具，加热源多来自原料的下方。

1. 煤气灶

现代家庭中多以煤气作为加热燃料，煤气使用起来非常方便，并且干净、卫生、无粉尘。需注意的是煤气中含一氧化碳，易泄漏引起煤气中毒。

2. 电磁灶

相对于煤气灶而言，电磁灶是一种新型炊具，主要是利用通电后产生的高频

交变磁场，形成电磁感应来加热金属锅的。不断变化的磁场，可使金属锅的磁向在瞬间发生改变，改变的结果是使电子发生摩擦而生热。对于此种加热，需要说明的是，锅与灶的接触（垂直方向）面积越大，磁通量就越多，导热就越快。另外，锅底尽可能不要与加热板之间形成间隙，否则会产生磁阻，一般电磁灶与锅之间的距离超过 6 毫米，电磁灶将停止工作。电磁灶加热一般有开关和强弱调节杆控制，非常安全和方便。且由于不产生磁性的原料不能被加热，故手、纸等物放在上面并不能被加热。根据锅底的形状来看，常见的电磁炉微晶板有平面和弧形两种类型。

3. 电饭煲

电饭煲又称作电锅、电饭锅，是将电能转变为内能的炊具，使用方便，清洁卫生，还具有对食品进行蒸、煮、炖、煨等多种操作功能。常见的电饭锅分为保温自动式、定时保温式以及新型的微计算机控制式三类。它现在已经成为日常家用电器，缩减了很多家庭花费在煮饭上的时间。

4. 微波炉

微波是一种 10 千赫～300 兆赫频率的电磁波，波长最短，频率最高，具有很强的穿透力。微波的加热是利用食物中的水分、蛋白质、脂肪、碳水化合物等都是电介质，易在电磁场中产生极化现象，食物中水分多的原料更是如此。我们知道，水是一种极性分子，有极性分子在交变电场中随电场反复变化，使水分子运动加快，产生摩擦热，如果频率增加水分子运动就加快，摩擦热产生的就越多。需注意的是，水在冰点附近的损耗系数是随温度的上升而增大的。因此，在冰解过程中，只要产生了几滴水，微波功率就首先集中在消耗液态水上，结果造成加热不均匀，所以高湿度的冷冻食物，通常采用低功率微波解冻。

四、燃气与用电的安全注意事项

用气应掌握燃气设施的维护、报修及安全常识。灶具点火，即将开关旋钮向下压进，按箭头指示方向旋转点火并调节火焰大小，若一时未点着要及时关气；使用时，人不应远离，若是需长时间炖焖汤汁多的菜肴宜调至小火，应避免沸汤溢出扑灭火焰或被风吹灭火焰，造成漏气；使用完毕，注意关好灶具开关，做到人走火灭。应当定期检查连接灶具的软管，防止出现松动、脱落、龟裂变质，发现软管老化应及时更换；还应保持厨房通风。

用电也存在安全隐患，需要提高安全防范意识。在使用电器时应注意手部要干燥，不宜用带水的手去触摸电器开关；插、拔电器插头时要谨慎，不用的电器要及时断电，应当定期检查电器线路是否老化。

技能训练

技能训练1　三种单一主料凉菜的制作

1. 酸辣木耳

原料：水发黑木耳、香菜、植物油、葱姜蒜、红辣椒、白糖、生抽、盐、香醋。

工艺：黑木耳用冷水泡发后，剪去根蒂，撕成小朵；锅中放清水烧开后，入黑木耳氽烫3分钟捞出，用冷开水洗去表面黏液；葱姜蒜切末放在小碗里，植物油烧热后浇在上面烹出香味。按照自己的口味加入适量生抽、盐、香醋、糖调匀成味汁；黑木耳放入碗里，将味汁倒入，撒上香菜末和红椒圈拌匀即可。

操作关键：木耳要择净根蒂，氽烫时间不能太长。葱姜蒜末中要加入热油爆香。

2. 蒜泥黄瓜

原料：黄瓜、葱、姜、蒜、精盐、白糖、陈醋、香油。

工艺：姜洗净去皮切成丝；大葱去根洗净切成丝；大蒜剥去蒜衣，用刀拍碎，剁成蒜泥；黄瓜洗净，控去水分，切成条或块，用精盐、白糖拌匀，盛入盘内，再将陈醋、姜丝、葱丝、蒜泥、香油调好，食用时淋在黄瓜上即可。

操作关键：食用前才可加入调料及调味汁，以保持黄瓜爽脆的口感。

3. 皮蛋豆腐

原料：内酯豆腐一盒、油炸花生、皮蛋一个、盐、味精、香油、香菜。

工艺：将皮蛋切成丁，油炸花生压成碎，香菜切末，豆腐改刀成块；将豆腐块放入盘中，撒上皮蛋丁、花生碎、香菜末、盐、味精，最后淋上香油即可。

操作关键：吃之前将其拌匀。

技能训练2　几种单一味的调制

1. 蒜泥味

蒜泥味适用于冷菜，特点是蒜香浓郁，咸鲜微辣。主要以蒜泥、精盐（或酱油）、香油、味精等调味品调制而成，如蒜泥黄瓜、蒜泥白肉等。

调制过程中，盐主要用于确定基础咸味，蒜泥突出蒜香味，香油不仅具有抑制辣味的功能，还具有增强油润性的功能。有时还适当用一些白糖，一方面可以调节味汁的浓度，另一方面可以降低辛辣味的辛辣度。

蒜泥味一般在春夏季运用较多。蒜泥味型的菜肴宜即拌即食，调制时注意将蒜泥的味充分表现出来，调制中可以在咸鲜微甜的基础上重用蒜泥，从而突出蒜泥的味道。需要一提的是，蒜泥多吃会使口腔具有浓郁的蒜味，因此应慎用。

2. 咸鲜味

咸鲜味主要以精盐、味精调制而成，根据不同菜肴的风味要求，也可酌情添加酱油、白糖、香油及胡椒粉等，特点是咸鲜清香。在调制时，须注意咸度适宜，突出鲜味，如凉拌金针菇、葱油莴笋等。

咸鲜味的调节以精盐确定基础咸味，味精调节鲜味，香油增加菜肴的油润性，胡椒粉调节香味。咸鲜味多用于鲜味浓郁的动物性原料，一年四季皆可使用。

3. 芥末味

芥末味适用于冷菜，特点是芥辣冲鼻，咸鲜酸香。芥末味可以芥末酱、精盐、醋、味精、香油等调味品调制而成，如芥末鸭掌、芥末猪腰片等，食用生鱼片时必不可少。

芥末味的调制以鲜味生抽确定基础咸味，辅以精盐补充咸味；生抽还具有调色的功能，有时加醋会起到增加酸味、解腻去异的作用，香油可增强芥末味的油润性，其中芥末是调节芥末味的必备调味品。芥末味运用范围比较广，生鱼片、炖汤的原料都可以用芥末味调节，此味咸、鲜、酸、香、冲五味兼而有之。春夏季用芥末味的菜肴佐酒下饭，非常适宜。

技能训练3 运用蒸、煮烹饪技法制作主食

煮是将原料放入水中，用大火加热至水沸，改中火加热使原料成熟的加热方法。目前主食加工时米类主食基本运用电饭煲进行煮制，其他类主食如面条等则运用锅具煮制。

煮是最古老的技法之一，传统烹调技法有"五原法"之说，煮就是其中之一。以水作为导热介质出现以后，最早使用的烹调方法就是煮法。后来由于烧、炖、焖、煨、扒等一系列的技法问世，逐渐取代了煮在热菜制作中的地位，煮渐渐演变成主食的主要加热方法。其实在以水为导热介质的同类技法中，煮法是用途最广、功能最齐全的技法。例如，它能制作热菜，制作汤料，制作冷菜，也是许多菜肴的预制手段。

现在，煮法在水导热技法中的作用和地位没有那么明显，通过煮法形成的菜肴品种也日益减少。但在制作汤料上仍占有重要的地位，尤其是制作精细的高级清汤，煮法依然起着决定性的作用。

蒸是以湿热空气导热为主的烹调方法，主要是利用水沸后形成的水蒸气来加热菜肴或主食。由于原料与水蒸气一般都处于密闭环境中，因此原料基本上是在饱和水蒸气下加热成熟。

对于制作主食而言，蒸法是煮法的补充。行业里有蒸箱蒸饭，家庭厨房则很少用蒸的方法制作主食，一般都是用煮法制作主食。

技能训练4 运用蒸、炒、炸烹饪技法制作菜肴

1. 蒸

蒸是将原料放入水蒸气中加热成熟的成菜方法。根据具体的操作方法不同，通常将蒸分为足气蒸和放气蒸。放气蒸是指在不饱和水蒸气中，快速加热使原料成熟的加工方法。放气蒸就是将部分水蒸气逸出，用相对较低的温度加热使食物成熟。足气蒸是指将原料放入饱和水蒸气中加热，使原料成熟的加工方法。足气蒸是将原料放入饱和水蒸气中加热，使水蒸气处于动态平衡中，生成的水蒸气数量与逸出的水蒸气数量一致，足气蒸比放气蒸压力大，加热温度自然相对高些。蒸的时间通常依据原料老嫩和成品要求来控制，一般有短时间和长时间加热两种。

菜肴实例：清蒸鳜鱼

原料：鳜鱼、葱姜丝、青红椒丝、盐、味精、料酒、胡椒粉、调和油、蒸鱼豉油。

工艺：将鳜鱼收拾干净，鱼身两面剖柳叶花刀，用盐、味精、葱姜酒、胡椒粉腌渍待用。鳜鱼放入水蒸气中，蒸7分钟左右（根据鱼的大小灵活调整时间），至鳜鱼成熟后取出。调好味汁（盐、味精、胡椒粉、蒸鱼豉油）浇在鱼上，撒葱姜丝、青红椒丝，淋上热油即可。

2. 炒

将经过加工的小型原料先经过上浆滑油，再用少量油在旺火上急速翻炒勾芡成菜的方法，或直接将原料投入锅中炒制成菜的方法称为炒，前者称为滑炒，后者称为煸炒。用于炒的动物性原料一般要上浆，植物性原料一般不上浆。

滑炒菜肴实例：清炒虾仁

原料：鲜活河虾、鸡蛋清、葱、黄酒、精盐、干淀粉、调和油、清汤。

工艺：将鲜活河虾剥成虾仁，洗净漂清，控干水分，放入碗中，加精盐、黄酒、鸡蛋清搅拌，再加淀粉拌匀；葱洗净切成雀舌状。炒锅置旺火上烧热，舀入调和油，至120℃时放入上浆后的虾仁，用手勺轻轻划散，呈玉白色时，倒入漏勺沥去油，炒锅留底油复上火，入雀舌葱小火煸香，加清汤，烧沸后用水淀粉勾芡，将滑油后的虾仁回锅，颠翻几下使芡汁包裹在虾仁的外表，起锅盛入盘中即成。

煸炒菜肴实例：宫保鸡丁

原料：嫩鸡脯肉、去皮熟花生米、干红辣椒、花椒、酱油、醋、糖、葱末、姜末、蒜泥、盐、味精、料酒、湿淀粉、调和油。

工艺：鸡肉洗净，用力拍松，再在肉上用刀轻斩一遍，不要将肉斩烂，然后将其切成2厘米见方的丁，放入碗内，加盐、酱油、料酒、湿淀粉拌匀。干辣椒去籽，切成1厘米长的段，取一只小碗，放入白糖、醋、酱油、味精、清水、湿淀粉调成芡汁待用。炒锅放旺火上烧热，下调和油烧至微有青烟，放入干红辣椒、花椒，将锅端离火煸炒至出辣味，再上火炒至棕红色微有焦煳味时，放入鸡丁炒散，烹入料酒炒一下，再加葱、姜、蒜炒出香味，倒芡汁，加入花生米，翻拌均匀即可。

除上述煸炒和滑炒外，很多地方将炒进行不同的划分，例如根据主料的生熟性质，将炒法分为生炒和熟炒；根据菜品的成菜颜色，将炒法分为红炒和白炒；有的地区根据炒制时的动作，有所谓抓炒的分类方法，还有的地区将炒法分成小炒、干炒、焦炒、清炒、软炒、爆炒等。所有这些方法主要是分类的角度不同，究其本质主要看炒菜的过程中原料是否经过了上浆滑油。

3. 炸

炸是将经过处理（包括生料加工、腌渍入味、熟料预制、浆糊处理等）的原料用大油锅旺火加热，使原料酥松干香的成菜方法，炸既是油烹法的基础技法，也是很多具体方法的总称。炸法以食用油为传热介质，特点是火力旺，油量大。用这种方法加热的原料大部分要间隔炸两次。炸有多种方法，工艺流程各不相同，风味质感也有很大差异。多数制品是外脆里嫩，色泽油亮，干香脆酥，滋味醇厚。炸法的工艺关键包括很多方面：第一，大油量加热，使用大油量的目的，主要是保持油温的稳定，不至于受生冷原料下锅的影响而降低油温，影响到成品的品质。第二，高油温旺火速成，从多数炸法看，都是用的最大火力，180℃甚至更高的油温，因而加热时间短，成菜速度快。第三，炸法多样，原料有挂糊和不挂糊之分，不挂糊的只有"清炸"一种，属于最古老的炸法。挂糊炸法的具体操作越来越细，有直接裹粉的干炸、熟料挂糊的酥炸、生料挂糊的软炸、涂抹糖浆（饴糖）的脆炸等，形成了香、脆、酥、嫩等口感效果。第四，应用广泛，无论原料是生是熟、是大是小，都可以炸。第五，操作具有灵活性。炸是在旺火热油条件下制作菜肴，这就会受到许多因素的制约，应根据原料性质、老嫩、体积确定最佳油温。

炸的方法很多，这里主要介绍两种常用的炸的技法：一种是不挂糊的炸，另一种是挂糊的炸。所有其他炸法都是行业中对炸法的衍生，本质上没有区别。

（1）不挂糊炸 不挂糊炸是指将加工腌渍入味的原料，直接投入旺火热油锅中炸制成菜的烹调方法。原料不论生熟，凡是直接进入油锅炸制成菜的方法都属于不挂糊类炸，如清炸菊花肫、脆皮乳鸽等。

菜肴实例：清炸菊花肫

原料：鸡肫、黄酒、酱油、味精、麻油、葱、姜、番茄沙司、椒盐、植物油。

工艺：鸡肫去皮洗净，剞菊花花刀，用黄酒、姜、葱、盐、味精、酱油浸渍2分钟。将鸡肫入180℃油锅炸制约15秒，待肫花盛开迅速捞出，油温回升到200℃时将肫花入锅再炸约8秒倒出沥油。锅里放麻油烧热，葱花入锅炒香，投入肫花，翻滚几下即成。盘边放番茄沙司和椒盐做跟碟。

（2）挂糊类炸 挂糊类炸是指先在原料的外表裹上糊再下高温油锅将原料

炸制成菜的方法。常见的挂糊类炸的方法包括以下几种。酥炸，就是将带有滋味的熟料经过挂糊，投入旺火热油锅中，采用一次炸或两次复炸成菜的技法。香炸，是在原料挂糊后，再粘上一层芝麻、花生碎一类的原料，炸制后具有浓厚的芝麻香味。香炸的名称，是针对挂糊后添加的一些辅料而言的，除了芝麻外，裹面包渣、花生碎等也是在原料挂浆后，沾上适量的面包渣或碎花生炸制而成，这些技法大多是在挂糊后添加一些辅料而已，并不是什么新的技法，其本质属于酥炸的范围。卷、包炸，是一种采用特殊手法加工成形的炸制菜品。将加工成片形、条状或蓉状的无骨原料用调料拌和后，再用其他的薄皮原料包裹起来，拖上蛋粉糊，入锅油炸，叫作卷包炸。用来包裹、卷裹的原料包括豆腐皮、蛋皮、百叶、猪网油、糯米纸或耐高温的无毒玻璃纸等。包卷时应注意排料均匀，大小相近。拖糊必须均匀，这样炸时菜才不至于散开。炸时要注意掌握油温，达到内成熟、外色泽统一的效果。

菜肴实例：芝麻里脊

原料：猪里脊肉、鸡蛋、芝麻、盐、味精、葱段、姜片、黄酒、椒盐、淀粉、调和油。

工艺：将里脊肉切成厚0.6厘米的大薄片，装入碗内，加盐、味精、葱段姜片、黄酒腌渍调味。鸡蛋磕入碗内搅匀，加入淀粉调成鸡蛋浆，芝麻放入盘内。锅上火烧热，放入调和油，烧到160℃左右时，将腌渍好的里脊片蘸上淀粉，拖上蛋浆，放入芝麻中均匀粘裹上一层芝麻，下油锅炸至表面淡黄色捞出，再用180℃的油复炸3~4秒，炸到里脊肉发挺、香气外溢即可。捞出控油，改刀装盘。

菜肴实例：十三香烤鸭卷

原料：烤鸭、京葱、春卷皮、鸡蛋、干淀粉、十三香、盐、味精、黄酒、椒盐、调和油。

工艺：将烤鸭去骨取肉切成丝状，加京葱丝、十三香、盐、味精、黄酒调匀；鸡蛋磕入碗中搅散加干淀粉拌匀成蛋液浆。将春卷皮加温回软，取一张平铺在案板上，均匀地放上调味后的烤鸭丝，包裹用蛋液浆收口成十三香烤鸭卷的生坯，完成所有的包卷。锅中加油烧至180℃时，将烤鸭卷生坯入油锅炸至金黄捞出沥尽油装盘即可。

4. 煮法

煮法是将原料放入水中，用大火加热至水沸，改中火加热使原料成熟的加热方法。

现在，煮法在水导热技法中的作用和地位没有那么明显，通过煮法形成的菜肴品种也日益减少。但在制作汤料上仍占有重要的地位，尤其是制作精细的高级清汤，煮法依然起着决定性的作用。另外在冷菜制作方面，使用白煮方法制作的白肉片、白斩鸡等名菜，都是煮法菜肴中的著名品种。

有些地区把这个品种不多的热菜煮法，又分成许多具体技法，如水煮、油水煮、奶油煮、红油煮、汤煮（红汤煮）、白煮以及糖煮等。但是，从技法内容上看它们大致相同，主要工艺流程颇为相近，只是在煮的过程中增加了不同的特殊材料而已。

一般煮的水温控制在 100℃ 左右，加热时间为 30 分钟之内，成菜汤宽，不须勾芡，基本方法与烧较类似，只是最终的汤汁量比烧多。煮又分水煮和汤煮两种。

煮法实例：大煮干丝

原料：豆腐干（特制大白干）、熟鸡丝、虾仁、熟鸡肫片、熟鸡肝片、熟火腿丝、冬笋、豌豆苗、虾籽、盐、（味精）、干淀粉、熟猪油、鲜汤。

工艺：将豆腐干洗净，先用平刀片成约 20 片，再切成细丝，用沸水泡烫三次，每次约 3 分钟，并用竹筷翻拨，使豆腐干的豆腥气清除后待用。将虾仁洗净，加盐、味精、干淀粉拌匀。冬笋洗净，切成薄片。锅置火上，放入熟猪油，烧至 120℃ 左右时，下入上好浆的虾仁，快速翻炒几下，见虾仁呈玉白色时，出锅，盛入碗中。锅复置火上，放入熟猪油，加葱姜和虾籽煸炒，放入鲜汤烧沸后，倒入烫过的干丝，再将熟鸡丝、熟鸡片、熟鸡肝片、冬笋片放入锅内一侧，然后放入熟猪油用大火烧开，小火慢煮 15 分钟左右，加盐、味精调味，入豌豆苗装盘倒入汤汁，最后放上火腿、熟虾仁即可上桌食用。

技能训练 5　三种汤食的制作

1. 西红柿鸡蛋汤

西红柿鸡蛋汤是常见的一道简单的汤羹。

原料：西红柿 1 个、鸡蛋两个、香菜、精盐、味精、白胡椒粉、香油、精炼油各适量。

工艺：西红柿顶端划十字花刀（不需要太深，划破皮即可），然后将其放入大碗中从开口的地方淋入开水，1～2 分钟后即可轻松去除西红柿皮，最后切成小块。香菜洗净切小段，鸡蛋打入碗中，加入少许盐后搅打均匀。锅置火上，加入少许精炼油，翻炒西红柿快（几下即可），然后倒入清水烧沸后，加入精盐、味精调好味后倒入蛋液，待再次烧沸后即可关火，撒入香菜段、白胡椒粉，最后起锅倒入汤碗中，淋几滴香油即成。

操作关键：西红柿采用开水稍烫，即可轻松去皮；蛋液倒入锅中不可长时间加热，以免蛋花变老。

2. 榨菜肉丝汤

通过练习该菜，掌握切肉丝、吊清汤的技能。此菜汤清见底，肉丝鲜嫩，榨菜香脆。

原料：猪瘦肉、榨菜丝、小青菜、葱段、姜片、黄酒、精盐、味精、清汤、精炼油各适量。

工艺：将瘦猪肉切成细丝，放入小碗中，加入葱段、姜片、黄酒和少许清水和匀。榨菜丝放入清水中泡去咸味，捞出榨菜丝放入汤碗中。小青菜洗净，切成3厘米长的段。锅置火上，倒入清汤烧沸后，加入肉丝与泡肉丝的水，待肉丝变色时捞出，放入有榨菜丝的汤碗中，待锅中浮沫浮于水面，撇去，放入小青菜、精盐、味精、精炼油，待烧沸后起锅倒入汤碗中即成。

操作关键：榨菜丝要泡去咸味。泡猪瘦肉的水不能倒掉，需要用它来去除清汤中的少量杂质。

3. 萝卜丝鲫鱼汤

鲫鱼冬季最肥美，若再加上雪菜或者酸菜，汤汁浓郁，风味独特。此菜汤汁乳白味鲜，鱼肉细嫩，萝卜丝清香，可解腥增味。

原料：活鲫鱼、白萝卜、葱段、姜片、精盐、味精、黄酒、胡椒粉、精炼油各适量。

工艺：将鲫鱼去鳞，去鳃，剖腹去内脏，洗净。白萝卜去皮，切成细丝，入沸水锅烫一下，目的是为了去除萝卜的辛辣味和苦味，捞起待用。炒锅置火上，倒入精炼油，加入葱段、姜片煸出香味，放入鲫鱼、黄酒和适量清水烧沸，撇去浮沫，改中小火略焖，待汤乳白时，加精炼油、萝卜丝煮沸，加精盐、味精，撒上胡椒粉，起锅盛入汤碗中即成。

操作关键：鲫鱼要鲜活，不鲜活、农药污染、重金属污染、奇形怪状、有煤油味等皆不能选用。萝卜丝需要焯水，以去除萝卜的辛辣味、苦味。

复习思考题

1. 常见蔬菜原料的加工方法有哪些？
2. 果蔬原料的食用方法包括哪些？
3. 动物性禽畜原料的洗涤方法包括哪些？
4. 举例说明常见刀法。
5. 常见原料保鲜方法有哪些？
6. 原料的解冻方法有哪些？各有什么优缺点？
7. 常用家用灶具的类型及功能是什么？
8. 常用燃气及电能灶具使用的注意事项有哪些？

第三章 洗涤与收纳衣物

培训学习目标

1. 能运用正确的方法洗涤衣物。
2. 能运用正确的方法收纳衣物。
3. 掌握保管衣物的基本方法。

第一节 洗涤衣物

一、衣物洗涤标识的作用

一般服装的标签上，都标明服装的重要信息，通常包含服装的生产国别、生产商、品牌及地址、所用面料成分、洗涤保养符号等内容，其中面料成分、洗涤保养符号是服装洗涤保养的重要参考。

1. 手洗标识（图 3-1）

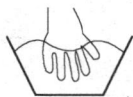

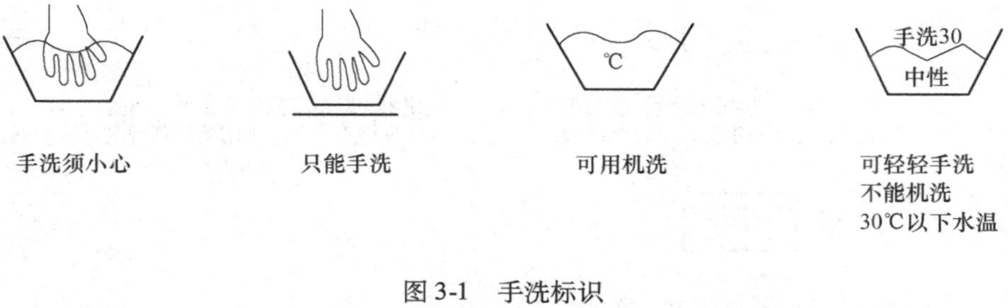
℃
手洗30
中性
手洗须小心
只能手洗
可用机洗
可轻轻手洗
不能机洗
30℃以下水温

图 3-1 手洗标识

2. 水温注意标识（图 3-2）

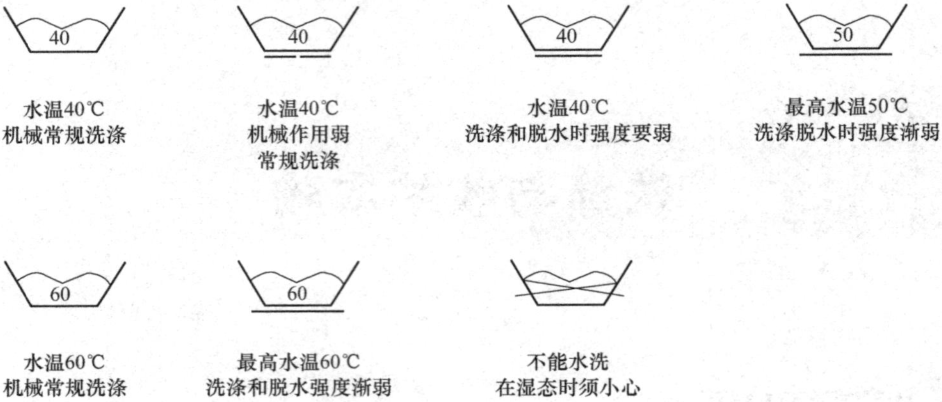
40
水温40℃
机械常规洗涤
40
水温40℃
机械作用弱
常规洗涤
40
水温40℃
洗涤和脱水时强度要弱
50
最高水温50℃
洗涤脱水时强度渐弱
60
水温60℃
机械常规洗涤
60
最高水温60℃
洗涤和脱水强度渐弱
不能水洗
在湿态时须小心

图 3-2　水温注意标识

3. 洗涤剂的品种规定标识（图 3-3）

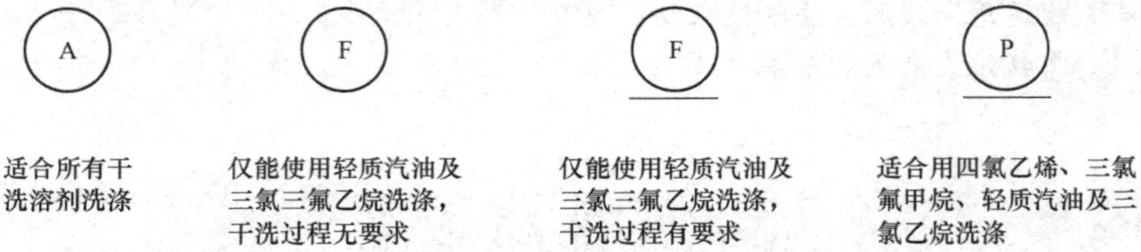
A
适合所有干
洗溶剂洗涤
F
仅能使用轻质汽油及
三氯三氟乙烷洗涤，
干洗过程无要求
F
仅能使用轻质汽油及
三氯三氟乙烷洗涤，
干洗过程有要求
P
适合用四氯乙烯、三氯
氟甲烷、轻质汽油及三
氯乙烷洗涤

图 3-3　洗涤剂的品种规定标识

4. 洗涤剂洗涤温度标识（图 3-4）

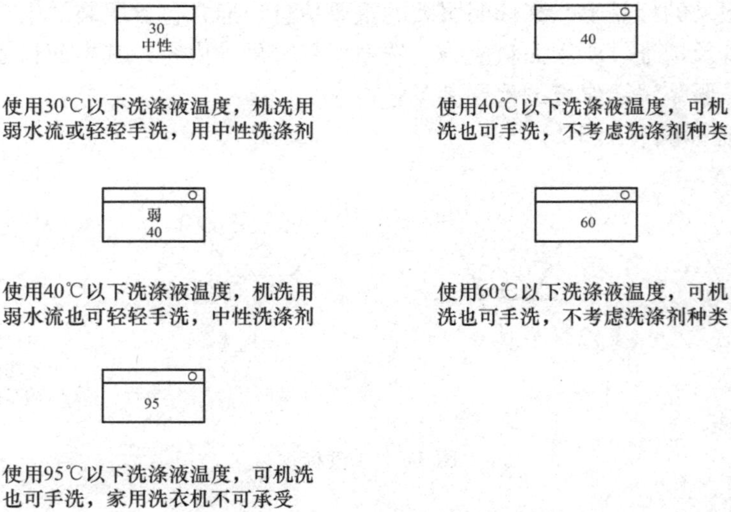
30
中性
使用30℃以下洗涤液温度，机洗用
弱水流或轻轻手洗，用中性洗涤剂
40
使用40℃以下洗涤液温度，可机
洗也可手洗，不考虑洗涤剂种类
弱
40
使用40℃以下洗涤液温度，机洗用
弱水流也可轻轻手洗，中性洗涤剂
60
使用60℃以下洗涤液温度，可机
洗也可手洗，不考虑洗涤剂种类
95
使用95℃以下洗涤液温度，可机洗
也可手洗，家用洗衣机不可承受

图 3-4　洗涤剂洗涤温度标识

5. 晾干注意事项标识（图3-5）

禁止氯漂　　　　　　　允许拧干　　　　　　　禁止拧干

图3-5　晾干注意事项标识

二、纺织品衣物质地鉴别常识

1. 纺织纤维的分类

目前市场上纺织纤维分为两大种类。第一类是天然纤维，其中又有动、植物纤维之分，如棉、麻等属于植物纤维；羊毛、骆驼毛、兔毛、蚕丝等属于动物纤维。第二类是化学纤维，其中又有人造和合成纤维之分，如人造纤维有人造棉、人造毛、人造丝等；合成纤维有锦纶、涤纶、腈纶、氨纶、维纶、丙纶等。

2. 各类纺织纤维的性能

（1）植物纤维的性能

1）棉纤维吸湿性好，而且穿着透气、吸汗、舒适。棉布耐碱不耐酸，所以平时用含有碱性的肥皂和普通洗衣粉洗涤不会损坏面料，但一定要避免与酸接触。

2）麻纤维吸湿性好，透气、凉爽，挺括不沾身，耐磨性比棉布强，但缺少棉布的柔软感。一般适用作夏令服装。与棉布相同，麻纤维也耐碱不耐酸。

（2）动物纤维的性能　动物纤维主要成分是蛋白质，又称蛋白质纤维。主要用于高级服装的原料，历来为人们所珍爱。

1）羊毛纤维坚牢耐穿，穿着寿命一般比棉布要长好几倍。羊毛纤维质量轻、保暖性好、挺括。毛料服装经过熨烫后呢面干整，折痕持久挺直，还具有良好的透气性和吸湿性，手感柔软，不易沾污，富有弹性，不易折皱变形。羊毛纤维不易着火燃烧，并有一定的抗酸腐蚀性能。但羊毛纤维怕碱，遇碱后会溶解，所以毛织品在洗涤时不宜用热肥皂水，应用中性洗涤剂在温水或冷水中洗涤。羊毛也怕太阳晒，太阳光中的紫外线会破坏羊毛的组织成分，使羊毛泛黄，强力下降失去光泽。因此，洗涤后的羊毛织品应挂在阴凉通风处晾干，切忌在阳光下曝晒。

2）蚕丝纤维和羊毛纤维一样，它也是蛋白质纤维，主要成分是丝胶和丝素。蚕丝的特点是丝素具有光泽，吸水性也较强，光彩夺目，保温、柔软、滑爽。不过，蚕丝纤维有两怕：一是怕碱，如浸在10%的烧碱溶液中只要10分钟就溶化了。因此，在洗涤时应注意不要用碱性的肥皂和洗衣粉，更不能在高温下洗涤，以免影响光泽。二是怕阳光，日光中的紫外线会破坏丝纤维的结构，使纤维变脆，从而使其强度明显下降。所以，丝织品洗涤后不宜在日光下曝晒，宜阴干。

（3）化学纤维的性能　化纤的特点，一是结实、耐磨强度比较高。二是抗折皱性好，不容易打褶，在一定条件下经过热定型处理，就可使织品或衣服的褶痕在冷却后固定下来，即使经过多次洗涤基本上不消失。三是大多数化学纤维吸湿性都差，一般不宜用来做内衣。四是摩擦时容易产生静电，容易吸附尘土和污物。五是尺寸稳定性好，织物易洗易干。此外，它还耐酸碱、耐霉蛀。

3. 各类纺织品的鉴别方法

市场上销售的衣料种类繁多，一般是靠人的眼睛看（颜色、质地、光泽等）、手摸（质感、厚薄等）、耳听（丝鸣等）来鉴别织物纤维的种类。

1）纯纺织品比较容易鉴别，只要对纤维的特性有所了解，就可以较正确地区别织物的种类。混纺织物一般是棉、毛、丝麻等天然纤维与粘胶、涤纶等化学纤维，或不同种类化学纤维互相混合在一起纺织而成。

2）棉涤（棉的确良）光泽明亮，色泽淡雅，手摸布面感觉挺爽、光洁平整。富纤布和人造棉布色泽鲜艳、光泽柔和，手摸布面平滑柔软、光洁；维棉布则色泽稍暗，光泽有不匀感，手感粗糙而不柔和。当用手捏紧布料后迅速放开，可以看到涤棉布褶皱最少，并能较快地恢复原状；而人造棉布折皱最多，也最为明显，恢复也较慢。

3）化纤与毛混纺品的鉴别：纯毛呢绒呢面平整，色泽均匀，光泽柔和，手感柔软而富有弹性，攥紧放松后呢面无折痕，能自然恢复原状。化纤薄型织物看上去似有棉的感觉，手感较柔但不挺括，攥紧织品放松后有明显折痕。涤纶与毛混纺品光滑挺爽，但有硬板的感觉，弹性好，攥紧放松几乎不产生折痕。腈纶与毛混纺呢绒一般织纹平坦不突出，光泽类似人造毛织物，但手感和弹性均较人造毛织物佳，毛型感较强。锦纶与毛混纺呢绒外观毛型感差，有蜡光泽，手感硬挺而不柔软，攥紧后放松有明显的折皱痕迹。

4）化纤丝绸织品的鉴别：市面上较为常见的主要有人造丝、锦纶长丝、涤纶长丝等几种织品。从外观上看，纯真丝织品光泽柔和均匀，虽明亮但不刺目，手摸上去有棘手感。人造丝织品具有耀眼的光泽，但不如真丝柔和滑爽，而带沉甸甸的手感，但不挺括。涤纶长丝织品光泽较差，表面有如涂了一层蜡的感觉，手感硬挺而欠柔和。用手攥紧迅速放开后，真丝和涤纶丝的织品，因弹性好而无折痕，人造丝织品有明显的折痕，并难以恢复原状，锦纶织品虽有折痕，但尚能缓慢地恢复原状。

三、常用洗涤用品的使用方法

凡是用作洗涤去污的用剂，包括在染整工艺中洗除织物上各种杂质或洗除印染后浮色的用剂，统称为洗涤剂。洗涤剂主要有肥皂、皂片、洗衣粉、液体洗涤剂等。我们日常所用的洗涤剂品种很多，每种洗涤剂各有特点，清洗衣物时应注意选用合适的洗涤剂。常用洗涤剂的特点及适用对象见表3-1。

表 3-1 常见洗涤剂的特点与应用

洗涤剂		类型	特 点	洗 涤 对 象
一般肥皂		碱性	总脂肪物含量越高，去污效果越好，但碱性过大，会对衣物和皮肤有刺激，起泡性好，但耐硬水性差	棉、麻及其混纺织品，床上用品、毛巾等
皂片		中性（弱碱性）	总脂肪物含量83%~85%，皂质纯净，性能温和，溶解迅速，去污力强，使用方便	精细丝绸、毛织物和含毛量较高的毛混纺织物
洗衣粉	高泡洗衣粉（一般洗衣粉）	碱性	泡沫丰富，去污力较强，但不易漂洗干净。碱性大，对丝、毛类织品不利	棉、麻、化学纤维织物。不适于家用洗衣机洗涤
	中泡洗衣粉	弱碱性	泡沫适中，易漂洗干净，去污效果好，适用面广	各种纤维织物，（丝、毛精编织品除外）尤其适用于棉纶、涤纶织物，手洗、机洗均可
	低泡洗衣粉	中性	泡沫少，易漂洗干净，去污效果好，适用面广	各种纤维织物，特别适用于洗衣机洗涤
	加酶洗衣粉		含有碱性蛋白酶，能催化水解污垢中的蛋白质，对奶渍、汗渍、血渍、果汁有特殊去污作用	棉、麻、毛、化纤织品，特别是较脏且有奶渍、汗渍、血渍的织品，对服装的领子、袖口等处，去污效果极好
	增白洗衣粉		含有荧光增白剂，能增加织品洗后的光泽和洁白度，使白色织品增白，浅色织品的颜色更鲜艳，花纹更清晰	浅色织品，多用于夏季服装及床上用品，改染和深色服装不宜使用
	漂白洗衣粉		含有漂白剂，在60℃的热水中对纺织品的污迹有漂白作用	白色织品，不可在高温下洗涤有色织品
液体洗涤剂		弱碱性或中性	易于溶解，使用方便，性能温和。去污力较强且对丝、毛制品无损伤	棉、麻、合成纤维织品可用弱碱性洗涤剂，丝、毛类精细织品应使用中性洗涤剂
特制皮革清洗剂		/	具有多种表面活性剂，并配加保革剂、油鞣剂、防腐剂等。既能去污除垢，又可保护皮革	皮革服装，皮革制品

四、手工洗涤衣物的方法

1. 拎

用手将浸在洗涤液中的衣服拎起放下，使衣服与洗衣液发生摩擦，衣服上的污垢被溶解除去。拎的摩擦力非常小，适合洗涤娇嫩的、仅有浮尘、不太脏的服装，在过水时大多采用拎的手法。

2. 擦

用双手轻轻地来回擦搓衣服，以加强洗涤液与衣服的摩擦，使衣服上的污垢易于除去，一般适用于不宜重搓的衣服。

3. 搓

用双手将带有洗涤液的衣服在洗衣擦板上搓擦，便于衣服的污垢除去，适用于洗涤较脏的衣服。

4. 刷

刷是利用板刷的刷丝全面接触衣服进行单向刷洗的方法。一般用于刷洗大面积沾有污垢的部分。衣服的局部去渍，常用刷的方法，只是所用的刷子是小刷子。刷洗时摩擦力要根据衣服的脏污程度自由掌握。

5. 揩

用毛巾或干净布蘸洗涤剂或去渍药水，在衣服的局部污渍处进行揩洗。

五、洗衣机的使用方法

1. 使用前的准备工作

1）使用前要阅读说明书，弄清产品的性能、安装方法和使用要求。

2）洗衣机放置要平稳。场地要干燥、通风，不能靠近火源、热源，要避雨避晒。

3）电源插座安装位置要选择适当并有可靠接地线，应使用三孔插头，并确保用电安全，洗涤时防止水溅到电源插座上。

2. 全自动洗衣机洗涤方法

1）连接好洗衣机与自来水龙头并打开水龙头，放好排水管，插上电源插头，接通电源。

2）将待洗衣物口袋里的东西掏出。有金属扣子和金属拉链的衣物，应将扣子扣好，拉链拉好，并将衣物翻转过来。毛衣、尼龙绸等细薄衣物及其他小件物品放入有孔眼的洗衣网袋中，再进行洗涤。

3）对于领口、袖口、裤脚口等易脏的部位，用手搓洗后按内衣、外衣，颜色深浅，衣物的面料质量和脏污程度分别放入洗衣机。

4）轻触洗衣机上的电源键，机门自动打开（有的洗衣机不会自动开门，要手工打开），放入需洗衣物，关闭机门。

5）按衣服面料、数量在分配盒内投放适量洗衣粉（中性或酸性洗涤剂）、调理剂。设定浸泡时间、洗涤时的水温和洗涤程序，按下"启动"按钮，开始洗涤。

6）洗衣结束，切断电源，关闭水龙头，打开机门，取出衣物。放尽排水管余水，用干净抹布擦干洗衣机内外，待彻底晾干后关闭机门。

3. 注意事项

1）插、拔电源插头时，要用手捏住插头外面的绝缘部分，不可用手拉电源线。

2）操作时不要把水溅到洗衣机控制台面上，更不能用水冲洗外壳，避免发生事故。

3）要按照说明书操作各种控制旋钮，特别要注意旋转方向（如定时器只能按顺时针方向旋），否则将损坏洗衣机。

4）在洗衣筒内要均匀放置衣物，避免洗涤、脱水时洗衣机偏摆、振动。

5）洗衣机在使用过程中，如发现波轮底部或进水管接头处漏水，洗衣机发出不正常的响声或特殊气味，应立即切断电源停机进行检修。

技能训练

技能训练1 识别衣物洗涤标识

认识各种洗涤标识（见本书第 49~51 页）。

技能训练2 使用洗衣机洗涤衣物

1）将适量的衣服分类放入洗衣机中，在洗衣机中加入适量的洗洁剂，盖上洗衣机盖子。

2）接通洗衣机电源，调整为合适的洗涤模式、水位、时间等。

3）按下洗衣机按钮，使衣物浸泡一段时间后得到清洗、漂洗、脱水。

4）待洗衣机脱水完毕后，将其中的衣物取出并晾晒或烘干。

5）切断电源，清理洗衣机收集绒毛盒，将洗衣机内壁清理干净。

第二节 收纳衣物

一、晾衣架的使用方法

晾晒衣服离不开伸缩晾衣架，伸缩晾衣架是每个家庭必不可少的。商店里有很多漂亮的伸缩晾衣架，但是很多都经不起太阳长期暴晒，时间一长容易老化。所以为了延长寿命要注意螺钉的加油保养，塑料部分注意不能长时间暴晒。

升降晾衣架的使用方法：手摇器运转牵引钢丝通过转角器、顶座带动晾竿，使其可升可降，手摇器带自锁功能（主要通过内置弹簧收紧或膨胀产生摩擦力），可以让晾竿在任一高度自动锁定。因其具备升降功能，大大方便了晾晒过程。

二、不同质地衣物的晾晒方法

1. 棉、麻织物

各种棉、麻织物一般可以在阳光下晾晒，晾晒时要将衣服抖松拉平。内衣应正面晒，深色或色泽鲜艳的外衣宜反面晒，以防正面褪色泛黄。

2. 丝织物

各种丝类衣服要阴晾干。中式服装要抖松拉平；易褪色的衣服，应将衣服易褪色的面向外，使其干得快些，以免流色。

3. 毛料织物

毛料衣服应选择通风处晾干，不能在日光下暴晒，以免失去毛料的光泽，降低纤维强度和弹性，变得粗糙。

4. 化学纤维织物

化学纤维织物忌直接放在太阳光下暴晒，否则纤维会氧化发脆。晾时要把皱纹轻轻展平，尽量使衣服的分量分布均匀，晾在阴凉通风的地方，避免衣服干后走样。

三、衣物折叠、整理、收纳的注意事项

1. 棉织物

纯棉外衣洗涤后要熨烫定型，晾干后用衣架挂起或折叠存放。纯棉起绒服装在折叠存放时，要防止受压，如立绒、灯芯绒等服装，长期受压会使绒毛倒伏。收藏这些服装时应将其放在上层，或用衣架挂起，避免因受压而使绒毛倒伏，影响美观和穿着效果。

2. 羊毛服装

羊毛服装有普通呢绒服装和羊绒服装两大类，呢绒服装包含粗纺呢绒和精纺呢绒，不同的羊毛服装组织结构和用途各不同，保养和收藏方法也各不同。

（1）呢绒服装　在收藏时要除尘、晾透去潮后存放，最好干洗一遍，因为干洗不仅能清洁衣物，同时也能对衣物进行消毒。呢料衣物有很强的吸湿性，在阴雨过后，应经常将其通风晾晒，防止霉变，晾晒时要避开强光或晒反面，以免衣物褪色。精纺呢绒衣物是高档衣物，切不可乱堆乱放，造成褶皱，保护衣型尤为重要，特别是长绒毛衣物更怕叠压，应用衣架挂起，避免走样。

（2）羊绒衣物　羊绒衣物组织结构松散，不要用力拉扯，防止变形。收藏

时应放箱内的上层，防止受到重压，以免失去蓬松和保暖的性能。一些拉毛的长毛衫，在穿之前可用软毛刷顺着毛的走向把毛拉起后再穿，使衣型恢复丰满的状态。白色羊绒衫最好用布或纸包好，不要用塑料袋，因为塑料袋不透气，易招致绒线发霉或产生污迹。

3. 丝绸衣物

丝绸衣物质地轻薄、色泽鲜艳，保管和穿着时要加倍小心。丝绸服装在收藏前要彻底清洗干净，最好干洗一次，这不仅能保护质地、防止变形，也能起到灭菌作用。洗后的丝绸衣物要熨烫定型，使其表面平整挺括，增强抗皱性能。白色的丝绸衫在收藏时最好用蓝色纸包起来，防止泛黄。花色鲜艳的绸衣用深色纸包起来，可以保持色彩不褪色。丝绸衣服要与裘皮、毛料服装隔离收藏，同时还要分色存放，防止串色。

4. 合成纤维服装

在收藏之前要清洗干净、熨烫平整。否则因收藏时间长，服装会出现褶皱、老化，难以恢复平整而影响穿用。合成纤维织物的亲水性较差，但在湿度加大、温度较高的状态下，仍可能发生霉变，所以在潮湿的季节过后要经常通风除潮。化纤织物虽然不易被虫蛀，但如箱柜中已有蛀虫存在，也有被虫蛀的可能，因此在收藏时，箱柜内也要放些防蛀剂（但不能与衣物接触）。

5. 皮革衣物

皮革衣物要经常擦洗，保持干净，还要常打油补脂保持弹性，防止皮革变硬发生干裂。皮革衣物遇水会发生板结，若受水淋后要及时用布擦干，避免皮质发硬。皮革衣物不可在强光下暴晒或火烤，高温会使皮革收缩变形。皮革衣物在收藏存放前要用干布擦去浮尘，用湿布擦去污垢，如能干洗更好。应在洗净的原皮上涂上柔软剂或皮衣油，皮革吸附后再用软毛刷把表面打出光泽，这样既能增强皮衣的抗皱能力，又能增加皮革的柔软度，并能防止干裂的现象发生。皮革衣物不能折叠存放，长期折叠存放会产生难以消除的褶皱，应当用大小合适的衣架挂起来单独存放。皮革衣物有一定的吸湿性，长期受潮容易发霉，因此在收藏存放时要注意保持干燥，在多雨潮湿的季节过后要通风晾晒，避免其发霉变质。在收藏存放的箱柜中放入一些防蛀剂，可使皮革衣物免遭虫蛀。

6. 裘皮衣物

裘皮衣物是冬季防寒的高级衣物，在冬季过后要及时收藏，不可在外面久挂，免遭污染。裘皮衣物收藏前首先要将毛皮朝外日晒两三个小时，这不仅能使皮毛干透，还能起到杀菌、消毒的作用。然后除尽灰尘，在通风处晾凉后叠好或挂起，在夹层内放入樟脑丸等防霉防蛀药剂，用布将其包好，放入箱柜中，这不仅能防尘隔离，也能起到一定的防潮作用。裘皮衣物收藏存放时要保持干燥，切勿受潮受热，裘皮衣物受潮后会出现反硝现象，使皮板变硬发脆。此外，裘皮衣物受潮后易受细菌侵蚀，容易发生脱毛、虫蛀现象。

在夏季，要将羊、兔等粗皮裘衣物取出，在阳光下晒三四个小时，待晾透后除掉灰尘，放入樟脑丸，用布包好再放回箱柜中。紫貂、黄狼皮、灰鼠皮等细毛裘皮衣物，毛皮细嫩不易直接暴晒，可在阴凉处通风晾晒，或在毛皮上盖一层布晒一两个小时，阴凉后除去灰尘，放入樟脑丸，再用布包好放回箱柜内。染色的皮毛不宜暴晒，以免褪色。裘皮衣物在收藏存放时，要注意保护好毛峰，最好用衣架挂起，为防止感染污垢和虫菌，要与其他衣物隔离，单独存放。

7. 衣物防霉、防蛀处理方法及注意事项

（1）衣服的防霉、防蛀 除合成纤维的纺织品稍好点外，箱柜里的棉、麻、丝、毛和人造纤维的纺织品，都可能发霉或被虫蛀。为此，可选用一些高质量的防霉、防虫化学制剂置于箱柜内。但要注意，丝绸中纱、绉、纺、罗等品种和浅色丝绸服装，如果长期接触樟脑等驱虫剂，会变黄，严重的还不易洗净。

为防止衣服发霉变硬，衣柜要经常打开透气。在梅雨季节的前后存放衣物前，衣箱应先晒一晒，待彻底凉后再收藏衣物。也可向箱柜内喷些杀虫剂，然后将柜门、箱盖封好盖严，过一会儿再打开通风，并用干净的干布擦拭一遍，或在箱柜的四周和底部垫上洁净的白纸，然后再收藏衣服。晾晒衣服应选择阳光充足的天气，梅雨季节不宜晾晒。

衣服要摆整齐。棉麻衣服宜放在最下面，其次是毛织衣服、化纤衣服、丝绸衣服，也可把大件或重的放在下面，轻的、薄的、小件的放在上面；或将不经常用的、不怕挤压的放在下面，经常用的、怕挤压的则放在上面。各类衣服在收藏前都要洗涤干净，经上浆收藏保管的衣服要经常通风晾晒。晾晒过的衣服要在彻底凉透后，再放入箱柜内。

（2）衣服的合理收藏 棉、麻衣服洗涤、熨烫后应叠放平整，深浅颜色分开存放；针棉织品或带有金属物（如拉链、裤带扣、金属纽扣）的最好用塑料袋包好后再收藏。

化纤衣服洗后也要熨烫叠好平放。化纤衣服不宜长期吊挂在衣柜内，长期吊挂会使衣服悬垂拉长。与天然纤维混纺的化纤衣服（或人造纤维衣物），可配置少量樟脑丸，但是不要直接与衣服接触，以免降低化纤强度。

各种毛料衣服穿过一段时间后，应晒后拍去灰尘。不穿时要挂放在干燥处。存放前应去掉污渍和灰尘，并保持清洁干燥。毛线或毛线衣裤与其他材质衣物混杂存放时，应将它们用干净的布或纸包好，以免绒毛沾污其他衣服。收藏后的衣服，最好每月透风1～2次，以免虫蛀。各种毛料服装应在衣柜内悬挂存放为好；放入箱内时应反面朝外，以防褪色风化形成风印。

皮毛皮革类制品（毛皮大衣、袄、裤），在收藏前应先在阴凉通风处晾放若干小时，轻轻掸掉尘土，再放入箱柜内。伏天要勤晾几次，以防皮板发霉变硬。

存放时应放些樟脑丸，以防虫蛀。

技能训练

技能训练 1　依据质地特性晾晒衣物

明确衣物晾晒要求后，进行晾晒衣物。将衣物展开悬挂或平铺，置于阴凉干燥处或放在太阳底下晾晒干。

衣物晾干标识见表 3-2。

表 3-2　衣服晾干标识

标　识	含　义	标　识	含　义
	可以拧干		不可拧干
	悬挂晾干		不能悬挂晾干,应放在平面处晾干
	可用衣架挂起来晾干但不能暴晒		可以用干衣机烘干
	不可用干衣机烘干		

技能训练 2　折叠、整理、分类收纳衣物

衣物晾晒完毕后，需要分类存放，对高档衣物还需进行保养。根据不同衣物的特性决定折叠或悬挂存放。要将上衣、裤子、小件衣物分类叠放在衣柜中。

收纳的衣服必须清洁干净，如果穿过的衣物不及时清洁，分泌物、汗渍等长时间黏附在衣物上，会渐渐渗透到组织内部，影响美观。收藏的衣柜也必须干净，没有异物和灰尘，并定期消毒灭菌。

在收藏衣物时，必须保护好衣形，尽量不使衣物变形走样或出现皱褶。存放时应将衣物平整地叠起或用衣架将其挂起。折叠存放时，应防止受压起皱或倒绒。

技能训练 3　对衣物进行防霉、防蛀处理

根据不同衣物的特点决定是否进行防霉、防虫处理，及采用何种处理方式。

收藏的衣物必须保持相对干燥，应避开潮湿及有挥发性气体的地方。衣物存放前必须彻底晾干，不能将没干透的衣物收藏存放。衣物在收藏存放期间，必须适时地通风晾晒，以免发潮或发霉。

　　樟脑丸是天然樟脑树提炼而成的，具有很强的挥发性，挥发的气味能够防止虫蛀。所以在存放衣物时，应注意放入防止虫蛀的樟脑丸。

复习思考题

1. 不同面料的洗涤方法是怎样的？应如何保养？
2. 衣服收纳应注意些什么？

第四章

清 洁 家 居

培训学习目标

1. 了解各种家居常用清洁剂的化学性质（酸碱性）与用途、安全使用方法，各种常用清洁工具、用品的性能、用途、使用方法与安全注意事项。

2. 懂得家居清洁的作业流程及注意事项。

3. 初步了解各种家用电器、厨具、灶具使用的安全操作知识。

4. 熟练使用各种常用清洁工具、用具、用品；会根据清洁对象的材质及污渍源及程度，使用或配制相应的清洁剂；能熟练使用吸尘器等清洁设备。

第一节 清洁居室

一、拖把、吸尘器等清洁常用工具的使用方法

常用工具是指常用的、在任何环境下做清洁保养工作都需要的工具。

1. 抹布

抹布（见图 4-1）是最常用的清洁保养工具，在家居清洁工作中，按抹布的湿润程度可分为湿抹布和干抹布；可用颜色区分抹布的不同作业对象，如在洗手间清洁，应用不同颜色的抹布分别擦拭洗手台、马桶、浴缸及地面，避免一块抹布擦拭全室的情形；一般来说，擦马桶的抹布为深色（如：湿抹布为深咖啡色、相应干抹布为浅咖啡色），擦洗手台面的抹布为浅色。

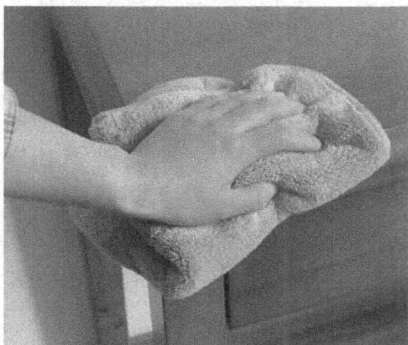

图 4-1　抹布

对抹布的要求是：全棉质地、蓬松、柔软、吸水性强，尺寸一般为 35 厘米×35 厘米，颜色为咖啡色、蓝色、绿色或白色。此外，湿抹布与干抹布的要求也有所不同。

湿抹布在使用时要求达到的湿润程度是：既微湿润透，又拧不出水。主要作用是：

1）擦去物件表面的灰尘、尘垢，不使灰尘在清洁保养中再度扬起。

2）擦去物件表面的水渍、水迹，利用湿抹布中的水，将物件表面具有张力的水吸走。

干抹布在使用时要求干燥，一旦潮湿至有湿润感，应立即更换。其主要作用是抹去湿抹布擦拭后物件表面遗留下的湿污垢、水渍，达到清洁保养的目的。

抹布在使用前应先对折，再对折，其使用面积仅为 1/16。先用第一个 1/16 面积擦拭，在其被灰尘污染后，即打开折叠的抹布，再用其立面的 1/16 面积，直到工作面积全部使用完（其中一个工作面与手掌接触）。在手掌的一面应是干净的，主要原因是：

1）抹去的灰尘、尘渍等都留存在抹布中，这些污垢中可能会有腐蚀性物质，故不能与手直接接触。

2）保持手的干净，不被抹布中的污垢污染。否则会因手的污染而再次污染其他物件的表面。

多次对折后的抹布增加了厚度，能够使手腕发出的力，很好地分配到擦拭中的抹布上，擦拭的力量增加，清除污垢的能力也会得到增强。而多次对折，也可减少洗抹布的次数，从而提高工作效率。

被污染后的抹布应立即更换。湿、干抹布应分别放入员工的两只衣袋里，或者分别拿在两只手里，切记不能干、湿不分，使得建筑物装饰材料表面越擦越脏。被污染的抹布应及时清洗，用洗涤剂除垢后，漂洗干净，晾干待用。每位保洁员应配置 3～4 套（干、湿各 1 块为 1 套）抹布。

2. 扫帚

扫帚是最常用的卫生清洁工具。扫帚可由多种材料制成，有高粱穗扎制的、有芦苇扎制的、有棕皮扎制的、有塑料合成丝压制的。塑料合成丝压制的有双排丝和单排丝之分。这里仅介绍清洁保养中常用的两种扫帚。

1）芦苇扎制的扫帚（见图4-2），手柄为竹制，芦苇穗较柔软，清扫时不会将灰

图 4-2　芦苇扫帚

尘扬起。主要用于建筑物通道表面的清洁保养,对细小颗粒的灰尘清洁效果较好,如粉尘状脏物。

2)塑料合成丝压制的扫帚(见图4-3),为彩色塑料柄或铝合金柄,扫帚的合成丝也是彩色的,造型较好看。可用于建筑物内外围表面的清洁保养,因为外围的脏物、杂物重量一般较室内的大,所以清扫建筑物外围时一般使用双排丝扫帚。单排丝扫帚可在建筑物内厅堂等处使用。

扫帚在清洁保养建筑物时的操作要求如下:

1)楼梯的清扫。

①扫帚应从楼梯扶手处向墙壁处扫。

②上一梯级的垃圾、杂物应从墙壁处扫向下一梯级,以防止垃圾、杂物从上下楼梯缝隙间下落。

③每扫到一个楼梯平台,应将垃圾扫入簸箕内。

④清扫时应注意清除墙面与楼梯结合处易存留的垃圾。

图4-3 塑料合成丝扫帚

2)客厅、通道等场所的清扫。

①应从四边向中间清扫。

②每扫一边,应将扫出的垃圾、灰尘等污垢及时扫入簸箕内,以免造成再次污染。

③要注意墙角和摆放物的底部的清扫,摆放物可移动的,应移动后清扫。

3)地面的各种凹凸槽、门凹槽的清扫。

①应用扫帚横峰从两死角处扫向中间。

②用扫帚横峰清扫时,扫帚横峰不能抬得太高,以免垃圾、灰尘扬起,将垃圾、灰尘从中间扫出时尤应注意。

③将垃圾、灰尘扫出时,可用簸箕对准凹凸槽,直接扫出,但扫帚不可扬得太高。

4)清扫时,要稳、沉、重、慢,不能将灰尘扬起,更不能使垃圾飞撒。要使扫出的垃圾、灰尘、杂物始终居于一堆,便于用簸箕撮出。

5)清扫完毕,扫帚应放在簸箕中拿走,不得将扫帚悬空提走或拖在地面上拖走,以避免扫帚上留存的垃圾、灰尘再次污染环境。

3.拖把

拖把又称拖布、墩布,是常用的擦地板的工具。它通常由布条或棉纱条、绳头绑在木棍的一端扎制而成,现在有铝合金柄、塑料柄和可拆卸式拖布头、海绵头的新式样。对拖把而言,清洁保养的效果主要取决于拖把头所采用的材料。拖

把头材料应达到以下要求：吸水性好；柔软、纤维长；不结团，松散性好；去污力强；耐腐蚀，耐摩擦。

　　清洁保养工作中以棉纱条制作的拖把头效果最好。拖把头的大小，根据需要，有 500 克、1000 克、1500 克之分。

　　木柄拖把（见图 4-4）价格低，耐用但不美观，可用于居室外的清洁保养。使用时，拖把又有干拖把、湿拖把之分，其作用分别是：湿拖把用以在扫帚清扫之后的地板上再一次清除浮动的灰尘和污渍；而干拖把则将地板上湿拖把留下的水渍拖干，以利于下一清洁保养程序的进行。

　　拖把清扫时有如下操作要求。

　　1）湿、干拖把的要求：湿拖把清扫前应拧干，不滴水；干拖把使用前应不沾带灰尘、脏物。

　　2）清扫楼梯的要求：拖把应从楼梯扶手处向墙壁处施拖；从上面楼梯向下面楼梯施拖。拖把头不得伸到扶手外，以免将拖布头的污水和垃圾抛向楼梯行人或使污水和垃圾从上下层楼梯间缝隙下落；每拖到一个楼梯平台（约 7 级楼梯），拖把头应清洗一次，特别脏的地板更应加强拖把头的清洗和清洗水的更换。

图 4-4　木柄拖把

　　3）清扫厅堂、通道等公共部位的要求。

　　①拖布应从四边向中间施拖。

　　②不得遗漏四边死角和摆放物下的空间，可移动的摆放物应移动后施拖。

　　③每施拖 3～5 米，应清洗拖布头，每施拖 15 米，应更换清洗水。特别脏的地板更应加强拖布头的清洗和清洗水的更换。

　　4）拖布施拖时，拖布头不得提得太高，甩的幅度不能太大。拖地板时，应用力擦去地板上的污渍、污垢。

　　5）清扫完毕，拖布（干、湿）应放入水桶拎走，不得将脏拖布悬空拎走，以免脏拖布的污水、垃圾再次污染地面。

　　6）清扫完毕，应及时清洗拖布头，擦拭拖布柄。受油污等脏物污染的拖布应用热水浸泡，用清洁剂清洗后，再漂洗干净，晾干后待用。

　　4. 百洁布

　　百洁布（见图 4-5）又称菜瓜布、瓜筋布，是由传统的清洁工具丝瓜筋演变而来的一种塑料纤维清洁保养工具。

　　百洁布的主要作用是：

　　1）通过密集的空隙储存大量的清洁保养剂。

　　2）通过有一定韧性的纤维丝来摩擦物件材料表面的污垢。

　　百洁布清洁保养的主要对象是卫生陶瓷、玻璃和其他装饰材料的硬表面。

应该注意的是百洁布纤维的硬度一定要比被清洗的建筑物装饰材料表面的硬度低，否则会损坏建筑物装饰材料表面，对于一些表面保护要求较高的物件建议不要使用百洁布。

百洁布的通用尺寸为15厘米×10厘米×0.5厘米或30厘米×20厘米×1厘米两种。使用第一种规格的为多，有多种颜色可供选择。使用多种清洁保养剂时，应针对每种清洁保养剂各配备一块浸有溶剂的百洁布，方法是百洁布浸入稀释的清洁保养剂溶液中，使其空隙中饱含溶液，再手持百洁布轻轻团紧，使百洁布空隙中所含的溶液含量达到欲滴未滴的状态。浸有不同清洁保养剂的百洁布可通过不同的颜色来区别。

图 4-5　百洁布

百洁布的使用方法如下：

1）清除大面积的污垢，可用手掌将整块百洁布压住，来回推拉擦拭。

2）清除顽固的污垢，可用手指顶住百洁布的局部擦拭，以增加百洁布的擦拭力。

3）对于小块凹坑内的污垢和角落位置的污垢，则可将百洁布折叠，形成一个锥形，以其锥尖部分深入污垢处擦拭。

4）在用百洁布擦拭过程中应一面擦拭，一面不时将其浸入清洁保养剂溶液中，吸取清洁剂。

5）使用百洁布不应用力太大，以免使百洁布弹性纤维失去弹性，也容易损坏被清洁保养的建筑物装饰材料表面。

6）使用完百洁布后，应漂洗干净，不拧干，自然滴水晾干为好，这种方法可保持百洁布纤维的弹性和百洁布密集的空隙。

5. 百洁擦

百洁擦（见图4-6）一般由密胺泡棉制成，一般大小为10厘米×6厘米×2厘米；其使用方法为：

1）将百洁擦放在清水中浸湿，用双手挤压掉多余水分，勿扭拧，保持湿润即可。

图 4-6　百洁擦

2）顺时针同方向轻轻擦拭污渍部位，本品内部的毛细管状结构可自动吸附物体表面的污渍，轻松去污。

3）再用抹布或纸巾将擦拭后而浮起的（未被吸收的）污垢擦掉/擦干。

4）擦拭几下后，将本品放入水龙头下冲洗或在清水中浸泡，不要拧搓，污垢可自行溶出，可反复使用。

注意事项：

1）对于涂过膜的电子产品屏幕，如计算机、电视机、镜头等，应尽可能避免用此擦拭。

2）清洁电器务必先切断电源后再擦拭，以免触电。

6．钢丝球

钢丝球（见图4-7）作为清洁保养工具是近几年出现的，其主要作用在于清洁物件硬表面较厚、较难清除的污垢、油垢。

钢丝球是不锈钢削成极薄的丝带制成的，有一定的硬度，带有弹簧的卷曲状，有空隙，有弹性，成团状。

钢丝球主要用于清除建筑物装饰材料表面的水泥浆渍、死角中残留的污垢和陈旧的厚污垢等。

钢丝球的使用与注意事项如下：

1）钢丝球浸入清洁保养剂溶液中，使其空隙中含有大量的清洁保养剂，擦拭建筑物装饰材料的硬表面。

图4-7　钢丝球

2）将清洁保养剂洒在被清洁保养的建筑物装饰材料的硬表面上，用钢丝球直接擦拭。

3）擦拭时不可用力太大，以免损伤被清洁保养的建筑物装饰材料的硬表面，同时也避免钢丝球失去弹性，影响使用寿命。

4）钢丝球不能用于清洁软表面的材质，比如木质家具，有颜色的表面等。

5）使用钢丝球时，应戴有橡胶手套，以免损伤操作人员的手。

6）使用后，及时清洗，晾干待用。

7．板刷

板刷（见图4-8）的用途很广。以前以猪鬃为刷毛，以木板为托柄和手把的为多，现在还有棕丝、尼龙丝和塑料板作为原料制成的刷子，耐腐蚀、耐摩擦，清洁保养效果更好。

板刷的式样很多，有长柄的、短柄的，有长方形的、鸡蛋形的。刷毛有一定的硬度和韧性，可清除建筑物装饰材料硬表面和软表面的污垢。

板刷在使用时应注意：

1）刷子头浸的清洁保养剂溶液不应太多，以免清洁保养剂溶液滴落。

2）将清洁保养剂溶液喷在建筑物装饰材料表面后，应及时刷擦，以免清洁保养剂流失。

3）刷擦时，刷毛应与建筑物装饰材料表面垂直，板刷托柄的前端不得与被清洁的建筑物装饰材料表面形成锐角，以免硬质托柄触着并损伤建筑物装饰材料表面，尤其是木制托柄，

图4-8 板刷

如因长期被浸泡而产生霉变黑色，会污染建筑物装饰材料表面。

4）刷擦时，用力要适当，不得损坏建筑物装饰材料表面。

5）板刷使用后应及时清洗，晾干待用。

8. 簸箕（垃圾铲）

簸箕，又称垃圾铲、撮箕，在家居清洁保养中簸箕（垃圾铲）是一种盛垃圾的工具，与扫帚配合使用。簸箕（垃圾铲）都安装了长柄，在扫入垃圾时，无须弯腰，可直立操作，因而省时、省力。簸箕（垃圾铲）已从原来的柳条编制演变到今天的铁皮簸箕和塑料簸箕。铁皮簸箕结实耐用，木长柄与簸箕由铁钉或木螺钉连接，但其缺点是造型较差，易生锈。

塑料簸箕（见图4-9）造型漂亮，色泽鲜艳，不生锈，但塑料长柄与塑料簸箕之间由螺纹连接，强度不够，易脱落。

在家居清洁保养工作中大都选用塑料簸箕，其操作要求是：

1）清扫完毕后，应及时将簸箕中盛有的垃圾倒掉。

2）盛有垃圾的簸箕移动时，簸箕的敞口处不得低垂，以防止簸箕中的垃圾下落在地板上，造成再次污染。

3）簸箕中盛有轻质垃圾（如纸片、泡沫塑料等）和灰尘时，要用扫帚抵住垃圾，避免垃圾和灰尘再扬起、撒落，污染地板。

图4-9 簸箕

4）簸箕使用后，应及时清洗，晾干待用。

9. 水桶

水桶既是盛放清洁保养剂的器具，也是存放其他清洁保养工具，如抹布、百洁布、板刷、钢丝球、喷壶、拖布、告示牌、鸡毛掸等的工具箱，还是和拖布配合使用的工具。

水桶有金属的，有塑料的，家居清洁保养中均选用塑料水桶，如图4-10所示。有条件的还可以选用装有轮子和扭绞设备的水桶、可分离的桶车，以降低操作员工的劳动强度。

使用水桶时应注意：

1）桶内干净，无污物、无污垢。

2）桶外壁及底部应干净，无污垢，不得污染地面。

3）桶壁不能有破露。

4）加入的溶液应占水桶容积的80%左右。

5）水桶用完后，立即清洗干净，待用。

图4-10　塑料水桶

10. 鸡毛掸

鸡毛掸（见图4-11）是清除高处或立面灰尘的工具，确切地说，是转移灰尘的工具，即家居房间天花板、墙面及较难触及之处的灰尘、污垢先用鸡毛掸掸下来，再由其他清洁保养工具进行彻底清除。

鸡毛掸因用鸡毛扎制在细竹竿上故得名。现在也有用塑料纤维制作的，因会有静电产生，效果不太好。

鸡毛掸有长柄与短柄之分。长柄可长达2米，短柄约60厘米长。鸡毛掸的材质要求如下：

1）鸡毛掸的扎制要结实，不得有掉毛现象。

2）鸡毛掸选用的羽毛要柔软、蓬松，不得用鸡翅膀的硬毛。

图4-11　鸡毛掸

3）选用的竹竿强度要高，且有弹性。

操作鸡毛掸时有如下要求：

1）掸灰尘时，应尽量贴着被清扫的表面，不使灰尘扬起。

2）应及时抖落黏附在鸡毛掸上的灰尘，粘有灰尘的鸡毛掸不可用水清洗。

3）发现鸡毛掸的羽毛脱落，仅剩羽毛梗时，应将其拔除，以免划伤建筑物装饰材料表面。

4）鸡毛掸顶部的羽毛脱落过多，露出细竹竿时，此时鸡毛掸不可再用。

5）发现被污染的羽毛，应及时拔除。

6）鸡毛掸多用于空气中浮尘等污物的清洁。

11. 刮刀

刮刀（见图 4-12）又称刀排，由刀排架和刀片组成。刀排架由两片厚3 毫米的塑料片、铝合金片或不锈钢片组成，由 4 颗螺钉固定。刀片可用从市场上购置的美工刀片。

刮刀能起到直接铲除建筑物硬表面上污垢的作用。使用刮刀时应注意：

1）刀排架的螺钉一定要拧紧，应注意塑料刀架塑料片有无裂纹，有裂纹则不能使用。

图 4-12　刮刀

2）刀片在使用时，应检查刃口处有无锈迹，有锈迹则不可使用。

3）刀片应锋利，钝口刀片会刮坏建筑物装饰材料的硬表面。

4）去除污垢时，刀片与被清洁的硬表面的交角应小于 30 度角，夹角越大，损坏硬表面的可能性越大。

5）使用过程中，常用反复轻力刮除污物，以防损伤建材。

6）工作结束，清洗刀片、刀排架，待用。

12. 玻璃刮

玻璃刮（见图 4-13）又称刮水器，是清洁玻璃和建筑装饰外表面不可缺少的工具，由刮水器架和橡皮胶条组成，利用弹簧卡将橡胶皮条固定在不锈钢质刮水器的刮擦平面上。玻璃刮长度有不同种类，通常为 45 厘米，橡

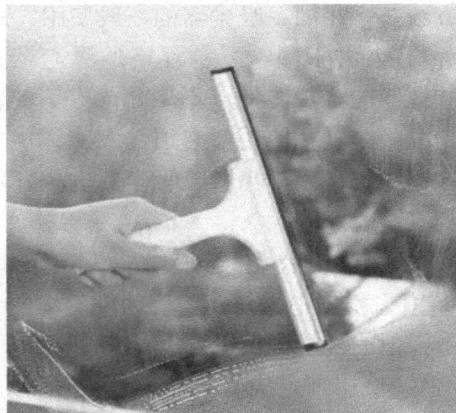

图 4-13　玻璃刮

胶皮条由天然橡胶硫化而成，表面光滑平整，柔软有韧性，一经发现有凹口和裂缝，则不可再用。

使用玻璃刮时注意：检查玻璃刮的刮擦平面是否平整，胶条有无凹口或裂缝。刮下的脏水、污垢用毛巾擦去，不得滴漏、飞溅。

13. 羊毛套

羊毛套（见图4-14）是由毛头、支架、杆组成的，毛头一般用吸水性较强的材料制成，毛头外表呈白色羊毛状，形似羊毛，故名"羊毛套"，规格一般为35厘米。

使用羊毛套解决了清洗玻璃时用抹布擦洗的不便，用于擦洗玻璃配合玻璃刮使用（先擦洗后用玻璃刮刮干）非常实用方便。

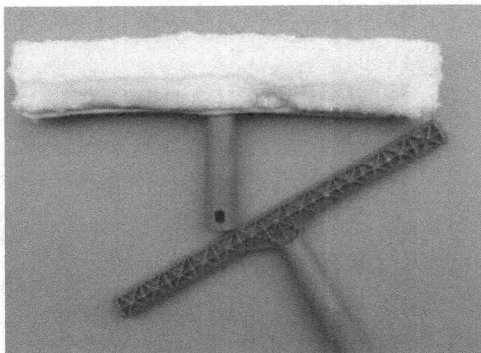

图4-14　羊毛套

先将毛头浸湿，再部分蘸上清洁剂（如玻璃清洁剂或常规家用洗洁精），然后可以从上到下反复平拖清洗玻璃，最后用玻璃刮从左到右将水分刮干。

14. 吸尘器

吸尘器（见图4-15）是用于地面、墙面和其他平整部位吸灰尘、污物的专用设备，是清洁工作中最常用的设备之一。吸尘器启动时能发出强劲的抽吸力，使灰尘顺着气流被吸进机内储尘舱，达到清洁地面的目的。吸尘器品种很多，按抽吸力大小有普通型和强力型；按适用范围有吸地面灰尘、吸地毯灰尘、清洁家具污物等不同类型；按功能多少有单一吸尘器和吸尘吸水两用吸尘器等。但其使用方法基本相同，吸尘器的一般使用方法如下：

1）各种不同型号、规格的吸尘器，它们的结构性能、功能特点不尽相同。因此，对所选购的吸尘器在使用前必须仔细阅读使用说明书，避免因使用不当造成吸尘器的损坏和危及人身安全。

2）吸尘器应在通风良好，环境温度不超过40℃，空气中无易燃、腐蚀性气体的干燥室内或类似的环境中使用。

3）使用前，应首先将软管与外壳吸入口连接妥当，软管与各段超长接管以及接管末端的吸嘴，如家具刷、缝隙吸嘴、地板刷等要旋

图4-15　吸尘器

紧接牢。因缝隙吸嘴进风口较少，使用时噪声较大，连续使用时间不应过长。

4）接好地线，确保用电安全。吸尘器每次连续使用时间不要超过 1 小时，防止电机过热而烧毁。

5）在使用装有自动卷线装置的吸尘器时，把电源线拉至所需长度即可，不要把电源线拉过头，见到电源线上有黄色或红色的标记时，即要停止拉出。需卷起电源线时，按下按钮即可自动缩回。

6）吸尘器一般有两个开关，一个在吸尘器的壳体上，另一个在软管的握持把手上，使用时应先打开壳体上的开关，然后再打开握持把手上的开关。

7）平时使用应注意不要使吸尘器沾水，湿手不能操作机器。若被清洁的地方有大的纸片、纸团、塑料布或大于吸管口径的东西，应事先清除，否则易造成吸口管道堵塞。

8）使用时，视所清洁的场合不同，可适当调节吸力控制装置。在弯管上有一个圆孔，上面有一个调节环，当调节环盖住弯管上的孔时，吸力最大，而当调节环使孔全部暴露时，吸力则最小。有的吸尘器是采用电动机调速的方法来调节吸力的。

9）当发现储尘筒内垃圾较多时，应在清除垃圾的同时消除过滤器上的积灰，保持良好的通风道，以避免阻塞过滤器而造成吸力下降、电机发热及缩短吸尘器的使用寿命。

10）吸尘器使用一段时间后，由于灰尘过多地集聚在过滤带上，会造成吸力下降。此时可摇动吸尘器上的摇灰架，使吸力恢复。若摇动摇灰架仍不能使吸力恢复，说明桶内灰尘已积满，应及时清除。

二、居室清洁的程序与要求

1. 家居清洁日常服务程序与标准（表4-1）

表4-1　家居清洁日常服务程序与标准

作业范围	工具、清洁剂	作业程序及内容	作业标准	检查标准
厅房清洁	1. 扫帚 2. 吸尘器 3. 拖把 4. 垃圾铲 5. 洗洁精 6. 水桶 7. 抹布 8. 鸡毛掸	1. 地面清洁：扫地或按客户要求吸尘	无垃圾	目视无垃圾
		2. 家私表面及物品清洁、整理	无灰尘、保持光亮	用手抹无灰尘、目视光亮
		3. 门、窗框清洁	无灰尘、无手印	用手抹无灰尘、无手印
		4. 地面保洁：拖地或按客户要求擦地	无脚印、无污渍、光亮	目视无脚印、无污渍、光亮

（续）

作业范围	工具、清洁剂	作业程序及内容	作业标准	检查标准
厨房清洁	1. 扫帚 2. 拖把 3. 抹布 4. 钢丝球 5. 百洁布 6. 洗洁精 7. 去油剂	1. 清扫地面	无垃圾、无纸屑	无垃圾、无纸屑
		2. 用抹布擦洗抽油烟机、橱柜、灶台、墙面、窗等	无灰尘、无水迹、无蛛网、保持光亮	目视无灰尘、无水迹、无蛛丝、光亮
		3. 地面清洁	无脚印、无污渍、光亮	目视无脚印、无污渍、光亮
卫生间清洁	1. 扫帚 2. 厕洁净 3. 厕刷 4. 各色抹布 5. 拖把 6. 羊毛套 7. 玻璃刮	1. 首先放水将卫生洁具冲洗干净	无污渍	目视无污渍
		2. 扫除地面垃圾，清倒纸篓、垃圾桶	桶内无垃圾、垃圾桶无异味	目视桶内无垃圾、鼻嗅垃圾桶无异味
		3. 按照先台面、面盆，后马桶的顺序，逐项逐个刷洗卫生洁具	清洁、无水迹、无头发、无异味、无浮尘、无锈斑	目视无水迹、无头发、无异味、无浮尘、无锈斑
		4. 用抹布抹净门窗、窗台、墙面、镜面；玻璃隔断、镜面可先用湿羊毛套擦抹，后用玻璃刮刮净	无蛛网、墙面保持干燥、无灰尘	目视无蛛网、墙面保持干燥、无灰尘
		5. 用拖把拖净地面，使地面保持干爽	无水迹、无污痕	目视无水迹、无污痕
阳台清洁	1. 扫帚 2. 抹布 3. 拖把 4. 洗洁精 5. 水桶 6. 垃圾铲	1. 地面清扫	无纸屑、无垃圾	目视无纸屑、无垃圾
		2. 用抹布擦洗栏杆、玻璃、柱台等	无灰尘、无水迹、光亮	目视无灰尘、无水迹，保持光亮
		3. 拖净地面	无脚印、无污渍、光亮	目视无脚印、无污渍、光亮
垃圾清理	垃圾袋	垃圾装袋后送至垃圾房或回收垃圾桶	垃圾不外露、不遗落	目视垃圾不外露、不遗落
玻璃窗清洁（每月两次）	1. 抹布 2. 水桶 3. 洗洁精 4. 玻璃刮 5. 双面擦	用抹布蘸洗洁精擦拭玻璃，然后再用玻璃刮将上面的脏东西和水刮干净	无手印、无污渍、无灰尘、保持光亮	目视无手印、无污渍、无灰尘、光亮

2. 家居清洁服务工作流程（表4-2）

表4-2 家居清洁服务工作流程

步骤	服务流程	语言	形体语言	注意事项
岗前准备	清洁服务人员上门服务应穿公司统一制服，佩戴工卡，携带派工单/卡及完备的服务工具，按住户要求的预约时间，准时到达工作现场	/	工牌、工装、发型整洁，不佩戴首饰、不浓妆艳抹、不留长指甲	给客户留下良好的专业服务形象
上门	清洁服务人员上门服务需先敲门或按门铃，用手指的中指轻敲门三声，等候5秒钟，如无人应答，再重复以上步骤；响铃时间每次不得超过5秒钟，每按一次应有不少于5秒钟的间隔时间	/	/	敲门力度适当
进门	客户开门后，应礼貌地向对方解释清楚来意，得到对方允许后，方可进入室内工作	您好，我是家政服务人员，是来为您服务的	微笑服务，态度诚恳	拒绝毫无言语
清洁服务	清洁服务人员应首先提醒客户收好贵重物品。工作前对工作区域现场环境了解后，按照家居清洁服务作业流程及标准开始工作	/	仔细认真，专心服务	轻拿轻放物品，不允许与客户闲聊，工作主要以住户制定的顺序和要求进行，最后物品放回原处
清洁完毕	工作完毕，收拾好清洁设备、工具，请住户检查清洁质量，确认物品无误后，要求住户在派工单/卡上签署意见并签名	您好，请麻烦检查一下清洁质量，好吗？	微笑服务，态度诚恳	服务人员不允许收取住户现金、馈赠物品
道别	向客户主动道别后尽快离开客户家	打扰您啦，再见！	微笑道别	轻轻地关上住户的房门
返单	服务人员将完成的派工单/卡交到家政管理员处	/	/	18：00之前完成的单必须当日交回，18：00之后完成的次日10：00之前交回

三、居室地面、墙面质地分类常识与清洁注意事项

1. 居室地面分类常识与清洁注意事项

居室地面按其使用的材质可分为木地板、石材地板、瓷砖地板、塑胶地板、

水磨石地板、布艺地板、地毯等。

（1）木地板　已由单一的实木地板衍生为众多的木地板品种。按木地板的结构和材料来分，可以分为：

1）实木地板。用机械设备加工而成，该地板的特点是保持天然材料木材的性能。为了保持实木地板的美观并延长地板使用寿命，一般家庭每月给实木地板打蜡一次，最少每年打蜡保养两次。打蜡前先将地板用湿布擦拭干净，晾干后在表面均匀地涂抹一层地板蜡，稍干后用软布擦拭，直到平滑光亮。清洁时要注意避免重金属锐器、玻璃瓷片、鞋钉等坚硬物器划伤地板；禁止使用强酸性和强碱性清洁剂。

2）实木复合地板。可分为多层实木复合地板、三层实木复合地板。该类地板的特点是尺寸稳定性较好。实木复合地板的维护保养相对于实木地板更简单。保持地板干燥、清洁，不用滴水的拖把拖地板，不用碱性清洁剂、肥皂水擦地板都能有效地保护地板。

3）强化木地板。学名为浸渍纸层压木质地板。它也是三层结构：表层是含有耐磨材料的三聚氰胺树脂浸渍装饰纸，芯层为中、高密度纤维板或刨花板，底层为浸渍酚醛树脂的平衡纸，三层通过合成树脂胶热压在一起。此类地板的特点是，耐磨性与尺寸稳定性较好。平时清洁地板要保持地板的干爽，使用拧干的湿拖把擦拭即可，注意避免使用滴水的拖把。清洁污渍时应选用中性清洁剂，强化地板不需要打蜡，不能用砂纸打磨抛光。

4）竹地板。特点是耐磨、比重大于传统的木材，经过防虫、防腐处理加工而成，颜色有漂白和碳化两种。

5）软木地板。板材外形类似于软质厚木板，因此，人们称其为"软木"。其特点是轻、软、足感好。

清洁注意事项如下：木地板一般怕潮湿、虫蚀（特别是白蚂蚁），因而木地板清洁时要注意不能破坏表面的油膜或地板蜡，更不能有水浸入地板内，清洁剂一般用中性的；木地板除日常保洁外，还应该定期护理（打蜡）。

（2）石材地板　石材地板分为天然大理石和人造大理石。大理石容易染污，清洁时应少用水，定期以微湿带有温和洗涤剂的布擦拭，然后用清洁的软布抹干和擦亮，使它恢复光泽。或用液态擦洗剂仔细擦拭，可用柠檬汁或醋清洁污痕，但柠檬停留在上面的时间最好不超过 2 分钟，必要时可重复操作，然后清洗并擦干。对于轻微擦伤，可用专门的大理石清洁剂和护理剂处理。

（3）瓷砖地板　瓷砖是家庭装修的主要材料之一，尤其是厨房、卫生间使用最为广泛。瓷砖地板相对于木地板、地毯来说，其抗污力最强，但只要污迹渗入进去将很难清洁。瓷砖表面一般有保护层——釉，因而在清洁时要注意不能破坏保护层，一般使用中性清洁剂；瓷砖表面有水时，容易打滑，清洁时要保持其表面无水；抛光瓷砖养护要定期打蜡。

（4）塑胶地板 塑胶地板以聚氯乙烯材质（PVC）为代表，一般聚氯乙烯地板表面有保护层，在清洁时不能破坏保护层。清洁时注意：不能用白色的酒精或其他有机物去除胶水，因为会在浅色的地板上留下深色的污迹，浅色的地板要特别注意胶水的污染；不要使用粗刷子或黑色白洁布，建议使用柔软的清洁软垫；严禁在地板上有明火或灭烟头。

（5）水磨石地板 一般由水泥、沙子、石子（石米）、玻璃条、铜条与颜料通过一定的工艺混合而成。清洁时注意：不可用锐利的工具损坏地板，不可使用强酸、强碱药液清洁地板。

（6）布艺地板 在高端居室卧室内或书房、艺术室铺设，一般采用针织或刺绣而成并配有图案。清洁注意事项：防火、防水（潮）、防污染，用柔软毛刷清扫、用吸尘器吸尘。

（7）地毯 按照材质地毯可以分为化纤和羊毛两大类型的地毯。细分的话可以分为四种：

1）纯毛地毯。纯毛地毯是以绵羊毛为原料做成的，具有弹性好和手感柔软等特点，且在上面绘制的图案不褪色。由于绵羊毛具有不褪色的特点，所以这种材质是编织地毯的优质原料。

2）毛纤维和化学合成纤维地毯。因为其是运用化学纤维合成的，所以具有不易腐蚀和不易霉变的优点，大大提高了其使用价值。此外，运用化学纤维可以降低地毯的价格，使大部分消费者都有能力购买。

3）化纤地毯。其大部分都是用化学纤维做成的。用这种材质做成的地毯具有耐磨、富有弹性等优点。但因为是化学纤维，所以其有防燃和防虫蛀等特点。

4）塑料地毯。塑料地毯是采用各种化学原料混合而成的。因其材质特性，其使用范围更广。因为其是塑料材质的，所以可以运用在浴室里。

不同材质的地毯，在清洁时注意事项有所不同，特别是第一种地毯，应注意防火、防潮、防虫、防酸碱、防染色（红酒、果汁、奶汁等泼洒在地毯上）。

2. 居室墙面质地分类与清洁注意事项

居室墙面可分为刷漆墙面、瓷砖墙面、壁纸墙面等。

1. 刷漆墙面注意事项

1）发现墙面有脏迹要及时擦除。对于耐水墙面可用布擦洗，洗后用干毛巾吸干即可。

2）对于不耐水墙面可用橡皮等擦拭或用毛巾蘸些清洁液拧干后轻擦。

3）对于一些墙体比较结实，或者难以擦干净的特殊污渍，可以用细的砂纸把污渍轻轻磨掉，再用墙漆刷稍微修补一下最为妥当。

4）靠近卫生间和厨房的墙面容易出现霉斑，影响墙壁的美观。遇到墙面长了霉斑的情况，对于白墙，用漂白水擦拭即可，不仅能有效清除表面霉斑，还有消毒的作用；有颜色的漆面则建议使用专业的墙体霉菌清除剂。为了防止墙面发霉，日常的防潮养护十分重要。到了潮湿多雨的夏季，在靠近卫生间和厨房的墙脚可摆放活性炭等吸湿，也可使用专业的除湿器或者使用空调的除湿功能。

5）刷漆漆面如果出现裂缝，则直接铲掉开裂的部分，用相同颜色的涂料进行修补，修补后，用砂纸将新旧涂料接缝位置打磨平整，增强美观度。常见的墙面龟裂一般都是因为气候突变。因此，在夏季高温多雨的天气下，应该通过门窗的开关、空调、抽湿机等共同调节室内的温度与湿度，避免墙面因气候多变导致迅速热胀冷缩，造成裂缝。

2. 瓷砖墙面注意事项

1）瓷砖铺墙价格较高，由于其铺装后具有防火防潮、不易损坏等特点，主要于厨卫墙面装修。瓷砖墙面相对于其他种类的墙面来说，更容易清洁与保养。但是厨卫瓷砖墙面一般比较容易弄脏，对于一般的污渍，可用柔软干抹布处理，遇到必须用水清理的污渍，建议使用浸湿后拧干至不滴水的抹布清洁。清洗后最好马上打开门窗，让空气流通，吹干瓷砖墙面水气。在夏天潮湿天气里，可用干布再擦一次，然后开空调除湿。

2）墙面上的油污很容易干固，不容易清洁。对此，如果瓷砖上或缝隙上的油污实在很厚，可先用铲子铲一下，或用钢丝球先清洁一下。待污渍弄薄后，再用含酸性或含溶解成分的清洁剂来进行清洁。在油污较重的瓷砖上粘贴防油污贴纸，在瓷砖的缝隙处使用美缝剂，涂在瓷砖的接缝处，既美观又耐油污。

3）对于瓷砖上的肥皂垢可以先用暖水冲洗一下，使皂垢部分溶解后，再使用刷子轻轻擦除。另外，还可以使用硫酸或盐酸溶液，将其滴在砖面，静置几分钟后进行擦拭。肥皂留下的污迹是可以避免的，日常洗完澡后，及时擦除墙面上的皂沫；此外，在卫浴间角落处的瓷砖上涂上一层防污剂，可以有效避免皂垢。

4）瓷砖上的铁锈可用2%的草酸溶液洗涤去除，然后用清水擦净。另外还可以将3~4粒维生素C药片碾成粉末后，撒在瓷砖表面，然后用水搓洗几次，也可去除铁锈渍。对于容易生锈的水管后方瓷砖可以使用防锈剂或专业的除锈剂，以防止生锈及除去锈迹；此外，也可对易起锈迹的瓷砖进行部分抛光、覆膜、涂油脂、防锈油等以预防锈迹。

3. 壁纸墙面注意事项

壁纸（见图4-16）一般分为以下几类：聚氯乙烯胶面壁纸、纯纸基壁纸、纯天然材质壁纸、无纺布壁纸。不同材质的壁纸有不同的清洁保养方法。

（1）聚氯乙烯胶面壁纸清洁　壁纸表面聚氯乙烯分子较活跃，用水清洁时如果水分过多或温度过高，会加速水分渗入壁纸底层，因此不宜使用温水清洁。

（2）纯纸基壁纸清洁　纯纸基壁纸可分为原生木浆纸和再生木浆纸。相对来说，原生木浆纸的韧性比再生木浆纸好，表面相对较为光滑。纯纸基壁纸耐水性较弱，对其进行清洁时最好不用湿布，如图4-16所示。

（3）纯天然材质壁纸清洁　由于纯天然材质壁纸的色彩多为染缸染色而成，因此色彩保持度不高，用水清洁壁纸会出现明显掉色现象，建议采用干的毛巾或鸡毛掸清洁壁纸。

（4）无纺布壁纸清洁　无纺布因具有布的外观和某些性能，又称为"不织布"。清洁不织布应用鸡毛掸掸去灰尘，再选用干净的湿毛巾采用粘贴的方法维护清洁。

图4-16　纯纸基壁纸

壁纸养护：避免紫外线直射，避免气流冷热不均。注意不要让空调等设备的热风直接吹到壁纸上，因为壁纸遇热可能会发生变形、变色。而壁纸在夏季还通常出现开胶、翘边、墙体局部脱落等现象，主要是室内的温度、湿度、其他装饰物热胀冷缩等原因造成的。香烟烟雾或厨房油烟会在短时间内让壁纸变黄；结露或湿气则是产生污渍、剥落、霉变的主要原因，为避免这两种情况，夏季就要注意保持室内的通风换气及湿度调节。

技能训练

技能训练1　清洁门窗与玻璃

在清洁玻璃门窗时要用专业的玻璃刮先从上到下、然后再从左到右依次擦拭玻璃，每次擦拭都要用揩布揩干净刮器。玻璃门的清洁检查标准：清洁明亮，无污渍、水渍、手印、浮灰、蜘蛛网，门把手色泽光亮。

清洁前需准备以下工具：玻璃刮、涂水器（羊毛套）、水桶、清洁剂、伸缩杆、干抹布和湿抹布、梯子等。

清洁的具体步骤如下：

1）将玻璃清洁剂配比好。

2）用涂水器（羊毛套）把配比好的清洁剂从上到下涂抹到玻璃上面，直至全部抹湿。

3）然后用玻璃刮从上到下、从左到右依次擦拭玻璃，每擦拭一次都要用揩布揩干净刮器，重复操作，直到干净。

4）用湿抹布擦干窗底角落、窗台、窗框水迹。

5）擦拭完毕后应检查所擦拭的玻璃，如有不干净的则需要重复擦拭。如有微小水渍，则用干抹布擦拭干净。

技能训练 2 清洁涂料类硬质居室墙面

对居室所有贴瓷砖、大理石墙面及喷涂料类等硬质墙面的清洁、擦拭，其操作要领如下：

1）先备两桶水，一桶清水，另一桶放入少量的（约 200 毫升）洗洁精。

2）用铲刀轻轻刮掉墙面的污渍。

3）用封条带将墙上的电插座和电开关封好。

4）把毛巾浸入放有洗洁精的水里，拧干后沿着墙壁从上至下来回擦。

5）瓷砖缝要用小刷子刷洗。

6）用清水及毛巾将墙面彻底清抹两遍。

7）用拖把拖干净地面。

8）墙面清抹应每周进行一次，墙面清洗应每月进行一次。

细节控制：

1）用铲刀刮除墙壁面污垢时，铲刀要贴紧墙壁，以防刮花墙面。

2）严禁使用强碱、强酸类除污清洁剂清洁墙面，以免损坏墙砖表面的光泽。

3）大理石、仿石墙面应先除旧蜡，再按此程序进行清洁，然后再封蜡。

保洁标准：应达到目视墙面干净无污迹，室内墙面清洗后用纸巾擦拭 50 厘米无明显污染。

技能训练 3 清洁居室地面

（1）木地板 打蜡地板应每天用抹布进行擦拭，定期打地板蜡。

温馨提示

不要把烟头随手扔在地板上，以免烧焦地板表层。

不要把水或饭汤洒落在地板上，以免影响地板的明亮和清洁。

不要用汽油、苯或香蕉水之类的溶剂擦拭地板表面污渍，以免损伤地板。

（2）塑胶地板 用软扫帚清扫或用抹布擦拭。

温馨提示

切勿用硬毛刷擦刷，以免留下划痕。

避免大量的水，尤其是热水、碱水与塑料地板接触，以免引起变色、翘曲现象。

应避免尖锐的金属器具，如炊具、刀、剪子等跌落到塑料地板上。

（3）大理石、花岗石、陶瓷锦砖（马赛克）、地砖、水磨石地板 用扫帚清扫或湿抹布、湿拖布擦拭。

温馨提示

地砖上如有污渍，可用清洁剂先擦拭一遍，接着用湿抹布将地面擦拭干净，最后用干抹布擦干。使用拖把拖地时，要按照从左到右、由前到后的顺序进行，不得遗漏四边死角和摆放物下的空间。可移动的摆放物，应移动后再拖，拖把头不能提得太高，甩的幅度不能太大，应及时多次更换清洗水。清扫完毕后，拖把应放入水桶中拎走，不得悬空提走，并及时清洗拖把头。

（4）地毯 及时清理、均匀使用、去渍、清除异物。

1）用刀或其他工具刮掉固体污垢。

2）用清洁、白色和吸湿的毛巾轻擦。

3）在污处喷上相应的地毯清洁剂停留3分钟。

4）用纸巾由外向内揉搓污渍区域，使纸巾吸入污渍。

5）用干纸巾或毛巾吸除水分。

各类地毯污渍去除方法分类见表4-3。

表4-3 各类地毯污渍去除方法分类

污渍分类	去 渍 方 法
液体饮料	将地毯上的液体污渍用抹布、纸巾等彻底吸干，用海绵蘸上清洁剂擦拭，吸干后再用海绵蘸上温水擦拭，吸干水分
呕吐物	用刀或其他工具刮去并吸干脏物，用海绵蘸上清洁剂擦拭，吸干后再用海绵蘸上温水擦拭，吸干水分
口香糖	先用冰块冷敷使其发脆，再用刀刮去，用海绵蘸上清洁剂擦拭，吸干后再用海绵蘸上温水擦拭，吸干水分
动植物油迹	用干净抹布蘸取纯度较高的汽油反复地擦拭
墨汁	新迹：在墨迹处撒少许盐，用干净抹布蘸肥皂水擦拭，擦净后用纸巾吸去水分 陈迹：用少许牛奶浸润片刻，用毛巾蘸牛奶擦拭，再用干布蘸清水擦拭后用纸巾吸去水分
血渍	用冷水擦洗，再用温水或柠檬汁搓洗

第二节 清洁家居用品

一、家庭常用清洁、消毒用品的使用方法

在家政保洁服务工作中，正确使用保洁清洁剂，是达到清洁工作效果的重要保证，所以了解各种清洁剂的性能和使用方法非常重要。

家政保洁用的清洁剂分为常用清洁剂、辅助清洁剂和特殊性清洁剂。常用清洁剂根据其化学成分分为酸性、中性、碱性三种，也可根据其性质作用分为清洁剂类、保养护理类和综合类，见表4-4。

表4-4　清洁剂目录表

常用清洁剂				辅助清洁剂	
序号	清洁剂名称	序号	清洁剂名称	序号	清洁剂名称
1	全能碱性清洁剂	22	清洁磨光蜡	1	洗衣粉
2	全能酸性清洁剂	23	强力洗石水	2	洗洁精
3	中性消毒清洁剂	24	高级化泡剂	3	香晶球
4	洁厕剂	25	万能清洁膏	4	消毒液
5	去污粉	26	水锈净	5	清洗灵
6	万能除胶剂（口香糖溶剂）	27	全能免抛面蜡	6	灭害灵
7	洁而亮	28	底蜡		
8	擦铜水	29	喷磨保养蜡		
9	除油剂	30	强力起蜡水		
10	空气清新剂	31	特效地毯去渍剂		
11	静电除尘剂	32	高泡地毯清洁剂		
12	不锈钢光亮剂	33	低泡地毯清洁剂		
13	玻璃清洁剂	34	干地毯清洁剂		
14	洗手液	35	铝塑板清洗剂		
15	强力清洁剂	36	氯漂白粉（白彩）		
16	石材表面防渗透剂	37	氯漂白粉（彩彩）		
17	碧丽珠	38	安利系列		
18	高亮度大理石结晶粉	39	家具清洁剂		
19	高亮度石材晶硬剂	40	除臭剂		
20	花岗岩结晶组合	41	蓝威宝		
21	花岗岩二合一晶面处理剂				

1. 全能碱性清洁剂

（1）构成及特点　全能碱性清洁剂（见图4-17）由表面活性剂、温和碱及硬质表面保护剂复合而成，无腐蚀性，去污力强，是清洁保洁作业的必备药剂。

（2）性能

1）能除去油渍、胶渍等各种污渍。

2）去污力强，无须过分擦洗，省时省力。

3）独有的配方，用后令被洗表面光洁如新。

（3）用途 全能碱性清洁剂适用于一切不宜清洗的硬质表面，特别适应于外墙瓷砖、地板清洗。

（4）使用方法 一般污渍按照1:（40～60）的比例兑水清洗，顽固污渍与油胶清洗按1:5的比例兑水，涂在被清洗物表面，让其反应2～3分钟，然后用机械或人工刷洗即可。

（5）注意事项

1）避免接触眼睛，若不慎接触，立即用大量清水冲洗。

2）切勿入口，使用时最好戴上口罩和橡胶手套等防护用具。

图4-17 全能碱性
清洁剂

2. 全能酸性清洁剂

（1）构成及特点 全能酸性清洁剂（见图4-18）由多种温和表面活性剂、腐蚀剂复合而成，对清洗陶瓷的各种污垢有特效，能迅速除去钙、镁、铁成分的各种污垢，广泛应用于清洗地面的水泥等污渍。

（2）性能

1）能迅速清除浴室瓷砖上的钙皂、人体污垢和水锈等。

2）能有效清除抽水马桶、尿槽的污垢、水垢等。

3）能有效清除、分解地板表面的水泥浆等其他污垢等。

（3）用途 全能酸性清洁剂广泛用于浴室、尿槽、马桶、水槽中的各种污垢及地面的水泥附着污渍等。

（4）使用方法 按照1:（10～30）的比例兑水，涂在被洗物表面，放置5分钟左右进行刷洗，清水过净，若遇特别严重的污渍，调整兑水比例或原液使用。

图4-18 全能酸性
清洁剂

（5）注意事项

1）本品呈酸性，切忌与金属接触，避免把金属腐蚀。

2）避免与皮肤、眼睛接触，若接触，立即用清水大量清洗，切忌入口，使用时最好戴上口罩和橡胶手套等防护用具。

3. 中性消毒清洁剂

（1）构成及特点 中性消毒清洁剂（见图4-19）由特种表面活性剂及辅助剂复合而成，渗透力强，去污快捷，气味清新宜人。

（2）性能 泡沫少，中性配方，无须过水，去污力强，不伤及表面，有一

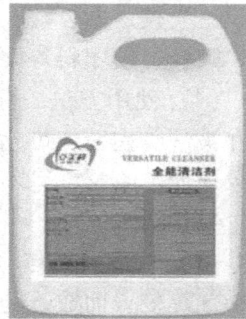

定消毒作用。

（3）用途　中性消毒清洁剂可以使消毒、清洁、除臭一次性完成，适用于医院、学校、办公楼、食品生产厂区、商场、酒店，也可家用，可用于地面、墙面、陶瓷、硬塑料等硬质表面。

（4）使用方法　将物体表面的脏物除去，按1∶（30～60）的比例兑水后，涂在被洗物表面，可用机械或人工进行擦洗，等待10分钟左右，冲洗并风干，如果地面不上蜡，可不冲洗，使用频率为一个星期使用一次。

4. 洁厕剂

（1）构成及特点　洁厕剂（见图4-20）由多种温和酸、表面活性剂、釉面保护剂等复合而成，能有效去除污垢、水垢、铁锈等，具有去污快、省力等优点，并有一定的除臭和消毒功能。

图4-19　中性消毒清洁剂

图4-20　洁厕剂

（2）性能

1）去污力强、使用方便，不用过分刷洗。

2）含有釉面保护剂，不损伤釉面。

3）独有的光亮成分，使洁具更光亮。

4）有杀菌、抑臭和除臭功能。

（3）用途　洁厕剂用于卫生间的尿槽及抽水马桶等处，是卫生间清洁、保洁的理想用品。

（4）使用方法　使用洁厕剂是先按1∶（15～20）的比例涂于被洗物表面，反应3～5分钟，再用于小刷子刷洗，清水过净即可，如遇严重污垢，可适当降低兑水比例。

（5）注意事项　避免溅入眼睛，如有，应立即用清水冲洗，使用时应戴橡胶手套等防护用具。

5. 去污粉

（1）用途　去污粉（见图4-21）能清除陶瓷、搪瓷、玻璃、塑料、金属制品等表面形成的污垢及油脂，对厨房门窗、灶台、抽油烟机和餐厅地面等重油污的清除有特效。

（2）使用方法　将清洗物品先用水润湿，用少量本品擦拭，完毕后用水冲洗即可。

6. 万能除胶剂（口香糖溶剂）

（1）构成及特点　万能除胶剂（见图4-22）（口香糖溶剂）是口香糖基质溶剂，专业用于清除粘在地毯、地板、扶手等处的口香糖胶残渍，也可除去双面胶渍、涂料、鞋油、轮胎印渍及多种油性斑渍。

图 4-21　去污粉

图 4-22　万能除胶剂

（2）用途　万能除胶剂（口香糖溶剂）适用于地毯、地板、墙壁及玻璃面的除胶工作。

（3）用法　将万能除胶剂（口香糖溶剂）喷洒于胶渍处，停留5～10分钟，用抹布或铲刀轻轻撬起即可除去，如遇口香糖胶粘在地毯上，用本品滴在抹布上，在胶渍残渣处由外向内抹去，逐步使胶块剥离，再用清水将地毯上多余的溶剂除去，即可恢复地毯干净。

7. 洁而亮

（1）用途　洁而亮（见图4-23）适用于不锈钢（亚光）、台面、金属水龙头、浴缸、洗手盆、淋浴盆以及各类物质表面的清洗，具有特强清洁力，用后被擦拭物会更光洁光亮。

（2）用途　将洁而亮挤压在海绵、湿布上或直接挤在污渍表面，进行轻轻抹拭，过水即可，对付顽固污渍，经多次擦拭即可过水。

（3）注意事项　因洁而亮内含磨砂成分，应避免用在表面光洁度较高和质地软的物体表面上，直接使用时应该选择隐蔽的地方试用，如无损伤，再进行大面积使用。

8. 擦铜水

（1）用途　擦铜水（见图4-24）对铜、锌、锡和金、银制品均有优异的清洁、除锈和擦亮的功效，用后可恢复金属

图 4-23　洁而亮

制品光泽，保持清洁明亮。

（2）用法　用软布或海绵蘸上擦铜水，在金属表面反复擦拭，再用干净湿布抹净即可。

（3）注意事项　使用前必须用力摇均匀。

9. 除油剂

（1）构成及特点　除油剂（见图4-25）由多种表面活性剂、助性剂复合而成，渗透、乳化力强，能迅速除去各种油垢、焦渣及食品残渣等。

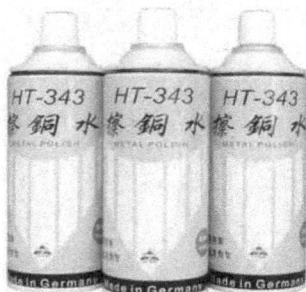

图4-24　擦铜水

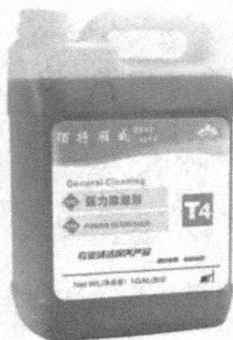

图4-25　除油剂

（2）性能

1）迅速渗透，以乳化各种油污、油垢。

2）它含有特有的金属保护成分，不损伤清洗物表面。

（3）用途　除油剂适用于厨房设施地面及餐厅地面的油污清洁。

（4）使用方法　普通污渍按照1:（6~10）的比例兑水，可以喷洗、擦洗及刷洗；对于重污渍，可使用原液，涂于表面，反应5~10分钟，用刷洗的方式去掉油污。

10. 空气清新剂

（1）构成及特点　空气清新剂（见图4-26）是一种从鲜花、水果或其他植物油中提炼出来的香精复配液，能保持室内清香爽洁、抗菌、除臭去异味，备用多种香型供选择。

（2）用途　空气清新剂适用于卫生间、会议室、办公室、电梯大堂等地方除臭去异味。

（3）用法　将空气清新剂均匀喷洒于空气或臭源处，15平方米左右的空间一般按喷嘴2~3下，每隔2小时喷洒一次，卫生间使用时可加大剂量和喷洒频率。

11. 静电除尘剂

图4-26　空气清新剂

（1）构成及特点　静电除尘剂（见图4-27）含有可吸附灰尘的蜡质、溶剂、乳化剂和清香剂，可适用于各种地面及各种尘推，减少灰尘与地面的磨擦，通过尘推的推动产生静电，对灰尘、细小沙粒等有较强的吸附和牵引力，且对地板有增光、保养作用。

（2）用途　静电除尘剂能够有效去除地面污渍和灰尘，对地面起到美化和保护作用，同时也能用于墙面、塑料、金属、漆面、水磨石、大理石等的表面清扫。

（3）用法　将静电除尘剂均匀地喷在干净、干燥的尘推上，然后装入塑料袋封闭4小时以上，在没有完全干透前不能使用。每次用完后，将灰尘抖净，重新喷上本品，待干透后方可重新使用。

12. 不锈钢光亮剂

（1）构成及特点　不锈钢光亮剂（见图4-28）是采用特殊原料配制成的水剂性产品，与传统配方相比，有不燃、无异味、光亮效果优异等特点。

图 4-27　静电除尘剂

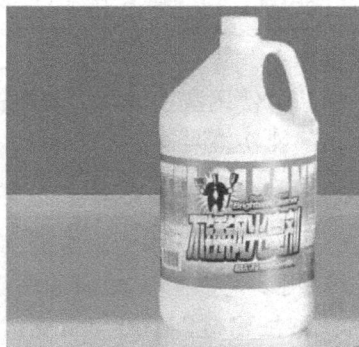

图 4-28　不锈钢光亮剂

（2）性能　不锈钢光亮剂专门用于不锈钢清洁保养，去污力强，保养和光亮效果优异，使用后能使不锈钢表面形成一层保护膜，具有防尘、防手印、防氧化等功能。

（3）用途　用于不锈钢的清洁保养，防止表面脏污、腐蚀。

（4）使用方法　将不锈钢光亮剂直接喷于物体表面或干净的纯棉抹布上（适量），进行来回擦拭、抛光处理即可。

13. 玻璃清洁剂

（1）构成及特点　玻璃清洁剂（见图4-29）含有特种表面活性剂和光亮剂，使用方便，去污力

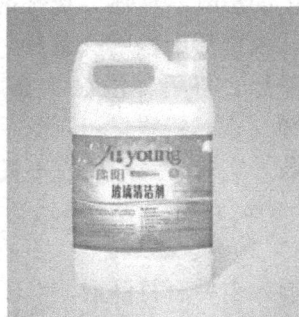

图 4-29　玻璃清洁剂

强，能使玻璃恢复晶莹通透，无须过水，不留痕迹。

（2）用途　玻璃清洁剂适用于清洁窗户、镜子铝制品、镜面不锈钢、树脂、玻璃、瓷砖、塑料及其他硬质物表面。

（3）用法　将玻璃清洁剂喷在物品或擦玻器、抹布上进行擦拭。用于树脂玻璃和其他较软物表面时，应先将表面的颗粒状脏物冲走，以免划伤物品表面，而且只能用软布擦拭。

14. 洗手液

（1）构成及特点　洗手液（见图4-30）由表面活性剂、润肤剂等多种成分复合而成，中性、温和、芳香宜人。

（2）性能

1）能够很好地去除皮肤上的各种污渍。

2）含有独有的护肤、润肤成分，有效保护皮肤。

3）香气宜人、持久，有多种香型供选择。

图4-30　洗手液

（3）用途　洗手液是洗手间的必备用品，一般存放于皂液器中。

温馨提示

　　保洁员使用洗手液时，要严格按照相关要求进行操作，注意不要溅到眼睛里，不能伤害身体。

15. 强力清洗剂

（1）主要成分　强力清洗剂（见图4-31）的主要成分是酸性化合物。

（2）用途　强力清洗剂适用于花岗岩、瓷砖等抗酸性建材，不能与含氨清洗剂混合使用，不能用于大理石、石灰石。

（3）用法　先将需清洗物表面用水润湿，以最小限度地降低酸可能对瓷砖和石材产生的影响。将强力清洗剂以1∶5的比例稀释，根据污染程度的差异，稀释浓度可提高或降低。将稀释液涂抹在表面，反应3～5

图4-31　强力清洗剂

分钟（视污染程度可延长反应时间），用机械或尼龙刷进行刷洗，使用前，先在隐蔽处实验，看是否有不良反应。

16. 石材表面防渗透剂

（1）构成及特点　石材表面防渗透剂（见图4-32）是水质含氟表面渗透剂，可渗入多种石材深层，形成长期无形的保护膜，不妨碍石材进行空气交换，可防止石材受污物、油脂、霉菌的侵蚀。

（2）用途　石材表面防渗透剂可用于室内各种天然材质地面，包括大理石、花岗岩、石灰石、石板、板岩、无釉瓷砖、混凝土等，可在室内地面、厨房、工作台、浴室、浴盆等处使用。

（3）用法

1）使用石材表面防渗透剂前，必须保证地面干燥清洁。因此，要先用中性清洁剂除去地面上的蜡质及其他附着物，清洁新铺的地面时，必须待其彻底变得干燥后，才能使用中性清洁剂进行清洁。同时，正式使用石材表面防渗透剂前，应先找隐蔽的地方试用，以确保使用效果。

2）使用蜡拖、抹布、海绵或喷壶将石材表面防渗透剂均匀地施于地面一薄层，待其渗透 15 分钟后将未吸干的液体擦去，如本品无法渗入地面，需检查地面有无封底剂。使用后应间隔 30 分钟，使其干透，然后进行抛光处理。

图 4-32　石材表面防渗透剂

17. 碧丽珠

（1）特点　碧丽珠（见图 4-33）是一种常用的家具养护上光清洁剂，气味芬芳，但是价格比较昂贵。

（2）用途　碧丽珠适用于木制品、家具、书桌、写字台、皮革（沙发、椅子），家用电器外壳、办公设备及其他物体表面。

（3）用法　将碧丽珠直接喷在物体表面上，用干净的抹布（纯棉）对表面进行抛光处理即可。

18. 高亮度大理石结晶粉

（1）特点　高亮度大理石结晶粉（见图 4-34）适用面广，无论在微晶或粒晶大理石上皆可产生极高的光泽；操作轻松，采用普通刷地机即可完成；无须干抛，可减轻机器负载，延长机器寿命。

图 4-33　碧丽珠

（2）性能　有效消除石面细小刮痕、灰暗，迅速使石面产生晶亮无比的光泽，恢复石材天然润泽的质感，并能在石材表面上形成日化层，改变石灰石的表面硬度，增强石面抗磨损、抗腐蚀能力及防滑性能，让石材表面时刻焕发靓丽风采。

（3）用途　适用于大理石、石灰石、水磨石及其他抛光石灰质石材表面。

（4）使用方法

1）配制：按 1∶1 的比例调匀结晶粉。

图 4-34　高亮度大理石结晶粉

2）准备：用胶带或塑料布保护邻近的家私、金属制品、地毯等，并先除去石面上的面蜡及其他附着物。给单盘刷地机配以红色或白色抛光垫。

3）结晶：在2~3平方米的工作区域上施以适量粉水混合物，用单盘刷地机将混合物均匀涂于工作区域上，缓慢左右移动机器研磨石面，直到粉/水混合物接近磨干（每平方米石面需磨3~4分钟，无需完全磨干），便可进入下一工作区域。

4）清洗：结晶完成后，用吸水机收集残余结晶粉浆，并彻底清洗石面。

19. 强力洗石水

（1）特点　强力洗石水（见图4-35）是水质清洗剂，可去除混凝土地面的重油及轮胎痕迹。

（2）用途　强力洗石水可用于混凝土、水磨石、大理石、方砖、水泥、瓷砖、钢质及其他硬质表面，按比例稀释后也可作为全能清洁剂使用。

（3）使用方法

1）根据脏污程度确定清洁类型，调整兑水比例：一般性清洁为1:64或1:128兑水；强力清洁为1:8兑水；去除轮胎痕迹为1:4兑水。

2）用海绵、拖把、刷子、喷壶、发泡机、自动洗地机将稀释后的强力洗石水施于清洁表面，对于污渍严重处，可使强力洗石水停留时间稍长，但不要等其干透，可使用单擦机配以钢丝刷、尼龙刷或研磨垫去除污渍。

图4-35　强力洗石水

20. 水锈净

（1）构成及特点　水锈净（见图4-36）含强酸性物质，能快速清除水锈渍。可配合相应的洁厕剂、浴室清洁剂、酸性清洗剂、外墙清洗剂等使用。不能清洗玻璃、不锈钢、铝制品等。

（2）用途　水锈净适用于宾馆、医院、工厂及其他公共场所中容易产生水垢区域的清洗工作。

（3）使用方法　根据水垢锈渍程度将水锈净原液或稀释液洒在需要清洁的表面，让其反应片刻，用刷子稍刷，再用清水冲洗干净即可。

21. 特效地毯去渍剂

（1）构成及特点　特效地毯去渍剂（见图4-37）含有独特的乳化洁净因子，去污力特强，能够迅速、有效去除水溶性及油溶性污渍。

（2）用途　特效地毯去渍剂适用于咖啡、可乐、汽水、

图4-36　水锈净

菜渍、唇膏等污渍的去除。

22. 高泡地毯清洁剂

（1）构成及特点　高泡地毯清洁剂（见图4-38）由多种表面活性剂复配而成，具有超强的洁净能力，能够有效清洁地毯上的各种污渍。其配方独特，干燥后形成微固体结晶，用吸尘器吸后，不会残留。它含有特有的保护成分，不损伤地毯纤维，洗后令地毯洁净如新、蓬松柔顺。

图4-37　特效地毯去渍剂　　　　　图4-38　高泡地毯清洁剂

（2）性能　高泡地毯清洁剂泡沫丰富，去污力强；含有纤维保护成分，不损伤地毯纤维；清洗彻底，无残留物。

（3）用途　高泡地毯清洁剂适用于各种长短毛毯，尼龙、混纺地毯。

（4）使用方法　按1∶12的比例兑水，可加入刷地机水箱中进行刷洗操作。

23. 低泡地毯清洁剂

（1）构成及特点　低泡地毯清洁剂（见图4-39）由多种表面活性剂、纤维保护剂和织物柔软剂经过独特工艺精制而成，去污力强，洗后令地毯洁净、光亮。

（2）性能　低泡地毯清洁剂的洁净力强；洗后令地毯光洁鲜艳、柔软如新；如配合蒸汽式洗地毯机使用，效果更佳；清洗彻底，无残留物。

（3）用途　低泡地毯清洁剂适用于各种毛毯，尼龙、混纺地毯。

（4）使用方法　按1∶12的比例兑水，加入洗地毯机水箱中进行刷洗操作。

24. 干泡地毯清洁剂

（1）构成及特点　干泡地毯清洁剂（见图4-40）是一种专业的地毯清洁剂，适用于不同类型的地毯，绝无漂白作用。

图4-39　低泡地毯清洁剂

含除味剂、防霉剂及增白剂，使地毯洗后不会因湿润而发臭发霉，更能使地毯恢复本来色泽。

（2）用法

1）先用吸尘器将地毯吸尘一遍。

2）按1：30（较重污渍为1：20）兑水稀释。

3）调好的溶液放进地毯清洗机的泡箱中直接使用。

4）地毯清洗后，待泡沫稍干，用吸尘器将污物连泡沫一起吸除。

图4-40　干泡地毯清洁剂

二、厨具、灶具、餐饮用具的清洁注意事项

1. 厨具餐具清洁注意事项

1）先洗不带油的后洗油腻的；先洗小件的后洗大件的；先洗碗筷后洗锅盆；边洗边码放。小孩及病人用的餐具或炊具最好单独洗涤码放。

2）铁制炊具或餐具容易生锈，用完要马上清洗，可直接在水龙头下，用炊帚刷洗。如果铁锅有腥味，可以在锅内加水放些菜叶煮开，倒掉水冲净即可除腥。铁制炊具或餐具洗净后要用净布擦干或晾干以免生锈。

3）铝制炊具餐具脏了可在煮饭时趁热擦洗，用旧报纸或湿布擦去表面污物，经常擦拭可使铝制品明亮如新，另外也可用盐水或碱水擦洗。

4）用过的炊具餐具要及时清洗擦干，放在通风干燥处，不要使餐具炊具受潮，更不要长期用水浸泡，对有水迹的餐具炊具最好及时用软布擦去水迹，不要用硬质物件擦洗餐具，以免划伤炊具或餐具。

2. 灶具清洁注意事项

1）用肥皂水检查供气管道的接口处是否泄漏，橡胶软管是否老化出现裂纹。

2）定期清理火盖上的火孔，防止堵塞。

3）灶具火盖损坏后，一定要购买原厂产品，不能随意更换，以免造成燃烧状态不良。

4）进气软管长期使用会老化或破损，形成安全隐患。因此进气软管有老化现象时应及时更换，切不可用胶布粘补后继续使用。

5）家用燃气灶在使用过程中一定要保持厨房空气流通，烹饪时可开启抽油烟机，吸出厨余油烟，缓解厨房空气流通，避免煤气中毒。

6）定期检测供气橡胶软管密封性，检测供气橡胶软管接口处是否密封。以防供气橡胶软管老化或出现裂痕，造成煤气泄漏，轻则煤气中毒，重则引起火灾。

7）燃气灶在使用过程中，由于燃气灶台燃烧产生高温，台面也会吸收部分热量，在使用燃气灶具过程中，请不要用手接触灶具台面，以防烫伤。

8）锅底保持干燥，以免水滴进燃气灶气孔引起灶具生锈堵塞。

9）观察灶具炉头上火情况，如上火不齐，火苗不旺，可用废旧的刷子或钢针轻轻擦拭炉头燃烧器，以解决上火不齐和火苗不旺的问题，确保燃气灶保持正常的工作效率。

10）不能用油渍抹布清洗擦拭燃气灶炉头气孔，防止炉头气孔被堵塞，造成供气不足，燃烧力度不够，影响烹饪效果。

11）定期检查燃气灶开关按钮，旧灶具最好定期检查胶管，建议一年一换，检查是否会在旋转过程中卡住或旋转不顺。检查灶具是否漏气，每半年应给开关按钮上油一次，增加润滑系数，提高打火概率。

12）检查风门走向，避免空气回流。燃气灶在使用过程中会产生燃烧废气或未燃烧完的气体，如风门不对，可造成气流回流，甲烷浓度升高，轻则煤气中毒，重则产生火灾。使用时一定要检查燃气灶风门走向。

三、常见家用电器的清洁与保养

1. 液晶电视的清洁（见图4-41）

（1）液晶面板表面污垢的清洁　液晶面板的污迹大体分为两种，一种是日积月累落上的灰尘，一种是使用者不经意留下的指纹和油污。去除液晶面板的污垢最好用柔软的、非纤维材料，比如脱脂棉、镜头纸或柔软的布。蘸少许的玻璃清洁剂进行擦拭，擦拭时力度要轻，否则液晶面板会因此短路和损坏，禁止使用酒精一类的化学溶液。不要用硬质毛巾擦洗液晶面板表面，以免将液晶面板表面擦起毛而影

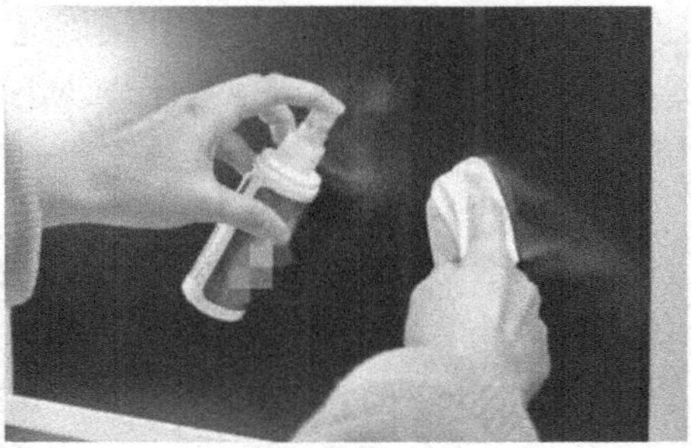

图4-41　液晶电视的清洁与保养

响显示效果。也不能用粗糙的布或纸类物品进行擦拭，因为这类物质会产生刮痕。

（2）液晶电视的保养　不看电视时，需要关闭屏幕，以防止灰尘堆积。不要用尖物在屏幕上滑动，以免划伤表面。不要把液晶电视放在潮湿的地方，如果湿气已经入了液晶电视，就必须将其放到比较通风的地方，以便让其中的水分挥发掉。现在的液晶屏幕都有特殊的涂层，使屏幕具有更好的显示效果。平常家庭使用的发胶、酒精、夏天频繁使用的灭蚊剂等如喷洒到屏幕上，会溶解这层特殊的涂层，对液晶分子乃至整个屏幕造成损伤，导致整个电视寿命缩短，因此尽量避免与水分和化学药品的接触。

2. 洗衣机的清洁与保养

（1）洗衣机的清洁（见图4-42） 一般新买的洗衣机在使用半年后，每隔三个月都应用洗衣机专用洗洁剂清洗一次。家庭日常清洗洗衣机，可以与衣被、毛巾等的消毒同步进行，直接将需消毒物品连同配制好的消毒液一起倒入洗衣桶内浸泡30～60分钟，之后再以清水漂洗干净。这样不仅可以消毒衣物，还可以去除洗衣机内的污垢。平时不用洗衣机的时候，最好经常打开洗衣机的盖子，让洗衣机内部保持干燥状态。洗完的衣服应立刻拿出来晾晒，千万不要闷在里面。

图4-42　洗衣机的清洁

（2）洗衣机的保养。如长期停用洗衣机，首先应排除积水，保持机内干净整洁。最好安放在干燥、无腐蚀性气体、无强酸强碱侵蚀的地方，以免金属件生锈，电器元件绝缘体性能降低。对于波轮轴没有注油孔的洗衣机，应该给洗衣机注油一次，以防锈蚀。长期存放的洗衣机应盖上塑料薄膜或布罩，避免尘埃的侵蚀，以保持洗衣机光亮、整洁。最好隔2～3个月开机试运一次，以防止部件生锈，电机绕组受潮。通电也是干燥绕组的一种手段，可避免停用时间过长而引起故障。洗衣机不要长期受阳光直射，以免褪色、老化。

3. 空调的清洁与保养

1）清洗空调（见图4-43）可用柔软的布蘸少量的中性洗涤剂擦拭，清洗时水温应低于40℃，以免引起外壳收缩变形。

2）空调过滤网用清水清洗即可，室外机组用刷子除尘。

3）空调的保养

①使用之前，应检查室外机周围有无影响通风的杂物，室外机加盖的防尘罩是否撤除。检查电源线、配管隔热套、包扎带有无破损松脱等现象；检查电源、电源插头、插座是否正常；检查过滤网是否装上，是否有尘垢需清除。

图4-43　清洗空调

②使用季节过后，停止使用前，将空调设定为送风状态，连续通风运行3～4个小时，以使机内干燥；尽可能在给室外机断电后加盖防尘罩，减少风吹、日晒、雨淋对空调的侵蚀，记住务必取出遥控器内电池，并妥善保存，勿摔、压、震遥控器；取出机内过滤网、空调滤清器，清洁后重新装上。

四、家具的清洁注意事项

1. 家具表面的灰尘请勿用干抹布擦拭

灰尘是由纤维、沙土、矽土构成的，很多人习惯用干的抹布来清洁擦拭家具表面。其实这些细微颗粒在来回擦拭的摩擦中，已经损伤了家具漆面。虽然这些刮痕微乎其微，甚至肉眼是无法看到的，但久而久之，就会导致家具表面黯淡粗糙，光亮不再。

2. 请勿用肥皂水、洗洁精或者清水清洗家具

肥皂水、洗洁精等清洁产品不仅不能有效地去除堆积在家具表面的灰尘，也无法去除打光前的矽沙微粒，而且因为它们具有一定腐蚀性，因而会损伤家具表面，让家具的漆面变得黯淡无光。

3. 请勿用粗布或者不再穿的旧衣服当抹布擦拭家具

最好用毛巾、棉布、棉织品或者法兰绒布等吸水性好的布料来擦家具。粗布、有线头或有缝线、纽扣等会引起家具表面刮伤的旧衣服，应尽量避免使用。

4. 抹布干净

对衣柜进行清洁保养时，一定先要确定所用的抹布是否干净。当清洁或拭去灰尘之后，一定要翻面或者换一块干净的抹布再使用。不要一再重复使用已经弄脏的那一面，这样只会使污物反复在衣柜表面摩擦，反而会损坏衣柜的亮光表层。

5. 选对护理剂

目前有衣柜护理喷蜡和清洁保养剂两种衣柜保养品。前者主要针对各种木质、聚酯、油漆、防火胶板等材质的衣柜，并有茉莉和柠檬两种不同的清新香型。后者适用于各种木制、玻璃、合成木或美耐板等材质的衣柜，特别适用于混合材质的衣柜。因此，若能使用兼具清洁、护理效果的保养品，便能节省许多宝贵的时间。

6. 护理剂正确使用

护理喷蜡和清洁保养剂使用前，最好先将其摇匀，然后直握喷雾罐，呈45度角，让罐内的液体成分能在不失压力的状态下被完全释放出来。之后对着干抹布在距离约15厘米的地方轻轻喷一下，如此再来擦拭衣柜，便能达到很好的清洁保养效果。此外，抹布使用完后，切记要洗净晾干。

7. 不同材质的衣柜的清洁方法

（1）板式材质　最常见的有板式柜身和木框门板，板材因为双面都使用三聚氰胺饰面，防水防潮，所以可以使用半干毛巾轻轻擦拭。

（2）铝合金材质　玻璃水或者其他洗涤剂可能会让铝合金失去原本的光泽，所以可以直接用半干毛巾擦拭，或者使用专门的铝合金清洁剂来让它恢复本来面貌，切不可使用报纸擦拭。

（3）皮纹材质　皮纹产品手感柔软，太过坚硬或锋利的东西会对其造成物理损伤，所以因尽量使用柔软的抹布进行擦拭。

（4）亚克力、玻璃材质　亚克力和玻璃门板沾上纤维也会变得毛糙，要保持它们的晶莹色泽，最好使用玻璃水作为清洁剂，配以报纸来进行擦拭。

8．衣柜不同部位的清洁方法

（1）表面清洁

1）灰尘　日常注意保持表面的洁净，有灰尘时，应使用毛掸或软布除尘，同时应尽量避免脏物接触到衣柜。

2）水痕　通常经过一段时间会自行消失，若长时间后仍未褪，可用一块涂有少量色拉油的干净棉布顺着木纹方向擦拭。

3）食物污渍　各种茶渍、水果汁、黄油等溅在表面会留下轻微污点，要立即擦掉，然后用一块干净的软布对污渍处上光。

4）墨水痕迹　可用软的橡皮擦拭，为防止掉色，可在污痕处滴几滴清水。清洁后的表面可用专业保养剂或润肤油进行保养。

5）其他一般污迹　可使用专业的衣柜清洁剂进行清洁。对于皮革制衣柜上的污渍，可用一块干净的绒布蘸些蛋清擦拭。

（2）内部清洁

1）灰尘：灰尘通常躲在衣柜门的开合处附近和柜体内的四边角。把全部衣物都清理出来，用小毛刷轻轻地把灰尘扫出衣柜，然后再用干毛巾沿衣柜缝隙擦掉就行了。

2）霉菌：在潮湿的天气，衣柜容易长霉菌，如果发现有霉菌，不仅要用布擦干净，还需要在上面刷一遍清漆。也可以用凡士林进行清洗后，再用干净的布擦拭干净。

（3）五金件清洁

1）拉手：可用软布蘸少许牙膏慢慢反复擦拭，拉手即会恢复光洁。牙膏中含有研磨剂，去污力非常强。

2）导轨：对付导轨里的灰尘，要先用小毛刷沿着导轨把灰尘都扫向一边，然后用吸尘器把灰尘都吸出来，再用干软布紧着导轨抹一遍。

3）铰链：可用干软布轻轻擦拭，切勿用含有化学物质的清洁剂或酸性液体清洗，如发现其表面有难去除的黑点，可用少许煤油擦拭。

4）毛条：毛条用久了会粘上很多灰尘，因此应常清洁毛条。有些毛条是用胶水固定在柜门上的，比较难清洁，必要的话可以找专业人员更换毛条。

（4）皮质衣柜清洁保养误区

衣柜护理喷蜡不能喷涂在皮质衣柜上。这是因为皮质衣柜其实就是动物的皮肤，一旦喷蜡喷在上面，就会导致皮革制品的毛孔堵塞，天长日久，皮革便会老化而缩短其使用寿命。此外，有些人为了让衣柜看起来更有光泽，将一些蜡制产品直接涂抹在衣柜上，或是使用不当，反而会让衣柜表面有雾状斑点。

五、卫生洁具的清洁、消毒方法

卫生间洁具包括面盆、浴缸、便器等，一般比较光洁易清洗，保洁方法和要求如下：

1. 面盆的清洁

（1）玻璃面盆　玻璃面盆不能用百洁布、钢刷、强碱性洗涤剂、尖硬的利器去除污渍油渍。玻璃面盆必须使用纯棉抹布、中性洗涤剂、玻璃清洁水擦拭。

（2）瓷器面盆　用软质毛刷或海绵蘸中性清洁剂清洗，切忌不可以热水冲洗或直接倒入热水，以免面盆裂开。若要用面盆盛水，先放冷水再放热水以避免烫伤。

清洁面盆应使用海绵蘸取清洁剂清洗，切记不可使用百洁布，或用硬性刷子、酸碱性化学药剂或溶剂擦拭刷洗，因为这样做会在面盆表面形成细小刮痕，使它变得粗糙而容易沉积污垢。

对于有些顽固的污渍可以用废弃的软毛牙刷蘸漂白粉水刷洗表面，注意漂白水的浓度要按配比表调配，这样可以去除污渍和霉菌。也可以用半个柠檬蘸食用盐擦，或用有美白功能的牙膏擦，效果同样不错。对于带颜色浴缸的清洁更要注意，不要用有褪色功能的洗涤剂擦洗，且擦洗后一定要马上完全擦干。

2. 马桶/便器的清洁与消毒

1）马桶/便器表面一般可用水冲洗干净，如内侧有积垢，倒入适量洁厕灵或甲酚皂溶液（来苏水）、漂白水等专用清洗剂，用马桶（便器）刷子刷洗四周即可。如污垢较重，可浸泡几分钟之后再刷洗，接着用清水刷洗，最后用抹布分别将便器及地面擦拭干净。马桶刷要保持清洁干燥：马桶刷是清洁马桶的基本工具，如果不注意马桶刷的清洁和干燥，它也会成为污染源。每次刷完污垢，刷子上难免会沾上污物，应先用清水冲洗一遍，待水沥干后，再喷洒消毒液，最后把马桶刷挂在通透的地方，不要随便放在角落里，也不要放在不透风的容器里。

2）马桶（便器）内清洁。先用有柄的吸子把马桶内的水分排挤走，水分留得越少越好。然后，把高浓度漂白水倒在尼龙刷上伸进马桶内壁及底部曲颈各处，均匀刷拭，最少漂浸半小时，然后用清水冲洗，这样黄渍与臭味就会随漂白水之杀菌消毒去渍的力量，清除净尽。

3）马桶圈细菌多，需做重点清洁：每隔一两天，用抹布蘸取稀释的家用消毒液擦拭，然后用清水冲洗即可。

4）马桶外侧的部分，先用水冲洗，再用干布擦拭即可。

3. 浴缸的清洁与消毒

浴缸表面、转角、接缝处、排水口如有污渍、水垢和锈斑可用浴室清洗剂等轻喷，过5分钟后用干布擦去，再用清水洗净。每周清洁一次浴缸，清洁时要使用柔软的抹布或海绵清洁，千万不要图一时省事用钢丝球、钢丝刷、研磨海绵刷洗，这样会划伤表面，留下难看的痕迹。

浴缸的管道也要定期消毒，一般以一周1~2次为宜，最好用专业的下水道清洁剂，灌进下水道5分钟后清洗。这样味道、细菌都会消除。

注意：氯系漂白剂，不可以和任何酸性洗洁剂同时使用，以免产生氯气，造成危险。清洁洁具要根据材质正确选择使用清洁剂，以提高工作效率。使用盐酸类清洁剂，要注意防止金属附件受腐蚀而发生故障，更要防止伤及人的皮肤。

洁具的清洁要特别注意：清洁工具各司其职，应根据用途分别使用、洗涤、晾晒和放置，切不可混淆使用，以避免交叉感染。

在清洁工作中，要注意保护自己的双手和身体。无论选用何种清洁剂刷洗洁具，都要戴上手套，在使用挥发性强、有刺激性气味的清洁剂时，还应戴上口罩。

技能训练

技能训练1　清洁厨具、灶具、餐饮用具（表4-5）

表4-5　清洁厨具、灶具、餐饮用具

作业范围	工具、清洁剂	作业程序及内容	作业说明
厨具、餐具清洁	纯棉毛巾、洗洁精、一次性手套	将剩饭菜倒入垃圾桶内	餐具上无残留，剩饭菜不能落垃圾桶外
		在第一个水池内用热的洗涤剂水溶液清洗餐具和厨具	用浸入洗涤剂的湿毛巾全覆盖擦拭餐具和厨具，擦拭刀具等厨具时注意安全
		在第二个水池内放入温水，并放入含氯消毒液，比例为250毫克/升，并保持5分钟	餐具和厨具全部浸入消毒液中
		用净水冲净餐具厨具表面消毒液残留	达到清洁光亮的效果
		将清洗完的餐具厨具放入沥水篮，沥干水后放入橱柜	要戴好一次性手套，严禁手接触餐具的内壁。保证厨具和餐具洁净、卫生

（续）

作业范围	工具、清洁剂	作业程序及内容	作业说明
灶具清洁	纯棉毛巾、洗洁精、抹布	清洗前，请先取下锅架、火盖	放置妥当
		清洗灶具面板、燃烧器要用中性的、无腐蚀作用的清洁剂清洗	如果弄脏灶台灶面应及时用软布蘸中性清洁剂擦洗
		燃烧器的活动部位，如铜火盖，用热水和中性清洁剂清洗，除掉烧结硬块，再用布擦干	不要让水流入燃烧器底部
		请勿使用颗粒状清洁剂（去污粉）、尖锐的物体、钢丝绒或刀子等清除燃烧器上残留的顽固污渍	确保火孔无碳，不堵塞
		清洗完后，必须等水干后，再将锅架、火盖安装回去	安装完且确认打火无问题后，结束清洁工作

技能训练2 清洁电冰箱、电饭煲、微波炉、电视机等电器（表4-6）

表4-6 清洁、擦拭电冰箱、电饭煲、微波炉、电视机等电器

作业范围	工具、清洁剂	作业程序及内容	作业说明
电冰箱	纯棉软布（干、湿）、中性洗涤剂、水桶	清洗冰箱时，首先应将电源插头拔下	/
		将食物拿出来。待冷冻室内的霜化净后，开始清洁工作	霜化过程中，不断清除冰箱内的冰块和冰水，从而加快霜化过程
		将软布放到温水桶浸湿，然后拧干至不滴水	软布材质为纯棉，水温不宜过高
		蘸中性洗涤剂擦洗箱体内外	在擦洗时要注意，有污渍的地方要反复轻轻擦洗，不要落下划痕。冷冻室内的隔架、果菜盒及冷藏室门上的架盒都要取出逐个清洗。不可用水管冲洗冰箱，以免破坏绝缘性能
		然后用清水浸湿软布，反复擦拭电冰箱内外，洗净抹布后擦干，直到洗涤剂清除为止	以电冰箱内外壁清洁光滑，不粘手为止。注意：不可用热水或者苯类有机溶剂擦洗
电饭煲	纯棉软布（干、湿）、中性洗涤剂、水桶	在清洗电饭煲时一定要拔掉电源。因为其电器部分密封程度不够，不可用水冲洗或浸泡，用湿布擦拭时不可滴水	湿布材质以纯棉软布为宜

（续）

作业范围	工具、清洁剂	作业程序及内容	作业说明
电饭煲	纯棉软布（干、湿）、中性洗涤剂、水桶	因电饭锅主要用于煮饭，内锅底的脏物主要是饭粒的焦渣，电饭锅的外壳烤漆也因为经常有高温米汤的溢出而被腐蚀，使外壳电源开关会因为汤液或饭粒的进入而失灵。铝制内锅可用热水浸泡后，再刷洗。内锅受碱或酸的作用会被腐蚀产生黑斑，可用去污粉擦净或用醋浸泡，30分钟后除净	特别要注意将锅底部擦拭干净，以免有水滴浸入计算机控制部分
		电饭锅外壳上的一般性污迹可用洗洁精或洗衣粉的水溶解液进行清洗。电饭煲用于煮粥或放米过多时，米汤会溢至上盖处，如不及时清洁，时间长了，会使电饭煲出现异味。排气孔处要用湿抹布擦净表面。此外，还要注意清洁拿掉内胆后的锅底，有时饭粒掉入或米汤溢到锅底，会使锅底出现黄色结焦，影响电饭煲的使用寿命	当电饭锅内部控制部位有饭粒或污物掉进去时，应用螺丝刀取下电饭锅底部的螺钉，揭开底盖，将其中的饭粒、污物除掉。若有污物堆积在控制部位某一处时，可用小刀清除干净后，用无水酒精擦洗，但需注意，不能擦洗计算机控制装置。电饭煲上的排气孔，也可能堵塞，带来安全隐患。有些电饭煲上盖是胶垫固定，轻轻一拔即可拆下；有的是用螺钉固定，拆下螺钉后用清水洗净，再用抹布擦干后装上。要用海绵或柔软的布清洗，硬质的清洁布可能损坏内胆的不粘涂层
微波炉	纯棉软布（干、湿）、中性洗涤剂、水桶	清洗时，请注意先拔下电源插头 使用软布、温水及温和的清洁剂清洁微波炉内部表面、炉门的前后及炉门开口处 如果微波炉上的污垢沉积太多，可以用微波炉专用容器，装好水，以静止不回转的方式，加热几分钟，先让蒸发的水分湿润一下炉内的污渍，然后再开始擦拭	切勿使用金属刷清洗，以免划伤微波炉表面
		炉内的污垢先用湿纸擦掉，再用洗洁精把油污完全洗净	一定要用温水多擦几次微波炉，不要让清洁剂残留在炉内，否则以后加热食物时，残留的清洁剂会附着在食物上
		擦洗微波炉的底部时，应该取下转盘、转盘支架另行清洗	对经过专门设计的微波炉，转盘放在正确位置时方可操作。取下转盘进行清洁时，切勿操作微波炉

（续）

作业范围	工具、清洁剂	作业程序及内容	作业说明
电视机	脱脂棉、镜头纸或纯棉软布（干、湿）、中性洗涤剂、水桶	去除液晶面板的污垢：用柔软的、非纤维材料，比如脱脂棉、镜头纸或柔软的布等，蘸少许的玻璃清洁剂进行擦拭 电视机外壳的清洗：一般情况使用软布浸入清水后拧干擦拭，然后用干毛巾擦干即可。如果外壳有油污等污渍时，可用拧干的软布蘸中性清洁剂擦拭，然后用湿布擦净清洁剂 电视机后壳的清洁：电视机后壳因为有孔，一般情况下先用鸡毛掸清除浮尘，然后用湿布擦净即可。如果污渍过多，则需要电器维修人员帮助卸下后壳进行擦拭	擦拭时力度要轻，否则屏幕会因此短路和损坏。禁止使用酒精一类的化学溶液。不要用硬质毛巾擦洗液晶面板，以免将其表面擦起毛而影响显示效果。也不能用粗糙的布或纸类物品，擦拭。因为这类物质产生刮痕

技能训练3　清洁衣橱、桌椅、板凳类家具（表4-7）

表4-7　清洁、擦拭衣橱、桌椅、板凳类家具

作业范围	工具、清洁剂	作业程序及内容	作业说明
衣橱、桌椅、板凳	纯棉软布、中性水溶性清洁剂、煤油、喷蜡（水蜡）	应先用鸡毛掸一类的软性清洁器进行表面除尘处理，再用软布轻轻擦拭，可蘸少量水或洗涤剂进行清理	/
		五金装饰（包括镀金）件只需要用干抹布轻轻打理，如果镀金件表面出现较难去除的黑点，可用煤油擦拭和清洗	不要使用含化学物质的清洁剂，切忌用酸性液体清洗
		家具清洁：需要准备两块抹布，一块是干抹布，另一块是干湿抹布。（注：抹布千万不能太湿，最好是洗干净以后经过脱水处理的干湿布，抹布要用棉布的或丝光毛巾）。清洁时先用干抹布抹去灰尘，如有污渍可用干湿布擦拭，如再擦不干净，可蘸取水溶性清洁剂清洁 家具打蜡：家具用久了，假如有失光现象可以考虑打蜡。先用棉麻布料的干布擦拭，清洁完家具表面的灰尘后才能给家具上蜡，不然灰尘会造成蜡斑的产生，产生划痕。喷蜡、水蜡均可，上蜡时要由点到面，由浅入深，逐渐深入，一定要多擦拭一会儿，直到擦亮为止	不能使用汽车蜡

技能训练4　清洁、消毒卫生洁具（表4-8）

表4-8　清洁、消毒卫生洁具

作业范围	工具、清洁剂	作业程序及内容	作业说明
面盆	纯棉抹布、中性洗涤剂、软质毛刷、海绵	玻璃面盆必须使用纯棉抹布、中性洗涤剂、玻璃清洁水擦拭 瓷器面盆外观用软质刷毛或海绵蘸取中性清洁剂清洗 清洁面盆使用海绵蘸取清洁剂清洗 最后用清水冲洗干净即可	玻璃面盆不能用百洁布、钢丝球、强碱性洗涤剂、尖硬的利器清洁。切忌用热水冲洗或直接倒入热水，以免面盆裂开。切记不可使用百洁布，或用硬性刷子、酸碱性化学药剂或溶剂擦拭刷洗，因为这样做会在面盆表面形成细小刮痕，使它变得粗操而容易沉积污垢
马桶/便器	专用清洗剂（洁厕灵或甲酚皂溶液、漂白水）、便器刷、纯棉抹布	马桶/便器表面一般可用水冲洗干净，如内侧有积垢，倒入适量洁厕灵或甲酚皂溶液、漂白水等专用清洗剂，用马桶（便器）刷子刷洗四周。如污垢较重，可浸泡几分钟之后再刷洗，接着用清水刷洗，最后用抹布分别将便器及地面擦拭干燥。马桶刷要保持清洁干燥 马桶（便器）内清洁。先用有柄的吸子把马桶内的水分排挤走，水分留得越少越好。然后，把高浓度漂白水倒在尼龙刷上伸进马桶内壁及底部曲颈各处，均匀刷拭，最少漂浸半小时，然后用清水冲洗，这样黄渍与臭味就会随漂白水之杀菌消毒去渍的力量，清除净尽 马桶圈细菌多，需做重点清洁：先用抹布蘸取稀释的家用消毒液擦拭，然后用清水冲洗即可 马桶外侧的部分，可先用水冲洗，再用干布擦拭即可	马桶刷是清洁马桶的基本工具，如果不注意马桶刷的清洁和干燥，它也会成为污染源。每次刷完污垢，刷子上难免会沾上污物，应先清水冲洗一遍，待水沥干后，再喷洒消毒液，最后把马桶刷挂在通透的地方，不要随便放在角落里，也不要放在不透风的容器里
浴缸	纯棉抹布、浴室清洗剂、下水道清洁剂	浴缸表面、转角、接缝处、排水口如有污渍、水垢和锈斑可用浴室清洗剂等轻喷，过5分钟后用干布擦去，再用清水洗净。清洁时要使用柔软的抹布 浴缸的管道消毒，用专业的下水道清洁剂，灌进下水道5分钟后清洗	不宜使用硬毛刷擦拭浴缸，禁使用钢丝球、百洁布，因为它们会划伤浴缸表面，留下难看的痕迹

复习思考题

1. 请简述使用钢丝球的注意事项。
2. 请简述使用刮刀的注意事项。
3. 居室厨房清洁的工具有哪些？
4. 请简述厕所瓷砖的清洗方法和步骤。
5. 请简述地毯上泼洒液体饮料的清洁方法。

照护孕、产妇与新生儿

培训学习目标

1. 掌握孕妇生理变化特点，孕、产妇营养知识，日常起居常识。
2. 掌握孕、产妇与新生儿饮食制作方法。

第一节 照 护 孕 妇

一、孕妇膳食的制作要求与注意事项

1. 孕妇的膳食原则

孕妇的膳食应以"两搭配，一注重"为原则，即粗细粮搭配、荤素菜搭配；注重早餐吃得好、午餐吃得饱、晚餐吃得少。孕期营养的注意事项如下：随着孕月的增加，孕妇对营养的需求也随之加大，后期需"少食多餐"。尤其应注意：食物多样，谷类为主，不能食用过多的脂肪和碳水化合物；严格控制食盐量；多吃蔬菜和水果；及时补充含钙丰富的食物，每天应食用奶类、豆制品等。另外，患有贫血的孕妇，应多吃绿叶蔬菜，如菠菜等，可每周补充 2 ~ 3 次猪肝或黑木耳，每次量不要太多；妊娠合并高血压的孕妇，要少吃蛋黄及无鳞鱼类，多吃鲜蘑菇等低脂、低蛋白的食物。

2. 几种营养元素的食物来源

以下介绍几种营养元素的食物来源，可作为搭配孕妇食谱的参考。

钙质：奶、豆腐、深绿色蔬菜、蛋黄。

铁质：牛肉、蛋黄、苹果及猪肝、猪腰等。

叶酸：猪肝、猪腰、新鲜水果等。

维生素 A：橙、柑、番茄、桃、胡萝卜、牛肉等。

B 族维生素：奶、鱼、肉、花生、蛋黄等。

维生素 C：橙、柑、番茄、芒果、蔬菜等。

二、孕妇盥洗、沐浴、更衣的注意事项

1）要注意水的温度不可过高。医学研究表明，水温过高会损害胎儿的中枢神经系统。据临床研究测定，孕妇体温较正常上升 2℃，就会使胎儿的脑细胞发育停滞；如果上升 3℃，则有杀死脑细胞的可能。脑细胞一旦损害，多为不可逆的永久性伤害。胎儿出生后可出现智力障碍，甚者形成畸形，如小眼球、唇裂、外耳畸形等，有的还可导致癫痫发作。一般来说，水的温度越高，损害越严重。所以，孕妇沐浴时水温应在 39℃ 以下。

2）冬季不宜在浴帐内沐浴。有些家庭为了避寒保温，冬天喜欢在卫生间支起浴帐在其中沐浴，常人尚可，孕妇就不太适宜。因为孕妇承担着母胎两人的氧气供应，耗氧量相对较多，一旦浴帐内氧气缺少，孕妇很快会出现头昏、眼花、乏力、胸闷等症状。另外，由于热水的刺激，会引起全身体表的毛细血管扩张，使孕妇脑部的供血不足，加上帐内缺氧，易发生晕厥。同时胎儿也会缺氧，伴有心跳加快，严重者还可使胎儿的神经系统发育受到不良影响。

3）孕妇应选择淋浴。妇女怀孕后机体的内分泌功能发生了多方面的改变，阴道内具有灭菌作用的酸性分泌物减少，体内的自然防御机能降低，此时如果选择盆浴，水中的细菌、病毒极易随之进入阴道、子宫，导致阴道炎、输卵管炎等，甚至传染上其他性病，影响母亲及胎儿的健康。立位洗澡应避免弯腰，尤其是妊娠晚期的孕妇。在没有洗淋浴的条件时可以擦澡或用脸盆、水桶盛水冲洗。

4）妊娠中、晚期，孕妇的行动渐不灵便，为确保安全，洗澡时应注意扶着墙边站稳，或坐在浴凳上防止滑跌。

三、孕妇出行的安全注意事项

1. 孕妇不宜出行的场所

公共游泳池一定不要去，以免引起皮肤及生殖道感染。公共卫生差的商店、街道、影剧院等不要去，以免传染上呼吸道疾病，影响健康。人声嘈杂或者机声隆隆的地方不要去，防止噪声对神经系统造成刺激和损伤。不要到卫生条件差的餐馆、食堂用餐，以防感染肠道疾病。避免到阴冷、潮湿（如防空洞、地下室）或高温的地方去，防止过分受寒、受潮、受热。有化学气味、烟味等刺激性气味的地方不要去，以免影响胎儿健康发育。保持良好的心理状态，力求生活在一个宁静、清洁、身心愉悦的环境里，这样，将有利于生出一个健康聪明的宝宝。

2. 孕妇出行的乘车

1）乘坐公交车。在有些公交车的专门位置设立了"孕妇专座"，可见准妈

妈中有相当大一部分是"公交族"，乘公交车比较方便、省体力，但仍有些特殊情况需注意。提前出门：从家出发赶往车站，然后在车站等车，要留出足够的时间，如果时间不充足，孕妇不要像其他人那样一溜小跑地奔向车站，甚至不顾一切地追赶即将发动的公交车，这都会造成危险。避开高峰期：遇到上班高峰期，公交车会非常拥挤，孕妇最好避开高峰期，如果做不到，也不要与他人争抢车门、座位，在推搡中最容易出现问题，特别是在孕早期，孕妇的体型变化不明显。小心车门：孕妈咪的衣服一般比较肥大，在乘公交车时要注意不要让车门夹住衣物，也注意不要让同车的乘客踩到，让人既尴尬又着急。避免争抢：孕妈咪上下车不仅不要和他人争抢，更要注意脚下的台阶。一旦见红、破水，千万不要乘公交车了，要尽快到熟悉的医院就诊。

2）乘坐私家车。避开汽车尾气污染：汽车的尾气污染更是准妈妈们呼吸的"杀手"，旧车尤为严重。如果觉得车内有明显的"呛鼻"尾气，则不要再乘坐这辆车。另外，即便是排放指标较好的车辆，也要尽量缩短乘坐时间。保持空气流通：每隔一段时间应将车窗打开一会儿，与车外空气保持对流。不过，如果在排队等候或遇到冒"黑烟"的车辆时，则需要暂时关闭车窗，以免有害气体进入。车内温度：虽然在私家车内可以躲避外面的风雨，但是体弱的准妈妈们还是要注意温度的变化。无论是开冷气还是开暖气，都要注意保持适当的温度设定，以免上下车后因为内外温差而产生不适。安全乘坐：孕妇乘坐的车辆必须由经验丰富、驾驶稳健的人驾驶。安全带目前仍然是保护孕妇的最佳方式，不过，使用方式必须正确。座椅椅面要调成前高后低的状态，靠背也要向后略微倾斜，这样在制动时孕妇就不会滑落。舒适乘坐：为防止乘车疲劳，孕妇上车时可换一双软拖鞋放松一下，也可以铺一块柔软的脚垫，脱掉鞋子，把脚放在脚垫上。同时，准备一些舒适的靠垫放在后背。再播放一些柔和的音乐，在缓解疲劳的同时，还能充当胎教的素材。适当活动：孕妇乘车的时间不宜过长，避免胎儿处于长期震动状态，也避免准妈妈下肢发生水肿，这些都会影响到将来的分娩。因此，每过一段时间要适当下车活动一下，以保持较好的血液循环。

3. 孕妇出行的时间

孕妇出行，旅游或者是出差，在妊娠中晚期，即三个月到28周以前，这段时间是相对安全的。但是总体来讲，孕妇出去旅游不能跑得太远。如果要度假，要观察当地的条件，孕妇有问题的时候，考虑当地能不能及时地处理，去玩的地方离当地的医院有多远。要保证一旦出现问题，可以及时得到救治。

4. 孕妇出行的饮食

准妈妈在怀孕期间很容易疲劳，因此，注意休息和及时恢复体力很重要。准妈妈自己在旅途中应该加倍照顾自己，可以利用乘坐交通工具的时候充分休息保存体力。由于舟车劳顿及时间上的不可掌控性使得孕妇更容易饥饿。另外，乘坐交通工具时孕妇也容易出现头晕、身体乏力等症状。因此，在旅行中应准备些能慢慢咀嚼的小零食以备不时之需，如薄荷糖、果仁、甘草柠檬，甚至芝士、酸乳酪等，可增强食欲，减轻恶心的感觉。此外，应该避免吃刺激性食物，如辛辣、油腻的东西，以及避闻刺鼻气味，这样对孕吐也稍有帮助。经过一天的疲劳过后，在酒店中冲个澡，做个轻柔的足部按摩都可以帮助孕妇迅速恢复体力，并有助于睡眠。

5. 孕妇远程出行前的准备

作为特殊保护对象，孕妇出发前必须充分做好准备工作：

1）有人陪同。孕妇最好不要一个人独自出行，而要有丈夫或朋友陪同。这样做的目的是以防不测。虽然孕中期身体状态较好，但也不能排除意外事件的发生。身边有人陪同，孕妇会有安全感，若发生意外也可以及时得到帮助。

2）选择安全的交通工具。孕妇不宜乘坐颠簸较大、时间较长的长途公共汽车。如果可能，尽量乘坐火车或飞机。尽管孕吐阶段已经过去，但晕车会引起呕吐，孕妇应携带几个塑料袋防吐。时间宽松自由：出门在外，人们都希望尽快办完事。但孕妇安排时间要宽松一些，保证充分的休息和睡眠。如果是旅行，要避免做长距离的旅行，因为长时间坐在车上摇晃对孕妇影响极大。最好采用能自我控制行程的旅游方法，尽量避免跟随团队观光旅行。

3）在出游前要做好旅行计划。不要让自己和胎儿太劳累。要避免去人多杂乱、道路不平的地方。旅游路线要尽量避开热门线路，选一些较冷门的线路出行，避开大城市，感受大自然的恩赐。热门旅游线路不但会造成飞机和火车购票、找旅馆困难和就餐服务水平下降、而且旅游景点人流过多、过于嘈杂。

4）出发前的产检。出发前必须去医院看一次妇产科医生，将整个行程向医生说明，以取得医生的指导；如果出门时正赶上做孕期检查，孕妇应及时在当地医院检查，而不应等回来以后再补，这样做便于掌握健康情况。产检医生应按孕妇的实际情况准备一些安全药物。如对孕妇安全的抗腹泻药、口服的肠胃药和外用的酒精棉片、止吐药、外伤药膏、蚊虫咬伤药膏等。旅行中要避免吃生冷、不干净或吃不惯的食物，以免造成消化不良、腹泻等身体不适；奶类、海鲜等易腐坏食物，若不能确定是否新鲜，应不食为宜；也可以在旅行中自备矿泉水或果汁。旅行结束以后，要到指定医院再检查一次。

5）同时注意尽量少带行李，鞋子要舒适合脚，衣服要宽松，吃饭时要考虑到自己的营养需求。出现异常时一定要请人帮助。

技能训练

技能训练1　为孕妇制作常规膳食

1. 盐焗虾

1）将锡纸铺在厚平底锅内部，均匀平铺上盐，表面撒上花椒粒、辣椒段，关盖加热 3 分钟左右至盐变烫。

2）码上事先挑去沙线并剪掉虾枪的新鲜活虾。

3）铺上香菜段，关盖焖 5 ~ 8 分钟，看虾全部变红并卷曲即可，如图 5-1 所示。

2. 鸽子汤

1）将山药洗净，切片。

2）将枸杞、党参、黑枣洗净备用，乳鸽洗净放入砂锅中，加适量清水。

3）烧开后，撇浮沫，然后加入料酒、葱、姜。

图 5-1　盐焗虾

4）再放入枸杞、党参、黑枣，大火烧开，转小火煲 1 小时左右，加入山药，煲至山药软烂，放盐调味后即可出锅，如图 5-2 所示。

3. 香菇豆腐鲫鱼汤

1）鲫鱼去鱼鳞、内脏和鱼鳃，切成 2 段，豆腐十字切开，一块分成 4 小块，香菇提前用水泡软切开，姜拍裂，香菜切段。

2）热锅下少许植物油把鱼煎至两面金黄，翻过来时加些盐，这时加盐煎鱼不会烂，煮汤时鱼也不易烂。

3）将煎好的鱼移入烧热的砂锅，加 500 毫升的热水和姜烧煮。

4）煎锅下豆腐和香菇，豆腐表面稍煎变色，香菇煎出香味。

图 5-2　鸽子汤

5）煎过的香菇豆腐也转移到砂锅里，盖上盖烧约 10 分钟。

6）出锅前加入香菜，如图 5-3 所示。

4. 肉末蒸蛋

1）鸡蛋加适量水打散，用保鲜膜包好，放入蒸锅中火蒸 15 分钟。

2）炒锅倒少许油，放入肉末煸炒出油。

3）烹入少许料酒、醋去腥，然后加少许五香粉、盐、老抽，放入葱末、姜末炒出香味儿后加少许水略煮就熟。

4）把炒好的肉末浇在蒸好的鸡蛋上就可以吃了，如图 5-4 所示。

图 5-3　香菇豆腐鲫鱼汤

图 5-4　肉末蒸蛋

技能训练 2　照护孕妇盥洗、沐浴、更衣

　　正处于怀孕期的女性，对生活上的一些细微小事，都是需要格外留心和注意的，包括洗澡。女性怀孕后，体内的内分泌会随之改变，影响新陈代谢，而新陈代谢的增强则会令汗腺以及皮脂腺分泌更加旺盛，孕妇出汗出油的情况会比普通人更加明显。为了保持皮肤的干净清洁，避免出现皮肤感染和尿路感染等，孕妇要比常人更勤加洗澡。可是孕妇在洗澡的时候如果不讲究方法，则很可能会影响自身和宝宝的健康，因此，孕妇洗澡是一件需要格外重视的事情。那么孕妇怎样洗澡才更科学呢？

　　首先，孕妇洗澡时要格外注意水温，不可过高。温度应调节到 39℃ 以下，应尽可能避免去澡堂洗温水池或盆浴，以免水浸及腹部。其次，孕妇的洗澡方式也应讲究，提倡站立淋浴，避免坐在盆里洗澡。孕妇如果坐浴，脏水里的细菌、病毒可能进入阴道、子宫，引起阴道炎、输卵管炎，或引起尿路感染，使孕妇出现畏寒、高热、腹痛等，并增加了吃药的机会，更易导致畸胎、早产。除此之外，孕妇洗澡时间不可过长，热水洗澡时一次以 20 分钟以内为宜。长时间处于浴室等密封的空间，容易因为空气减少、湿度上升而出现氧气供应不足的情况，这不仅会令孕妇出现头晕眼花等状况，对胎儿的健康也是十分不利的，因而孕妇洗澡时要严格控制时间。最后，准备好孕妇更换的内衣。孕妇的内衣内裤要每天更换、清洗，最好在阳光下晒干。内衣内裤要选择纯棉质地，不宜太紧身。

技能训练 3　陪同孕妇出行并准备出行物品

　　1. 出行需要带备的证件

　　（1）产前检查手册　万一需要就诊时可以有孕妇的详细资料，如果在怀孕 32 周后乘坐飞机还需要携带医生提供的适合乘坐飞机的证明。

　　（2）医生、亲友的通讯录　有需要时可以随时咨询医生，其他亲友的联系电话也都带着最好。

（3）钱包、银行卡　带卡出游是明智的选择，但也需要随身携带部分现金。

（4）身份证　身份证是出行必带的证件。

（5）机票或火车票　到了机场或车站才发现它不在身边，那可真够麻烦的，所以一定要事先准备好。

2. 出行需要带备的衣物

（1）宽大的衣服和裤子　穿着舒适的衣物出行是最适宜的，此外还应根据天气预报带好合适的衣服。

（2）防寒外套　尤其是季节交替之时，应备件外套，以备不时之需。

（3）弹性袜　长时间地乘车/船和飞机，穿上弹性袜有助于孕妇保持血液循环，缓解静脉肿胀。

（4）帽子　一顶能防风遮日的帽子，对很多孕妇而言是必要的。

（5）平底防滑的鞋子　出游中到处游走是难免的，一定要穿上最舒服的鞋子。

3. 食品和药品

（1）健康小零食　孕妇经常会感到饿，所以要根据自己的喜好，准备一些坚果、干果、小点心之类的小零食在路上吃。诱人的核桃仁、开心果既能充饥，又能补充孕妇所需的营养。酸枣糕和海苔的特别口味，也是众多孕妇所喜欢的。

（2）孕妇奶粉　平常吃的孕妇营养品在旅行时也不能忘记带。同时，叶酸片、钙片、孕妇用的维生素等也要备着。

（3）水　孕妇需要随时补充水分，外面的水不一定干净，最好自己备一些。

（4）日常药品　如抗腹泻药、肠胃药和止吐药等。

（5）创可贴　它看似不起眼，出门用处不小。

（6）蚊虫叮咬药膏　到野外少不了遭受蚊虫袭击。

4. 其他用品

（1）塑料袋　虽然孕中期妊娠反应已经不多，但还是要备几个塑料袋以防呕吐，如果用不上当作垃圾袋也不错，注意环保。

（2）保鲜袋　除了装食品的功能外，还可以在鞋袜潮湿又无法替换的情况下套在脚上，有效防止受凉。

（3）护肤用品　为了缩减行李，最好带迷你旅行装。

（4）防晒霜　不管是什么季节，最好时刻准备着防晒霜，用来抵挡对皮肤有害的紫外线，孕妈妈要注意选择柔和、无刺激的防晒霜。

（5）雨具　伞可用来防雨淋，还可遮挡烈日。雨衣可防雨又可保暖。

（6）卫生用品　除了一些日常用品，如毛巾、牙膏和牙刷之外，还要记得带上孕妇需要用到的卫生用品，如托腹带、护垫、纸巾、湿纸巾，以及可以清洁公用马桶盖的消毒喷剂等。

第二节　照护产妇

一、产妇膳食的制作要求

产妇的膳食要清淡，食品种类要丰富，经常变换花样，多做高营养的汤水，少用煎、炸等不利于产妇消化的烹调方法。北方人烹调时喜欢用各式各样的调料，其实产妇饮食应避免加太多调料，仅用少许葱姜即可。当然，盐也不可太多。

月子期间的饮食最好配合生理机能，采用阶段性食补为宜。第一周是新妈妈排恶露的黄金时期，同时产前的水肿以及身体多余的水分，也会在此时排出。因此，第一周暂时不要吃得太补，以免恶露排不干净。许多高热量的食品不宜早吃，像人参、桂圆、荔枝等食物在排完恶露后才能吃。

二、产妇盥洗、沐浴的注意事项

在老一辈人的观念里，不管是什么季节，产后是不能受风寒的，所以月子里洗澡是万万不能的。但是产妇在分娩过程中会大量出汗，而产后汗液会更多，长期不洗澡于产妇的身心健康都是不利的。产妇由于分娩时出血多，加上出汗、腰酸、腹痛，非常耗损体力，气血、筋骨都很虚弱，这时候很容易遭到风寒湿邪入侵，这就要求科学地照顾产妇的盆洗和沐浴。若自然分娩且无侧切伤口，在产妇体质许可的条件下，一般可于产后一个星期内开始洗澡，洗澡应采用淋浴。注意水温控制适当，不可超过42℃。放水时注意要先放凉水再放热水，以免导致孕妇烫伤。可拿温度计或直接用手测量温度。注意室温控制，洗后不宜马上开空调降低室温和开窗通风，以预防产妇感冒。洗浴期间家属或月嫂应陪同产妇进入浴室，协助其用淋浴洗发、洗浴。洗浴期间应避免产妇滑倒或摔伤等意外的发生。

三、产妇擦浴、更换衣物的注意事项

若自然分娩有侧切伤口或采用剖腹产，则应待侧切伤口或腹部伤口愈合后再进行淋浴，此前可给予擦浴。擦浴前应关好门窗，避免对流风。调节室温使其在26～32℃之间，调节水温使其在39～41℃之间。可用配制好的姜水作为擦澡水。中医理论认为：姜味辛性温，长于发散风寒，有活血驱寒、预防风湿头痛、杀菌消毒的功效。用毛巾沾湿、拧干，轻轻擦拭产妇的肚子及流汗较多的地方，夏天可早、中、晚各擦一次，若天气比较凉爽，则在中午擦洗一次即可，也可根据产妇的出汗情况决定擦洗次数。

产妇在洗头时，可能脱发较多，应告诉产妇这是正常现象，是由于雌孕激素在产后骤降所致，叮嘱产妇不必担心，此现象会随着自身激素水平的调节而改变。

产后乳腺管呈开放状，为了避免堵塞乳腺管，影响宝宝健康，胸衣应选择全棉透气性好的布料。内裤也应选择透气性好的布料。由于产后毛孔呈开放状，易出汗，每日应更换内衣裤。为防止产生感染，应避免选用化纤类内衣。

四、开奶与母乳喂养方法

（1）尽早开奶　使婴儿在出生后立即吮吸母亲乳头，鼓励母亲在产房内开始母乳喂养，有利于迅速分泌乳汁。每侧乳房至少喂5分钟。每次交替喂两侧乳房，每次均排空乳房，可增加乳汁的分泌量。

（2）按需哺乳　婴儿有吃奶的欲望，可以随时喂哺。这样既可以让婴儿获得充足的乳汁，又可以有效刺激乳汁分泌。两次喂奶间隔时间不能超过3小时。婴儿每天吃奶的次数和每次吃奶量都会有所不同。

（3）喂哺时间　最好选择在母婴双方都精神饱满、愉快的时候，这样有利于母亲每天把心理感受和体验传递给婴儿，并且能提高喂养的情绪与质量。注意总结婴儿吃奶的规律，理想的哺喂时间最好由婴儿进行自我调节。一般来说，满月时90%的婴儿可以建立起适合自己规律的、基本稳定的喂养习惯和时间。

（4）注意事项

1）指导产妇避免奶水流出太急，以免哺喂新生儿时发生呛奶。

2）防止乳房堵住新生儿鼻孔而发生新生儿窒息。

3）避免因含接姿势不正确造成乳头皲裂。

4）两侧乳房哺乳应按先后顺序交替进行，新生儿吸吮奶头时间不宜过长。（一侧不超过20分钟为宜）

5）不应让新生儿口含乳头睡觉，以防乳头皮肤皲裂，甚至发生新生儿窒息。

6）母乳喂养应遵循早开奶，按需哺乳的原则（没有时间与次数的限定）。

7）判定母乳是否充足的标准：能使新生儿每次安静睡眠两个小时左右，每天大便次数达到2~6次，呈金黄色糊状，每日小便次数达到10次左右，每日体重增长30~50克，第一个月增长600~1000克。如果新生儿不能达到以上标准，应该考虑适当添加配方奶。

五、产妇照护工作日志记录的内容

（1）刷牙　指导产妇使用温水刷牙，动作轻柔，每次2~3分钟即可。注意观察并记录产妇齿龈的健康状况。

（2）洗、擦浴　若自然分娩且无侧切伤口，且产妇体质许可，一般可于产后一个星期内开始洗澡，洗澡应采用淋浴；若自然分娩有侧切伤口或采用剖腹产，则应待侧切伤口或剖腹伤口愈合后再进行淋浴，此前可给予擦浴。注意观察记录伤口情况。

（3）洗头 注意观察记录掉发及产妇心态情况。

（4）记录膳食情况 包括膳食种类、产妇进食情况等。

技能训练

技能训练1 为产妇制作常规膳食

一、月子餐制作

1）制定月子餐食谱：产妇在坐月子期间身体处于一个特殊期间，除了补充足够的营养促进产后体力的恢复外，还要哺喂新生儿，因此需要均衡的营养素、多量的汤汁、多样化的主食、丰富的水果蔬菜，总合计大约每日3000千卡热量的摄入。由于产妇不定时哺乳，还需要每日增加就餐的次数，一般为每日6餐。

2）根据以上原则，每日分为早中晚三次主餐和上午10点、下午3点、晚上8点3次加餐。每天1～2杯牛奶，2～3个鸡蛋。中、晚餐一荤菜一素菜一汤，加餐可选择小点心、水果等，早餐和晚上加餐可以选择多种多样的粥和馄饨等，每天的主食要富于变化。

3）家政服务员可以按照以上原则，并根据产妇的口味商量制定月子餐的食谱。

4）采购：要选择没有或少有农药污染的绿色蔬菜水果，在正规商店里购买经过国家检疫合格的肉类品。

二、月子汤的制作

1. 羊肉月子汤

材料：羊肉650克，当归、生姜片各20克，精盐、料酒、酱油、味精各适量。

做法：将当归洗净，切成片，待用。把羊肉剔去筋膜，放入沸水锅内焯去血水后，过清水洗净，用刀斩成小块，待用。将瓦煲洗净，加入清水适量，置于火上，用旺火煮沸。加入当归片、羊肉块、生姜片、料酒，加盖。用小火煲3～4小时后，撒入精盐、味精调味即可食用，如图5-5所示。

功效：补气养血，温中暖肾。适用于产后气血虚弱、阳虚失温所致的腹痛。同时，此汤还可以用来治疗血虚乳少、恶露不止等病症。

2. 鸡子羹

材料：鸡蛋3个，阿胶30克，米酒100毫升，精

图5-5 羊肉月子汤

盐适量。

做法：先将鸡蛋打入碗里，用筷子均匀地打散。再把阿胶打碎放在锅里浸泡，加入米酒和少许的清水用小火炖煮。待煮至胶化后往里倒入打散的鸡蛋液，加上一点点盐调味，稍煮片刻后即可盛出食用，如图5-6所示。

功效：鸡蛋含有丰富的营养，一直是女性做月子的最佳补益品之一。阿胶具有补血、止血的功效，对子宫出血具有辅助治疗作用。此食疗方既可养身又可止血，对产后阴血不足、血虚生热、热迫血溢引起的恶露不尽有治疗作用。

3. 益母木耳汤

材料：益母草50克，黑木耳30克，白糖30克。

做法：益母草用纱布包好，扎紧口；黑木耳水发后去蒂洗净，撕成碎片。锅置火上，放

图5-6　鸡子羹

入适量清水、药包、木耳煎煮30分钟，取出益母草包，放白糖，略煮即可，如图5-7所示。

功效：益母草是妇科用药，不论胎前、产后都能起到生新血去瘀血的作用。木耳有凉血止血的作用。此汤能养阴清热、凉血止血。可用于产后血热、恶露不尽。症状为产后恶露不止，量多，色紫红，质勃稠，有臭味，面色潮红。

4. 猕猴桃红枣饮

材料：猕猴桃1个，红枣3枚，红糖适量。

做法：将红枣洗净去核，猕猴桃去皮切片，将红枣与猕猴桃放入锅中加适量清水用大火烧沸，再用小火炖几分钟，放入搅拌机搅拌均匀，倒入杯中，加入红糖搅拌均匀即可，如图5-8所示。

图5-7　益母木耳汤

功效：月子里常吃红枣和红糖的新妈妈可品尝一下有猕猴桃味道的糖水，会感觉很清爽，有利于铁质的吸收，务必趁热饮用。

5. 黑芝麻糯米粥

材料：糯米200克，黑芝麻60克，红糖适量。

做法：将黑芝麻去除杂质洗净沥干后放入锅内炒熟，压成碎末。糯米洗净，加入适量清水，大火烧开后，转小火熬至米烂粥稠时，再加入黑芝麻末，待粥微滚加入红糖即成，如图5-9所示。

图5-8　猕猴桃红枣饮

图5-9　黑芝麻糯米粥

功效：此粥可补血、润肠、排除恶露。

技能训练2　照护产妇盥洗和沐浴

洗擦浴分为三个步骤：洗擦前的准备、洗擦浴、洗后保暖。

1）洗擦前的准备。关闭电风扇及空调，关好门窗，避免对流风。调节室温及浴室内温度为26～32℃，调节水温为39～41℃，可拿水温计测量温度。备好洗浴用品：浴液、洗发液、浴巾等。准备好干净、柔软、全棉的衣服。

2）洗擦浴及淋浴。

擦浴时要避开刀口，观察恶露。擦浴时手的力度不可太重，被子要轻拿轻盖。然后在同等条件下另行洗发。擦浴完毕给产妇按摩四肢放松心情。

淋浴时不要空腹，每次洗澡的时间不宜过长，一般5～10分钟即可。请产妇进入浴室用淋浴洗发、洗浴。

3）洗后保暖。洗浴后，协助产妇穿好衣服，暂不外出。然后调节室温至22～26℃。

洗头：洗头发的准备工作与洗澡相同，洗头发后的保暖也与洗澡保暖相同。

技能训练3　指导产妇哺喂新生儿

1. 喂奶前的指导

1）在母乳喂养前，先给新生儿换清洁尿布，避免在哺乳时或哺乳后给新生儿换尿布。翻动刚吃过奶的新生儿容易造成溢奶。

2）准备好热水和毛巾，请产妇洗手。用温热毛巾为产妇清洗乳房。

3）乳房过涨应先挤掉少许乳汁，待乳晕发软时再开始哺乳。（母乳过多时采用）

2. 喂奶后的指导

1）哺乳后将新生儿竖抱。

2）用空心掌轻轻拍打后背，使新生儿打嗝后再让其躺下安睡。如未能拍出嗝，则可多抱一段时间，放在床上时让其右侧卧位，以避免呛奶。

技能训练 4　填写产妇照护工作日志（根据产妇关键内容制表，一般以第一周为例，表格的制定可根据内容调整，见表5-1）

表5-1　产妇照护工作日志　　　　　　　　　　__年__月__日

时间	事　情
5：30	起床，清洗，做产妇早餐、营养餐，奶具消毒
7：00	协助产妇起床、洗漱，观察产妇恶露情况，吃早餐，清洗厨房
8：30	给新生儿换洗尿布，清洗新生儿衣物、产妇衣物，吃奶
9：30	给产妇加餐，吃水果
10：30	做午餐
11：30	吃午餐，以及清洗餐具，进行厨房清洁
13：30	午休
14：30	给新生儿换尿布，吃奶
15：00	给新生儿晒太阳
15：30	给新生儿加餐，吃水果
16：00	为产妇进行乳房护理，协助产妇做产妇操，为产妇进行心理疏导
17：00	给新生儿喂水、喂奶，换尿布，早教
17：30	做晚饭，吃晚饭
19：00	厨房清洗
19：30	调整室温，给新生儿洗澡、抚触
21：00	协助产妇洗漱，进行卫生清洁
21：30	个人卫生，就寝
产妇特别情况及处理措施	
新生儿特别情况及处理措施	

第三节　照护新生儿

一、奶具的消毒方法与注意事项

将清洗干净的奶具放置于专用消毒锅内，蒸汽消毒 10 ~ 15 分钟（注意将奶嘴拧下）。或将奶瓶、奶嘴放入铁锅里进行煮沸消毒 10 ~ 15 分钟。如中途放置其他奶具，需要重新计时。注意不要用手直接接触消毒后的奶瓶口及奶嘴，应用夹子取出。

二、新生儿人工喂养的方法与注意事项

1）给新生儿喂奶，以坐姿为宜，让新生儿头部靠着产妇的肘弯处，背部靠着前手臂处，呈半坐姿态。

2）喂奶时，先用奶嘴轻触新生儿嘴唇，刺激新生儿吸吮反射，然后将奶嘴小心放入新生儿口中，注意使奶瓶保持一定倾斜度，并保证奶瓶里的奶始终充满奶嘴，防止新生儿吸入空气。

3）中断给新生儿喂奶，指导产妇只要轻轻地将小指滑入其嘴角，即可拔出奶嘴，中断吸奶的动作。

注意事项：

1）避免配方奶温度过热烫伤新生儿，或因奶嘴滴速过快，新生儿来不及咽下而发生呛奶。

2）避免奶瓶、奶嘴等用具消毒不洁造成新生儿口腔、肠胃感染。

3）严格按照奶粉外包装上建议的比例用量冲调奶粉。

三、托抱新生儿的注意事项

1）要注意支撑新生儿的头部和颈部。出生不久的新生儿，头大身子小，颈部肌肉发育还不成熟，也没有力量支撑起整个头部的重量。所以抱新生儿时，一定要托着头，以免伤到颈部。

2）要多与新生儿交流。在抱着新生儿时，要同他/她说话、唱歌，用眼睛温柔地注视新生儿，进行目光交流。这种感情交流，可以使新生儿的视野更开阔，受周围环境的刺激更多，对新生儿的大脑发育、精神发育以及身心成长都有着极大的好处。

3）让新生儿紧贴胸部。因为新生儿在母体内听惯了母亲的心跳，出生后让他/她再听到熟悉的声音会产生一种亲切感，也更容易适应这种情境，从而使情绪平复下来。所以抱新生儿时，要将他/她的头部放在贴近心脏的位置，让他/她

能听到大人的心跳的节奏，这样会使他/她有安全感。

四、新生儿盥洗、沐浴的注意事项

1）避免洗澡时室温太低，导致新生儿受凉。

2）倒水时应先放凉水，后加热水，以免烫伤新生儿。

3）避免一手抱孩子，一手做其他事情，以免发生危险。

4）洗澡时间不宜过长，以10分钟左右为宜。

5）洗澡时，家政服务员及产妇应保持微笑，并和新生儿说话，增加感情交流。

6）洗澡时，应注意观察新生儿是否有异常情况发生，早发现问题早处理。

7）先倒少许爽身粉在手上，然后轻轻擦拭，避免粉尘影响新生儿呼吸。

8）不要将爽身粉涂于新生儿外阴，特别是女婴。

五、新生儿的生理特点

1）呼吸：新生儿呼吸以腹式呼吸为主，呼吸较浅，频率较高，一分钟40次左右。

2）循环：新生儿心率每分钟120～160次。

3）睡眠：新生儿每天要睡18～20小时左右，有个体差异。

4）溢奶：新生儿的胃呈水平位，并且容量较小，当胃内有空气时，乳汁容易溢出。

5）神经反射：新生儿一出生就具有许多原始反射，如觅食、吸吮、吞咽、惊吓等反射。

6）生理性黄疸：大部分新生儿在出生后2～3天会出现黄疸，4～6天达到高峰，足月儿10～14天消退，早产儿2～3周消退。在此期间如小儿除黄疸外其他情况良好，食欲佳，无其他异常情况，不需要治疗。

7）生理性体重下降：出生后因排出胎粪和小便、水分蒸发、补充不足而导致出生后2～5日体重较出生时有所减轻，多与新生儿脱水热同时发生。体重下降一般不应超过出生时体重的10%，10日内应恢复至出生时的体重。

8）生理性阴道出血及乳腺肿大：受母体内雌性激素水平影响，部分女婴于出生后5天阴道有少量出血，1～2天自止。部分男女婴出生后3～5天乳腺肿大如黄豆至鸽蛋大小，于2～3周后消退。

9）排尿、排便：新生儿排出的第一次尿是浓缩的，常含有尿酸盐，能把尿布染成粉红色。出生后第一天排出的胎便呈绿色黏稠状。

技能训练

技能训练1　清洗、消毒奶具

新生儿的消化系统十分敏感，很容易发生细菌感染，所以在人工喂养的各种操作过程中，必须重视调乳器具的清洁、消毒工作，以避免奶瓶、奶嘴等用具不洁而造成新生儿口腔、肠胃感染。

第一步：清洁。

奶具使用后应立即将奶瓶及奶嘴进行拆分。

清洗时，选择专用的奶瓶刷、奶嘴刷和奶瓶清洗剂；每次清洗时要将奶嘴和奶瓶分别清洗干净，要注意细节处的清洗；用清水将清洗后的奶瓶、奶嘴冲刷干净，避免清洁剂残留。

将清洗好的奶具控水或放置晾干备用。

第二步：消毒。

使用消毒专用锅、蒸汽锅等对奶具进行消毒。

煮沸消毒：将奶瓶、奶嘴放进平底锅，煮10分钟，需要使用时再取出。

技能训练2　为新生儿冲调奶粉

第一步：洗净双手，拿出经过清洁与消毒的奶嘴、奶瓶。

第二步：加入适温适量的开水。

先往奶瓶中加入40℃左右的温开水，或把温开水放在手臂内侧，以感觉不烫为宜。具体水量参照奶粉包装上的说明。

第三步：量出精确量的奶粉。

一般情况下，奶粉包装内都会附带一个专用量勺，包装上会写明不同月龄婴儿所需奶粉的准确配比和每次大致的喂哺量。按照说明加入精确量的奶粉即可。

第四步：摇匀奶液。

套上奶嘴，把奶嘴拧紧，将奶瓶沿顺时针或逆时针一个方向轻轻地摇动，摇匀奶液，使奶粉充分溶解。

第五步：测奶温。

在喂新生儿之前，先试试配方奶的温度。可滴一滴奶液于手臂内侧，以感觉稍热最为合适，一般在37℃左右。

冲调奶粉的注意事项如下：

1）切记先加奶粉后加水。

2）宜即冲即食，没吃完的剩奶要倒掉，千万不能放在保温的器具里，以防奶液变质，也不宜用微波炉热奶，以避免奶液受热不均或过烫。

3）应严格按照产品说明进行奶粉调配，避免过稀或过浓，或额外加糖。

4）当新生儿患病服药时，不可将药物加到奶粉中给新生儿服用。

技能训练3　给新生儿喂奶和水

第一步：给新生儿喂奶，以坐姿为宜，让新生儿头部靠着产妇的肘弯处，背部靠着前手臂处，呈半坐姿态。

第二步：喂奶时，先用奶嘴轻触新生儿嘴唇，刺激新生儿吸吮反射，然后将奶嘴小心放入新生儿口中，注意使奶瓶保持一定倾斜度，并保证奶瓶里的奶始终充满奶嘴，防止新生儿吸入空气。

第三步：中断给新生儿喂奶，指导产妇只要轻轻地将小指滑入其嘴角，即可拔出奶嘴，中断吸奶的动作。

新生儿喂水：母乳喂养的新生儿无须额外补充水分，人工喂养的新生儿应适当补充水分。一般可在两次喂奶中间喂一次水，饮水量约是奶量的1／2，夜间不喂水。要喝温的白开水，不要给新生儿喝葡萄糖水、蜂蜜水、果汁等。

技能训练4　托抱新生儿

刚出生的新生儿，支配颈部和肌肉的神经还没有长好，颈部肌肉松软，所以除拍嗝外不宜将新生儿竖直抱起。正确抱新生儿的姿势是躺抱：产妇要放松上身肢体，肘关节约呈80度角，将婴儿横抱在自己怀里，使其头部靠在产妇的前臂上，并将耳朵贴在产妇胸前，让新生儿听到产妇心跳的声音，胎儿在母体内听惯了母亲心跳的声音，出生后又重新听到了熟悉的声音，会产生安全感。

1）要注意支撑新生儿的头部和颈部。出生不久的新生儿，头大身子小，颈部肌肉发育还不成熟，也没有力量支撑起整个头部的重量。所以抱新生儿时，一定要托着他／她的头，以免伤到颈部。

2）要多与新生儿交流。在抱着新生儿时，要同他／她说话、唱歌，用眼睛温柔地注视新生儿，进行目光交流。这种感情交流，可以使新生儿的视野更开阔，受周围环境的刺激更多，对新生儿的大脑发育、精神发育以及身心成长都有着极大的好处。

3）让新生儿紧贴胸部。因为新生儿在母体内听惯了母亲的心跳，出生后让他再听到熟悉的声音会产生一种亲切感，也更容易适应这种情境，从而使情绪平复下来。所以抱新生儿时，要将他／她的头部放在贴近心脏的位置，让他／她能听到大人的心跳的节奏，这样会使他／她有安全感。

技能训练5　照护新生儿的盥洗、沐浴

1）给新生儿洗澡应把室温调节好，以24～28℃为宜。如果室温达不到，可用浴帘围住保证温度。在洗澡前要把用具准备好，包括浴盆、小毛巾、浴巾、更换的衣服、尿布等。倒入洗澡水，用手背或肘部试水温，水温38～40℃为宜。给新生儿洗澡，重点部位是脸、脖子、屁股以及皮肤的皱褶处。新生儿不要用肥皂，用清水就可以了。新生儿的皮肤暴露在空气中会使他／她觉得冷，因而动作要快。

2）在新生儿脐带没有脱落以前，不能将他/她放进水中洗澡，以免弄湿脐带。可以上下身分开洗，先把新生儿的下身包好，然后用左肘部和腰部夹住新生儿的屁股，左手掌和左臂托住新生儿的头，这样就可以开始洗了。

3）先清洗脸部，左手拇指和中指分别堵住新生儿的耳道，用小毛巾蘸水轻拭新生儿的脸颊，眼部由内而外，再由眉心向两侧轻擦前额。洗耳朵时，用手指裹毛巾轻擦耳廓及耳背。不要过深探入鼻孔、耳道进行清洁。把脸擦拭干净就可以洗头了，洗头时将洗头水搓在手上，然后轻柔地在新生儿头上揉洗。有时婴儿头上会出现鳞状斑块，别用指甲去抠，它会自动脱落。洗净头后，再分别洗颈下、腋下、前胸、后背、双臂和手。由于这些部位十分娇嫩，容易糜烂，因此清洗时注意动作要轻。

4）洗完上身后用浴巾包裹住，再把新生儿的头部靠在左肘窝，左手握住新生儿的左大腿洗下半身的臀部、大腿根、小腿和脚。要注意清洗皮肤皱褶处。洗完后用浴巾把水分擦干，动作要快。用爽身粉少而匀地扑在皮肤皱褶处，并用碘酒轻擦肚脐。最后给新生儿穿上干净的衣服，用尿布包好，整个过程就结束了。

技能训练6　为新生儿穿、脱并洗涤衣服或纸尿裤等

给新生儿穿衣服的方法如下：

1）将胸前开口的衣服打开，平放在床上。

2）让新生儿平躺在衣服上，成人的一只手将新生儿的手送入衣袖，另一只手从袖口伸进衣袖，慢慢将新生儿的手拉出衣袖。同时成人的另一只手将衣袖向上拉。之后，用同样的方法穿对侧衣袖。

3）把穿上的衣服拉平，系上系带或扣上纽扣。用同样的方法穿外衣。

4）穿裤子比较容易，成人的手从裤管中伸入，拉住新生儿的小脚，将裤子向上提，即可将裤子穿上。气温不是很低时，可不穿裤，直接穿上纸尿裤。

穿连身衣时，先将连身衣纽扣解开，平放在床上面。先穿裤腿，再用穿上衣的方法将手穿入袖子中，然后扣上所有的纽扣即可。连身衣穿脱方便，穿着也舒服，保暖性能也很好。给新生儿穿套头衫和衬衫的时候，要记住，他/她的头是椭圆形的而不是圆形的。如果领口小，要把套头衫的下摆提起，挽成环状，先套到新生儿的后脑勺上，然后再向前往下拉。在经过新生儿的前额和鼻子的时候，要用手把衣服伸平托起来。新生儿的头套进去以后，再把他/她的胳膊伸进去。

给新生儿脱衣服的方法如下：

大多数宝宝都不喜欢脱衣服，一是因为脱下暖和的外套后就得接触冷空气；二是在脱衣服的时候，胳膊和腿很容易被挤压。因此，在脱衣服的时候，应该尽量减少脱衣给宝宝带来的不适感。可以让宝宝仰卧在暖和的台面上，而且脱衣服的动作要轻柔、迅速。给宝宝脱衣服时，应先用拇指把衣服撑开，把手伸进衣服内撑着衣服，这样宝宝的脖子才能穿过，记住，一定要把衣服撑起来，不能盖在宝宝的脸上，并且要用手护住他/她的头，不能让衣服盖住他/她的前额和鼻子。

复习思考题

1. 孕妇的膳食原则是什么？
2. 开奶与母乳喂养的方法有哪些？
3. 产妇擦浴、更换衣物的注意事项有哪些？
4. 托抱新生儿的注意事项有哪些？

第六章

照护婴幼儿

培训学习目标

1. 掌握婴幼儿生理发育特点。
2. 了解照护婴幼儿膳食与起居需要注意的问题。
3. 掌握照护婴幼儿膳食与起居的基本技能。

第一节 照 护 膳 食

一、婴幼儿膳食器具清洁、消毒的注意事项

餐具清洁和消毒的过程如下：先是对奶瓶、奶嘴消毒，用刷子刷干净后放入热水中煮沸即可，注意奶瓶、奶嘴要分开，奶瓶10分钟，奶嘴3分钟。然后是碗筷的消毒，正常情况下用流动水清洗就可以，在婴儿生病时清洗后要煮沸消毒，然后再进行清洗。

二、婴幼儿生理发育的特点

婴幼儿调温中枢尚未发育成熟，皮下脂肪薄，体表面积相对较大而易于散热，体温会很容易随外界环境温度的变化而变化。

三、婴幼儿人工喂养的方法与注意事项

人工喂养的方法如下：

1）配方奶喂养：宝宝需要吃多少配方奶以及吃配方奶的频率，都取决于宝宝的年龄、体重等。

2）混合喂养：母奶不足需加其他代乳食品，如牛奶、奶粉，使婴儿吃饱，

维持正常的生长发育，称为混合喂养。

混合喂养是在确定母乳不足的情况下，以其他乳类或代乳品来补充喂养婴儿。混合喂养虽然不如母乳喂养好，但在一定程度上能保证母亲的乳房按时受到婴儿吸吮的刺激，从而维持乳汁的正常分泌，婴儿每天能吃到 2～3 次母乳，对婴儿的健康仍然有很多好处。混合喂养每次补充其他乳类的数量应根据母乳缺少的程度来定，喂养方法有两种，分别为补授法和代授法。

注意事项：

1）选择好的代乳食品，4 个月以内的婴儿可选择蛋白质含量较低的婴儿配方奶，6～8 个月的婴儿可选用蛋白质含量较高的配方奶。那些对乳类蛋白质过敏的患儿，可选用以大豆作为蛋白质的配方奶。新鲜牛奶要经煮沸消毒、稀释及加糖调配后食用。

2）奶量按婴儿体重计算，每日每千克体重需牛奶 100 毫升，如婴儿 6 千克重，每天就应吃牛奶 600 毫升，约 3 瓶奶，每 3～4 小时喂 1 次奶。

3）需要注意的是奶粉不能过浓，也不能过稀。过浓会使宝宝消化不良，大便中会带有奶瓣；过稀则会使宝宝营养不良。

4）母亲每次喂奶前试奶温，可将乳汁滴几滴于手背或手腕处，试试奶温，以不烫手为宜。

5）喂奶时，奶瓶斜度应使乳汁始终充满奶头，以免婴儿吸入空气。哺乳后应将婴儿竖抱拍嗝。

6）母乳中水分充足，因此吃母乳的宝宝在 6 个月以前一般不必喂水，而人工喂养的宝宝则必须在两顿奶之间补充适量的水。

7）宝宝用的奶瓶、奶嘴必须每天消毒，可以用专用消毒锅消毒，也可以清洗后高温蒸煮 10 分钟左右。

8）4 个月以内的婴儿不宜以米糊为主食，以免引起蛋白质缺乏而导致营养不良。

9）应提早添加辅助食品，如婴儿米粉及麦粉，其营养均衡全面，蛋白质、脂肪含量较高，还含有多种蛋白物质及维生素，容易消化吸收，能满足婴儿生长发育需要。

四、婴幼儿辅食的添加与制作方法

1. 米粉

原料：1 匙米粉，温水。

做法：1 匙米粉加入 3～4 匙温水，静置后，用筷子按照顺时针方向调成糊状。

2. 米汤

原料：大米。

做法：将锅内水烧开后，放入淘洗干净的 200 克大米，煮开后再用文火煮成烂粥，取上层米汤即可食用。

功效：米汤汤味香甜，含有丰富的蛋白质、脂肪、碳水化合物及钙、磷、铁、维生素 C、维生素 B 等。

3. 鱼泥胡萝卜泥米粉

原料：河鱼或海鱼，胡萝卜。

做法：选择河鱼或海鱼，蒸熟，取出肉，并小心将鱼刺全部除去，压成泥即可。将做好的少量鱼泥，连同胡萝卜泥一起拌在米粉里。

4. 蛋黄泥

原料：鸡蛋 1 个。

做法：将鸡蛋煮熟，用筛碗或勺子将其碾成泥，加入适量开水或配方奶调匀即可。最初要从 1/8 个蛋黄开始添加，根据宝宝的接受程度逐步添加至 1/4、1/3。

功效：补充宝宝逐渐缺失的铁，蛋黄中的铁含量高，同时维生素 A、D 和 E 与脂肪溶解容易被机体吸收和利用。

5. 牛奶红薯泥

原料：红薯 1 块，奶粉 1 勺。

做法：将红薯洗净去皮蒸熟，用筛碗或勺子碾成泥。奶粉冲调好后倒入红薯泥中，调匀即可。

6. 鸡汤南瓜泥

原料：鸡胸肉 1 块，南瓜 1 小块。

做法：将鸡胸肉放入淡盐水中浸泡半小时，然后将鸡胸肉剁成泥，加入一大碗水煮。将南瓜去皮放到另一锅内蒸熟，用勺子碾成泥。

当鸡肉汤熬成一小碗的时候，用消过毒的纱布将鸡肉颗粒过滤掉，将鸡汤倒入南瓜泥中，再稍煮片刻即可。

功效：鸡肉富含蛋白质，南瓜富含钙、磷、铁、碳水化合物和多种维生素，其中胡萝卜素含量较丰富。

7. 南瓜汁

原料：南瓜 100 克。

做法：南瓜去皮，切成小丁蒸熟，然后将蒸熟的南瓜用勺压烂成泥。在南瓜泥中加适量开水稀释调匀后，放在干净的细漏勺上过滤一下取汁食用。南瓜一定要蒸烂。也可加入米粉中喂宝宝。

8. 肉末粥

原料：新鲜猪肉 1 小块。

做法：将肉整块煮烂，取出剁烂成末。

将适量肉末加入菜粥或烂面条中煮沸后食用。

9. 香蕉粥

原料：香蕉 1 小段、奶粉 2 勺。

做法：将香蕉剁成泥放入锅中，加清水煮，边煮边搅拌，成为香蕉粥。奶粉冲调好，待香蕉粥微凉后倒入，搅拌匀。

功效：香蕉中含有丰富的钾和镁，其他维生素和糖分、蛋白质、矿物质的含量也很高。此粥不仅是很好的强身健脑食品，更是便秘宝宝的最佳食物。

五、婴幼儿呛奶、呛水处理的注意事项

呛奶、呛水是进入胃内的奶汁、温水又通过食道反流进入口腔的过程。当孩子再次吞咽时，如果吞咽不良有可能造成奶汁、温水刺激喉部引起呛奶、呛水。若想预防呛奶、呛水，应该将孩子的床置于 15 度斜坡状，而不是仅仅将头部抬高。呛奶、呛水后应让宝宝趴在床上或是照料者的腿上，用一只手轻轻托住宝宝的下巴（头的位置要比肩膀低），另一只手在宝宝的背上（肩胛骨中间的地方）大力点拍，直到他/她吐出东西为止。

技能训练

技能训练 1　清洁、消毒婴幼儿膳食器具

哺喂用具是宝宝的亲密伙伴，总是装着香甜的奶液、鲜美的辅食，但很容易滋生细菌。因此，及时清洗、认真消毒、妥善保管是非常重要的。

1）奶瓶、奶嘴、吸管等都应该用相应的清洗刷来刷洗。玻璃奶瓶用尼龙奶瓶刷，而塑料奶瓶应该使用海绵奶瓶刷。

2）消毒的方法有多种，耐用又有效的方法就是煮沸消毒，采用蒸气来杀死病毒与细菌。传统的煮沸，要看着火和控制煮沸的时间，以防把奶瓶等煮坏了。消毒完毕的餐具应该妥善收放，以防二次污染，前功尽弃。把消毒后的奶瓶放在消毒锅中，有需要再取。

技能训练 2　给婴幼儿冲调奶粉

大多数的婴儿奶粉包装上都有冲调说明，在为宝宝冲调奶粉之前应仔细阅读，但在具体操作时仍要注意以下几点：

1）给孩子冲奶粉一定要先倒入开水冷却至 40 ~ 50℃的时候再根据勺子大小添加相应的奶粉，一般在 30 毫升水中加入一平勺奶粉，摇匀就可以了。如果水温太高就会把奶粉里的营养成分打散，影响吸收。水温太低也不好，用 40 ~ 50℃的温水冲奶粉会让奶粉里的营养更加完整地释放，让孩子更好地吸收。切忌先加奶粉后加水。最好现配现吃，以避免污染。

2）切忌自行增加奶粉的浓度及添加辅助品。因为这样会增加婴儿的肠道负担，导致消化功能紊乱，引起便秘或腹泻，严重的还会出现坏死性小肠结肠炎。此外，当婴儿患病服药时，不可将药物加到奶粉中给婴儿服用。

3）切忌将已冲调好的奶粉再次煮沸。已经冲调好的奶粉若再煮沸，会使蛋白质、维生素等营养物质的结构发生变化，从而失去原有的营养价值。

如果要转奶的话（不同品牌不同阶段换奶粉都属转奶）要有"渡奶"期，把要换的新奶粉和旧奶粉掺在一起冲调，第一次掺1/3，第二次就可以掺1/2，大概一个星期就可以完成转换了。

技能训练3　给婴幼儿喂奶、喂水、喂食

喂奶、喂水的方法同第五章第三节技能训练3。

喂食的方法如下：

1）选择好的代乳食品。4个月以内的婴儿可选择含蛋白质较低的婴儿配方奶，6~8个月的婴儿可选用蛋白质含量较高的配方奶。那些对乳类蛋白质过敏的患儿，可选用以大豆为主要原料的配方奶。新鲜牛奶要经煮沸消毒、稀释及加糖调配后食用。

2）掌握喂养时间及次数。喂奶间隔白天、晚上应该一样。婴幼儿胃容量很小，能量储存能力也比较弱，需要不断补充营养。婴幼儿吃奶次数多，夜间也不会休息。因此喂奶的间隔，白天和晚上差不多是一样的。随着日龄的增大，宝宝夜间吃奶次数逐渐减少，慢慢就养成了白天吃奶，晚上不吃奶的习惯了。

3）奶粉的浓度要适宜。人工喂养婴幼儿时，需要注意的是奶粉的浓度不能过浓，也不能过稀。过浓会使宝宝消化不良，大便中会带有奶瓣；过稀则会使宝宝营养不良。

婴幼儿喝的牛奶浓淡应该与宝宝的年龄成正比，其浓度要按月龄逐渐递增。

4）婴幼儿不需要添加乳品以外的饮品。不管是母乳喂养，还是混合喂养、人工喂养，婴幼儿都不需要添加乳品以外的饮品。婴幼儿胃肠道消化功能尚没有发育完善，各种消化酶还没有生成，肠道对细菌、病毒的抵御功能很弱，对饮品中所含的一些成分缺乏处理能力。如果给婴幼儿喝其他饮品，可能会造成婴幼儿消化功能紊乱，引起腹泻等症状。但人工喂养的宝宝则必须在两顿奶之间补充适量的水。

技能训练4　给婴幼儿制作三种以上主食、辅食

（1）鱼泥胡萝卜泥米粉

原料：河鱼或海鱼，胡萝卜。

做法：选择河鱼或海鱼，蒸熟，取出肉，并小心将鱼刺全部除去，压成泥即可。将做好的少量鱼泥，连同胡萝卜泥一起拌在米粉里。

（2）牛奶红薯泥

原料：红薯1块，奶粉1勺。

做法：将红薯洗净去皮蒸熟，用筛碗或勺子碾成泥。奶粉冲调好后倒入红薯泥中，调匀即可。

（3）鸡汤南瓜泥

原料：鸡胸肉1块，南瓜1小块。

做法：将鸡胸肉放入淡盐水中浸泡半小时，然后将鸡胸肉剁成泥，加入一大碗水煮。将南瓜去皮放到另外的锅内蒸熟，用勺子碾成泥。当鸡肉汤熬成一小碗的时候，用消过毒的纱布将鸡肉颗粒过滤掉，将鸡汤倒入南瓜泥中，再稍煮片刻即可。

（4）肉末粥

原料：新鲜猪肉1小块。

做法：将肉整块煮烂，取出剁烂成末。将适量肉末加入菜粥或烂面条中煮沸后食用。

（5）香蕉粥

原料：香蕉1小段、奶粉2勺。

做法：将香蕉剁成泥放入锅中，加清水煮，边煮边搅拌，成为香蕉粥。奶粉冲调好，待香蕉粥微凉后倒入，搅拌匀。

技能训练5　处理婴幼儿呛奶、呛水

1）如婴幼儿为仰睡，溢奶时可先将其侧过身，让溢出的奶流出来，以免呛入气管。

2）如婴幼儿嘴角或鼻腔有奶流出，应首先用干净的毛巾把溢出的奶擦拭干净，然后把婴幼儿轻轻抱起，拍其背部一会，待婴幼儿安静下来再放下。

注意事项：

1）每次喂完奶后均应拍嗝，时间长短因人而异。

2）婴幼儿每次吃完奶后应以右侧卧位为宜。

3）溢奶后一定要及时清理干净口、鼻中溢出的奶、水，以防吸入气管。

第二节　照护起居

一、婴幼儿安全照护的注意事项

1）不要给宝宝小东西玩（如纽扣、小圆珠、硬币等），以防止宝宝吞咽，造成危险。

2）不给宝宝玩塑料袋，以免吸附在脸上，遮住口鼻，引起窒息。

3）宝宝在学步车中移动时，要在旁监护，以免宝宝撞到尖锐角、翻车等。

若照护者暂时离开，应将学步车固定住。

4）开水应放在宝宝碰不着的地方，以免弄翻，造成烫伤。

5）电源插线板（及墙上的电源插孔）要保护好，宝宝都喜欢插小孔玩弄，以免造成触电。

6）宝宝睡觉时，头部（上面）不要悬挂东西，以免滑落砸在脸上或覆盖住口鼻。

7）喂食时食物不要太烫。喂食时注意一口不要喂太多，也不要喂得太快，以免噎住宝宝。

8）洗澡时注意水不要太烫。洗澡时照护者不要离开，以免宝宝滑落到水中，造成呛水或溺水。

9）将宝宝一个人放在床、沙发等上时要注意，以免宝宝滚下来。（一要围挡好，二要经常去看）

10）照护者从事危险作业时不要抱着宝宝，如倒开水时、在炉灶旁做饭时、在阳台晾衣服时等。

11）在户外玩时，宝宝坐在童车中，当休息时一定要把车刹住，以免车子发生溜滑，造成危险。

12）乘坐轿车时要注意：若车窗没关闭，当轿车急停或撞停时，宝宝若没坐在安全座椅中或未抱紧，可能会从车窗飞出去。

13）不要让宝宝敲打鱼缸、电视机屏、阳台玻璃、卧室落地窗的玻璃、浴室镜子等易碎品。

14）给宝宝吃鱼时，要注意小刺。喂食时，不要急、宁可慢点来。

15）走路、游戏时不要给宝宝筷子、勺、笔等，以免他/她放到嘴里摔倒插到喉咙里。

16）宝宝进食时不宜逗乐，否则不仅会影响良好饮食习惯的养成，还可能将食物喂入气管，引起窒息甚至发生意外。

17）宝宝在开关门时容易夹伤手指（或风很大，把门吹关），最好在门缝处装防夹软垫。

18）在宝宝学走路时，最好给宝宝穿上防滑的鞋袜，防止跌倒。

19）阳台是个很大的安全隐患：宝宝可以走路时，一定不要让宝宝上阳台或窗台，以免宝宝攀爬发生危险。（阳台围栏要高于85厘米，阳台的栏栅间隔要在10厘米以内）

20）宝宝的视觉正在发育过程中，所以电视最好不要看；即使让宝宝看，也只能看几分钟，以免孩子眼睛疲劳，降低视力。

21）带宝宝到外面玩时，不要让陌生人抱，以免被抱走或染上传染病。

22）不要让宝宝睡在枕头或蓬松柔软的寝具上（比如鸭绒被或皮毛垫），以免窒息，发生意外。应让宝宝仰卧睡。

23）宝宝坐童车过马路前，照护者应先将宝宝抱起，童车另行收起或推行。防止大型车辆因视线较高，忽略了前方坐在童车里的宝宝，酿成车祸。

二、婴幼儿的抱、领方法与注意事项

抱婴幼儿时应一只手托住宝宝的头，另一只手放入宝宝的脖子下，再把托头的手抽出换到臀部，同时将宝宝轻轻抱起。放宝宝时，应使宝宝臀部先着床，后放宝宝的上部身体，抱臀部的手换到头部，然后移开放在脖子下的手，轻轻地放下头部。

三、婴幼儿盥洗、沐浴的注意事项

沐浴是通过水温和水的机械作用对身体进行刺激，以达到锻炼的目的。人体在水中散热大于在空气中。婴儿洗澡、洗脸、洗脚的水温均可在35～40℃，1～3个月的婴儿洗澡时的室温应在24～26℃。有条件的可以一天洗两次。

（1）延时洗澡法　1岁以内的婴儿在正常的洗澡时间内可以延长5分钟左右，洗澡时水温控制在38℃左右，延时不再续加热水。

（2）温水浴　水温保持在28℃左右，室内温度20～22℃，每次3～5分钟。洗完后立即用毛巾包好婴儿，擦干并及时进行按摩。

注意事项：

1）要严格遵守沐浴的要求和程序。

2）锻炼要循环渐进，密切注意婴儿的反应，以婴儿舒适为标准。

四、婴幼儿二便的特点

1）婴幼儿在1岁半～2岁之间，生理和心理器官发育逐渐成熟，具备了训练二便的基础。如婴幼儿的膀胱控制能力（每隔一段时间尿一次），能够听懂和配合照护者的抱姿与口语提示（如尿尿、吹口哨等），在观察和了解婴幼儿的情绪后，可确定训练的时间和方法。

2）根据婴幼儿喜欢模仿的特点，由照护者做出示范动作或凭经验抓准婴幼儿二便的间隔时间，提前几分钟进行提醒。

3）使用专为婴幼儿设计的比较安全的便盆，并将便盆放在离游戏处较近的位置。

4）培养婴幼儿二便的卫生习惯要循序渐进，一步步地引导婴幼儿自己完成。如学会向照护者表示便意、自己脱裤子、使用卫生纸、洗手等。只要有点滴进步，就要给予鼓励和表扬，不要让婴幼儿有太大的压力，以免造成紧张、焦躁不安或抑制的心理反应。

注意事项：

1）婴幼儿有时会有意外的大小便，不要责怪婴幼儿。

2）要注意观察婴幼儿二便的信号，及时做出反应。

3）每个婴幼儿的生理成熟程度不同，大小便控制有明显的差异，培养时要因人而异。

五、婴幼儿睡眠的特点

婴幼儿的大部分时间在睡眠中度过，平均每日要睡到 11～18 个小时，而且没有白天和黑夜的区别。母乳喂养的宝宝每次睡眠的时间稍短，为 2～3 小时，而人工喂养的宝宝则会稍长，为 3～4 小时。宝宝睡眠中有时会表现得很"调皮"，如突然笑一笑、扮个鬼脸、来个吸吮的动作，也会因鼻子堵塞呼吸音很重，有时在睡眠中还会不经意地突然抽动一下身体。

婴幼儿一般在 2～4 个月大时，才逐步开始形成睡眠的昼夜规律。婴儿期的宝宝一般夜间睡 9～12 个小时，白天睡 2～5 个小时，但要注意每个宝宝的个体差异会很大。2 月龄时，每日白天睡 2～4 次，到了 12 月龄大时，白天通常睡 1～2 次就够了。有时生病、出牙或换个环境都会使宝宝原有的作息规律被打乱。此外，发育过程中的明显进展也可能会打乱原有的作息规律。例如，宝宝在学爬，或扶着家具站起等重要的阶段时，都有可能出现暂时性的睡眠不安。宝宝在 6 月龄左右，已具备一觉睡到天亮的能力，不需要在夜间再哺乳。

六、体温计的使用方法

1）先将体温计水银柱甩到 36℃ 以下，然后把体温计表头放在婴幼儿腋下，用手轻轻压住其上臂使其将表夹紧，测量时间为 5 分钟。

2）取出后读表，旋转表身见到水银柱，再看刻度，读出刻度数。正常婴幼儿体温在 36.5～37.5℃ 之间。

七、婴幼儿用品清洁、消毒的注意事项

1. 卧具清洁和消毒

每周清洗及晾晒一次被褥。清洗时使用国家有关部门检验合格的中性、无磷的洗衣液（最好是婴儿专用）。如果是被大小便污染过的被褥，则应当先清除污物后再进行清洗。每天用清洁的湿布擦拭婴儿床。

2. 餐具清洁和消毒

用刷子清除奶瓶残留奶液，用流动的自来水冲净。进行高温消毒，可以用水煮沸（水面没过奶瓶），奶嘴在水沸腾 3 分钟时取出，奶瓶要在 10 分钟后取出，也可以放入微波炉中消毒，奶瓶要与奶嘴分开放置，用最高温加热 2 分钟。现在

市场上所售的各类蒸气消毒锅，通常10多分钟就能快速消毒完毕，不仅能一次性消毒多个不同口径的奶瓶奶嘴，还可以消毒宝宝的其他餐具。其他餐具也需用流动的自来水清洗后再高温消毒，取出后放置在消毒的碗柜中，盖上干净纱布备用。

3. 玩具清洁和消毒

婴幼儿玩具必须是经国家有关部门检验合格的玩具。这样的玩具不仅安全性达标，而且符合卫生标准。同时要选择不易携带细菌、病毒，易于清洗的玩具。此外，还要经常对婴幼儿的玩具进行清洗和晾晒。

4. 家居清洁和消毒

婴幼儿的手、口动作比较多，自我控制能力较差，所以在婴幼儿活动范围内的家具每天都需要进行清洁和消毒。可以用干净的湿布擦拭灰尘，使用经国家有关部门检验合格的家具消毒剂进行消毒。

注意事项：洗涤时不要使用含酶的洗衣粉和柔软剂。

技能训练

技能训练1　抱、领婴幼儿

1）将婴幼儿横抱于臂弯中：当宝宝仰卧时，应用左手轻轻插到他/她的腰部和臀部，用右手轻轻放到他/她的头颈下方，慢慢地抱起，这样，宝宝的身体有依托，头也不会往后垂；然后将宝宝的右手慢慢移向左臂弯，并将他/她的头小心转放到左手的臂弯中，这样将婴幼儿横抱在你的臂弯里，会使其感到很舒服。

2）将婴幼儿面向下抱着：让宝宝的小脸颊一侧靠在你的前臂上，双手托住他/她的躯体，让他/她趴在你的双臂上，这个姿势还可以来回摇摆婴儿，往往会使其非常高兴，而喜欢这样的抱姿。

3）让婴幼儿面向前：当宝宝稍大一些，可以较好地控制自己的头部时，让宝宝背靠着你的胸部，用一只手托住他/她的臀部，另一只手围住他/她的胸部。这样，让宝宝面向前抱着，可使他/她能很好地看看面前的世界。

4）让婴幼儿骑坐在你的胯部：宝宝和你面对面，双腿分开，骑坐在你的胯上，你一只手托住他/她的臀部，另一手围住他/她的背部。这时宝宝若觉得还不够安全，他/她的小手会紧紧抓住你的臂膀。

5）1~2个月的婴儿主要是横抱在臂弯中，3个月后主要采取竖着抱。但不管采取何种抱姿，都要注意保护好婴幼儿，不仅要抱得舒服，还要让宝宝有安全感，因此抱起、放下动作要轻柔。这样，小宝宝舒畅地躺在你的怀里，不仅能感受到被保护关爱，更能早早地与外界多接触，学习更多的东西。

技能训练2 为婴幼儿穿、脱并洗涤衣服或纸尿裤

同第五章第三节技能训练6。

技能训练3 照护婴幼儿盥洗、沐浴

（1）沐浴前的准备

1）时间选择在喂奶后1小时左右。

2）将室温保持在24～26℃之间，如果达不到，应先开空调或其他取暖设备将房间加温。

3）将洗澡的物品准备好，如澡盆、浴液、小毛巾、干净内衣、尿布、包被、爽身粉、酒精、消毒棉签等。

4）测量水温在38～40℃之间，可用水温计测量或用手肘内侧测试水温（感觉到不烫为适宜）。

（2）沐浴中的步骤

1）洗头：先脱去衣服并用浴巾包好婴幼儿，然后将婴幼儿的双腿夹在腋下，用手臂托其背部，手掌托住头颈部，拇指和中指分别堵住宝宝的两耳，另一手将宝宝的头发蘸湿，取适量浴液在手掌心并在洗澡水内过一下，然后给宝宝洗发，轻揉片刻，将泡沫洗净。

2）洗身体：洗完头后，撤去包裹浴巾，用前臂垫于婴幼儿颈后部，拇指握住婴幼儿肩膀，其余四指插在腋下，另一手托住臀部，先将婴幼儿双脚或双腿轻轻放入水中，再逐渐让水慢慢浸没腹部，呈半坐位（若浴盆内放置浴网，可直接将婴幼儿放在浴网上）。另一只手撩水，先洗颈部和躯干，再洗四肢。洗完前身后翻转婴幼儿，使其趴在家政服务员前臂上，由上到下洗背部、肛门、肘窝皮肤皱褶处。

3）洗后：洗完后，双手托住头颈部和臀部将婴幼儿抱出浴盆，放在干浴巾上迅速吸干身上水分（切勿用力擦拭）。

（3）沐浴后的处理　用消毒棉签处理脐部，保持脐部干燥清洁。在双手上涂抹润肤油，开始为宝宝做抚触。在皮肤皱褶处抹上爽身粉，穿好衣服，垫好尿布。

注意事项如下：

1）避免洗澡时室温太低，导致婴幼儿受凉。

2）倒水时应先放凉水，后加热水，以免烫伤宝宝。

3）先倒少许爽身粉在手上，然后轻轻擦拭，避免粉尘影响新生儿呼吸。

4）不要将爽身粉涂于宝宝外阴，特别是女婴。

5）避免一手抱宝宝，一手做其他/她事情，以免发生危险。

技能训练4 照护婴幼儿二便并换洗尿布

控制二便包括：定时大小便、较早控制大小便、主动坐盆等良好习惯。定时大便最好在早餐前进行，开始时可能便不出来，只要每天定时给婴幼儿把便，就可以逐渐形成习惯。每天睡觉前应给婴幼儿排尿，以免尿床或影响睡眠。

要及时更换尿布。更换的时间和次数要因人而异。一般是早晨醒来、睡觉前和每次洗澡后。每次进食后因为进食引起胃肠反射容易发生粪便排泄，要及时换尿布。

换尿布和纸尿裤要注意舒适、安全。在床或桌子上为婴幼儿换尿布时，要防止婴幼儿翻滚和扭动。换新尿布时，要轻轻地用尿布的边缘擦掉大部分粪便，用卫生纸把屁股擦净，再用油脂或者沐浴露清洗婴幼儿的臀部。为1岁左右的婴幼儿换尿布，可以准备一些玩具或图书来分散其注意力。为婴幼儿换尿布时要充满爱心，要充分利用这个机会以目光、语言和动作与婴幼儿进行沟通。要养成良好的卫生习惯，每次给婴幼儿换尿布时，要用清水和肥皂清洗手。注意室内和水的温度，过冷婴幼儿易感冒，过热要避免伤及婴幼儿皮肤。

不要使用含酶的洗衣粉或柔软剂，不要使用碱性较强的肥皂，以免漂洗不干净刺激婴幼儿的皮肤引起感染，影响婴幼儿的健康。如果尿布质地较硬可以用加了醋的水浸泡5~6分钟，然后再用清水洗一遍。所有的尿布都要经过开水烫和阳光晒，以达到消毒杀菌的目的。

技能训练5　照护婴幼儿睡觉

为婴幼儿营造适宜的睡眠条件。卧室的环境要安静。室内的灯光最好暗一些，室温控制在20~23℃。窗帘的颜色不宜过深。同时，还要注意开窗通风，保证室内的空气新鲜。为婴幼儿选择一个适宜的床。床的软硬度适中，最好是木板床，以保证婴儿的脊柱的正常发育。睡前将婴幼儿的脸、脚和臀部洗净，1岁前的婴幼儿不会刷牙，可用清水或淡茶水漱口，并排一次尿。换上宽松的、柔软的睡衣。

技能训练6　清洁、消毒婴幼儿玩具与用品

（1）卧具清洁和消毒　每周清洗及晾晒一次被褥。清洗时应使用国家有关部门检验合格的中性、无磷的洗衣液（最好是婴儿专用）。如果是被大小便污染过的被褥，则应当先清除污物后再进行清洗。每天用清洁的湿布擦婴儿床。

（2）餐具清洁和消毒　用刷子清除残留奶液，用流动的自来水冲净。进行高温消毒，可以用水煮沸（水面没过奶瓶），奶嘴在水沸煮3分钟再取出，奶瓶要在水沸腾10分钟后取出，也可以放入微波炉中消毒，奶瓶要与奶嘴分开放置，用最高温加热2分钟。取出后放置在消毒的碗柜中，盖上干净纱布备用。

（3）玩具清洁和消毒　婴幼儿玩具必须是经国家有关部门检验合格的玩具。这样的玩具不仅其安全性达标，而且符合卫生标准。同时要选择不易携带细菌、病毒，易于清洗的玩具。此外，还要经常对婴幼儿的玩具进行清洗和晾晒，如图6-1、图6-2所示。

图6-1　消毒玩具（1）

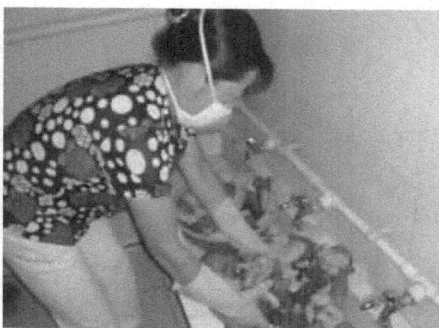

图6-2　消毒玩具（2）

（4）家居清洁和消毒　婴幼儿的手、口动作比较多，自我控制能力较差，所以在婴幼儿活动范围内的家具每天都需要进行清洁和消毒。可以用干净的湿布擦拭灰尘，使用经国家有关部门检验合格的家具消毒剂进行消毒。

复习思考题

1. 宝宝洗澡控制在多长时间为宜？
2. 婴幼儿如何表达他们的感知和需求？

第七章

照护老年人

培训学习目标

1. 了解老年人的基本生理特点和膳食特点。
2. 能够为老年人制作适合的膳食。
3. 了解老年人日常盥洗注意事项以及和老年人相处的技巧。
4. 能够照顾老年人盥洗以及陪伴老年人。

第一节　照护膳食

一、老年人的生理特点

1. 老年人的年龄划分标准

世界卫生组织对老年人年龄的划分提出的标准是：60～74 的人群称为年轻的老年人，75 岁以上的人群称为老年人，90 岁以上的人群称为长寿老年人。

2. 老年人的生理特征

老年人的典型特征就是"老"，人的老化、衰老首先都是从生理方面开始的，这种生理方面的衰老主要体现在人体的外表上，以及人体内部细胞、组织和器官及各项功能系统的变化上。具体表现如下：

（1）细胞的变化　老年人细胞的变化主要是指细胞数的逐渐减少，这一变化是人体衰老的基础。科学研究表明，人体大约有 60 兆个细胞，正常情况下的健康人体每一秒钟就会死亡 50 万个细胞，同时再生 50 万个细胞。如此反复 2 年，人体细胞差不多更换一遍。但是，随着年龄的不断增长，死亡细胞数越来越多，而再生细胞数却越来越少，再生细胞数下降是导致人体衰老的主要因素。女性身体在 20 岁之后再生细胞数就开始减少，男性则是在 40 岁以后开始减少。70

岁之后细胞数急剧下降。除此之外还会出现细胞分裂、细胞再生缓慢、细胞萎缩及组织恢复能力低下等现象。主要表现为老年人病后、伤后恢复缓慢，恢复期长。

（2）整体外观的变化　老年人衰老的程度最直观的表现就是身体外观的整体变化。具体体现在以下几个方面：

1）头发：头发变白是老年人最明显的特征。少数人在30岁之前有白发，70岁以后100%的人都会有白发。很多老年人还会出现脱发和秃顶的现象。

2）皮肤：老年人皮肤明显变得粗糙，弹性减弱，皱纹增多，出现色素沉淀，形成老人斑，出现老年疣。

3）身高：人到老年，身体骨骼逐渐萎缩，从而身高逐渐变矮。50～90岁期间，男性身高平均降低2.5%，女性身高平均降低3.0%。并且老年人还会出现弯腰驼背等现象。

4）体重：在多数情况下，由于老年人再生细胞逐渐减少，导致内脏器官与骨骼变轻，从而导致老年人体重减轻，变得清瘦。但是也有部分老年人，体重会逐渐增加。这是因为脂肪代谢功能的减退致使脂肪沉积，无法排出体外。女性在更年期内分泌功能发生退化后这一现象更为显著。

5）其他：肌肉松弛，牙齿松动脱落，语速缓慢，耳聋眼花，记忆力减退，手脚哆嗦等。

（3）内部组织和器官的变化　由于老年人再生细胞的逐年减少，内脏器官会发生萎缩，重量减轻。据测定，70～75岁老人的脏器和肌肉细胞数目大约相当于20～30岁年轻人的60%左右，淋巴结的重量则为中年人的一半。

1）代谢及生理功能的变化。人体组成成分随衰老而发生缓慢变化。人体的主要成分有水、无机盐、蛋白质和脂肪，前三项称为瘦组织，随年龄的增长而减少，脂肪则随年龄的增长而增加，脂肪在体内分布也在改变，更多地分布在腹部及内脏器官周围。许多老年人并不一定比年轻时胖，但大多老年人都会发现自己局部胖了，即腰围、腹围增加了就是因为脂肪在局部堆积所致。

代谢功能也会随衰老发生改变——基础代谢率下降，合成代谢降低，分解代谢增高。人体在生命过程中经常不断地变化，新的组织不断形成，旧的组织不断分解，这就是新陈代谢。基础代谢是指在静卧状态下，在适宜的气温环境中为维持基本生命活动所需消耗的能量，单位时间的基础代谢称为基础代谢率。医学上常用基础代谢和基础代谢率作为观察新陈代谢的指标之一。基础代谢率下降，加之老年人体力活动量减少，结果是能量消耗减少。

中老年人骨的无机盐含量下降，导致骨密度降低。一般在30～40岁时人体的骨密度达到峰值，以后随年龄增高逐年下降，老年人易患骨质疏松，骨脆性增加，容易发生骨折。绝经期妇女更是严重。

2）器官系统的功能改变。消化系统的变化，如牙齿松动、脱落，会影响食物咀嚼。舌上味蕾减少，使老年人味觉明显减退，对甜、咸味都不敏感。老年人胃酸分泌不足，各种消化酶活性下降，影响对食物的水解及消化，将导致各种营养素的吸收率降低。肠蠕动缓慢，易患便秘，同时会增加有害物质在肠内的停留时间。

心血管系统的功能变化，由于老年人心肌细胞内有脂褐质集聚，胶原和纤维增多等导致心肌细胞功能减退，心率减慢，心输出量减少，不能承担过重的体力活动，又因血管硬化，中老年人易患高血压，老年人群高血压的患病率远高于其他年龄段人群。

视觉器官的功能变化，老年人眼球晶体弹性降低，眼周肌肉的调节能力减弱，视力减退，易发生白内障、青光眼等眼疾患。

神经系统功能变化，老年人记忆力、听力下降，反应能力降低，肢体动作不到位，导致老年人易发生意外伤害。

免疫系统功能变化，伴随老化进程的进展，老年人免疫功能逐渐降低，使老年人对外界的刺激、伤害的应变能力下降，对各种疾病更为敏感，整个机体的协调作用和对环境变化适应能力也会减退。

此外，神经与心理功能、肾功能、肝代谢能力均随年龄增高而有不同程度的下降。老年人的机体成分、新陈代谢、器官功能等的改变，是一个随年龄增高而缓慢变化的生理过程，这一过程可因疾病及外界因素的影响而加速或延缓。老年人个体差异十分显著，因此加强身体、心理各方面的保健对预防各种慢性疾病的发生及推迟生理功能老化进程尤为重要，在膳食营养方面的妥善安排与调整也是重要措施之一。

二、老年人的膳食特点

老年人的膳食要遵循"早餐要好，午餐要饱，晚餐要少"的原则。做到"三低"，低脂、低盐、低糖。低盐饮食：每日盐总量不超过2克。

1. 老年人膳食营养需要

1）热量：供给热量的营养素主要为碳水化合物、蛋白质和脂肪。一般每日摄入6720～8400千焦的热量即可满足需要。

2）蛋白质：需要供给足量生物效价高的优质蛋白（应占摄取蛋白质总量的一半以上）来补充组织蛋白的消耗，如鱼类、豆类、乳类、蛋类、瘦肉等。蛋白质的摄入每日以每千克体重1.0～1.2克为好。

3）脂肪：老年人对脂肪的消化能力下降，故脂肪的摄入量不宜过多。脂肪过多会导致发胖、行动不便，对心脑血管和消化系统产生不利影响。人体所需的脂肪主要从所吃的食物中摄取，有动物脂肪和植物脂肪。老年人的脂肪摄入量每日以 50 克为宜。

4）碳水化合物：老年人的糖类代谢功能下降，空腹血糖容易偏高，如果碳水化合物摄入过多容易肥胖。老年人较为适宜摄入果糖，容易吸收，如蜂蜜及某些糖果、糕点等。对患有糖尿病、冠心病和肥胖的老年人，应限制糖类的摄入。主要的糖类食品包括大米、小米、高粱、荞麦和红薯等。

5）维生素：在人体内，维生素大多数不能合成或不能在组织中储存，需依靠食物供给。多食用富含维生素的饮食可增强机体抵抗力，对防止慢性疾病和延缓衰老有特殊作用，特别是 B 族维生素还能增强食欲。蔬菜和水果含有较多维生素 C 和膳食纤维，对老年人有较好的通便作用。维生素 A 缺少，易患夜盲症；维生素 D 缺少，易患骨质疏松症。总之，老年人宜多食用富含维生素的食物。

6）无机盐和微量元素：人体所需的无机盐和微量元素主要来自食物。老年人易缺钙，尤其是绝经后的女性，骨质疏松和骨折的发生率会提高，含钙较高的食物有奶类及奶制品、豆类及豆制品、干果类如核桃、花生等。老年人铁储备下降，少量失血便容易导致贫血。

7）水分：老年人应保持足够的水分，每日应饮水 1000 毫升左右，总量约为 2000 毫升为宜。

2. 老人膳食健康基本原则

1）饮食蔬果宜鲜：新鲜、有色的蔬果类，富含维生素、矿物质、膳食纤维，水果中含有丰富的有机酸，有增强食欲和维持体液酸碱平衡的作用。

2）饮食数量宜少：若要身体安，三分饥与寒。老人要吃多种食物，但每种食物数量不宜过多，每餐七八分饱即可。

3）饮食质量宜高：质量高不意味着价格高，如豆制品、蛋、奶等都是质量高的食品，老人应当经常食用。还要注意多吃鱼，少吃肉。糖的主要来源是主食和蔬果，应尽量减少白糖、红糖、砂糖等精制糖的食用。

4）饮食食物宜杂：没有一种食物能包含人体所需要的各种营养素，因此，每天都要吃谷类、蔬果、菌藻等多种食物，还要注意荤素搭配、粗细搭配、色泽搭配、口味搭配、干稀搭配。

5）饮食质地宜软：老年人对食物的消化吸收不好，所以，饭菜质地以软烂为好，可采用蒸、煮、炖、烩等烹调方法。选择食物尽量避免纤维较粗、不宜咀嚼的食品，如肉类可多选择纤维短、肉质细嫩的鱼肉，牛奶、鸡蛋、豆制品都是最佳食物。

6）饮食宜清淡：菜品要清淡，口味忌重。建议每日食盐量不超过 6 克。建议老年人一日的食物组成为谷类 150～250 克，鱼虾类及瘦肉 100 克，豆类及其制品 50 克，新鲜蔬菜 300 克左右，新鲜水果 250 克左右，牛奶 250 克，烹调用油 30 克，食盐 6 克，食糖 25 克，少饮酒，喝足够的水。

7）饮食速度宜缓：细嚼慢咽有利于消化、吸收，尤其在吃鱼时更要注意。鱼肉由于肉质松软、细嫩，容易咀嚼、消化和吸收，且具有蛋白质含量高、脂肪含量低等优点，是老年人的首选食品。但由于鱼刺的问题，限制了许多老年人的食用。需解决好这一问题，首先要选鱼刺较少的鱼类，其次是吃鱼时最好不要与米饭、馒头同时吃。

8）饮食饭菜宜香：老年人食欲降低，在食品的制作方面要更加精心，注意色、香、味、形的调配。此外，优雅、安静、整洁的就餐环境，集体或结伴就餐的形式，都可提高老年人的就餐兴趣。

9）饮食饮水宜多：老年人对口渴的感觉不像年轻人那么敏感，因此，要自觉多喝水，可选择淡茶或白开水。千万不要等到口渴再喝，以免缺水。缺水会引起老年人便秘和体内代谢失调。

10）饮食温度宜热：食物的最佳消化吸收过程是在接近体温的温度下进行的。老年人对寒冷的抵抗能力较差，一旦食用生、冷、硬的食品，就会影响到消化、吸收，甚至引起肠道疾病。因此，老年人的食物应以温热为主。

三、老年人膳食的制作要求

1. 老年人膳食制作注意事项

1）一要少：俗话说，"饭吃八分饱，少病无烦恼"。意思就是说，每餐不要吃得太饱，要给肚子留两分的空间。所以，在给老年人制作膳食时，不要制作得太多太丰盛，适当即可。

2）二要暖：中医讲，"脾胃乃后天之本"。胃喜燥恶寒，所以要避免冰、凉的食物刺激，要暖食。但是要注意，暖食不等于烫食，经常吃过烫的食物会损伤食管，是食管癌的诱因之一。所以，制作老年人膳食时，应保持食物的温度。

3）三要早：所谓早，就是顺应人体要求用餐。一般来说，上午7：00—9：00是胃经当令的时候，所以早饭最好安排在这个时间。中医说，"胃不和则卧不安"，因此晚饭也应尽量早吃，这样才不会给肠胃增加负担。

4）四要暖：这个"暖"跟第二个"暖"不同。这个"暖"是说要细嚼慢咽，这样可以充分吸收营养、保护肠胃、促进消化等。还有就是要把吃饭当成一件惬意的事情，别吃得太累。

5）五要软：老年人牙口不好、脾胃消化能力弱，宜"吃软不吃硬"，所谓硬食，除了指坚硬的果实类物品外，还包括煎炒油炸、肥甘厚腻一类的不好消化的食物。

6）六要淡：老年人不宜吃太油腻的食物。淡，就是要少油少盐少加工，现在很多中国人的食盐量和食油量超标，由此引发的高血脂、高血压等病正在增多。所以，食物制作需要清淡一点。

2. 老人饮食养生的 4 个法则

1）不挑食，什么都吃。现代医学证实，老年人适当吃些鸡蛋，可增强记忆力，防止阿尔茨海默症的发生；适当吃些苹果，可防治老人厌食症，因为厌食与缺锌有关，如果饭后吃一个苹果，可调节体内含锌量，改善食欲。

2）常喝茶也大有好处。经对一些百岁老人进行调查发现，他们都有一个共同的爱好——每天饮茶。茶叶中含有的茶色素能防治动脉硬化，其有效率高达 80% 以上。专家发现福建乌龙茶可抗癌，其抑制癌症的效果高达 79%。喝茶的确有益健康，茶叶的抗衰老作用超过维生素 E 的 18 倍。

3）老年人非常适合食粥。可吃些玉米面粥、大蒜粥、何首乌粥以及甜浆粥（即新鲜豆浆和粳米烧成的粥，加点冰糖），能防治动脉硬化、高脂血症、高血压、冠心病、神经衰弱、眩晕耳鸣等多种疾病，并能起到软化血管的作用。

4）蜂蜜可长期食用，有利无弊。蜂蜜不仅含有丰富的葡萄糖和果糖，易于吸收，而且还含有多种维生素和矿物质，其杀菌力也很强，可防治多种老年人疾病，如咳嗽、便秘、失眠、心血管疾病、消化不良、溃疡病和痢疾等。近年来，国内外用蜂王浆治疗糖尿病的报告也很多，发现有理想的降血糖的作用。

四、老年人进食、进水的注意事项

1. 老年人进食注意事项

老年人由于自身机体老化或者疾病缠身，很多时候在饮食上需要有所限制。护理人员在为老年人准备主食及汤时，要以温补、清淡为主，同时兼顾营养健康。老年人进水以白开水、茶为主，对老年人身体有极大益处。同时，老人进食还有以下注意事项。

1）饭菜要香：老年人味觉、食欲较差，吃东西常觉得缺滋少味，所以为老年人做饭菜要注意色、香、味。

2）质量要好：老年人体内代谢以分解代谢为主，需用较多的蛋白质来补偿组织蛋白的消耗。如多吃些鸡肉、鱼肉、兔肉、羊肉、牛肉、瘦猪肉以及豆类制品，这些食品所含蛋白质均属优质蛋白，营养丰富，容易消化。

3）数量要少：研究表明，过分饱食对健康有害，老年人每餐应以八成饱为宜，尤其是晚餐。

4）蔬菜要多：新鲜蔬菜是老年人健康的朋友，它不仅含有丰富的维生素 C 和矿物质，还有较多的纤维素，对保护心血管和防癌、防便秘有重要作用，每天的蔬菜摄入量应不少于 250 克。

5）食物要杂：蛋白质、脂肪、糖、维生素、矿物质和水是人体所必需的六大营养素，这些营养素广泛存在于各种食物中。为平衡吸收营养保持身体健康，各种食物都要吃一点，如有可能，每天的主副食品品种应保持在 10 种左右。

6）味道要淡：有些老年人口重，殊不知盐吃多了会给心脏、肾脏增加负担，易引起血压增高。为了保证健康，老年人一般每天吃盐应以 6 克为宜。

7）饭菜要烂：老年人牙齿常有松动和脱落，咀嚼肌变弱，消化液和消化酶分泌量减少，胃肠消化功能降低，因此饭菜要做得饮一些。

8）水果要吃：水果含有丰富的水溶性维生素和微量元素，这些营养成分对于维持体液的酸碱度平衡有很大的作用。为保持健康，两餐之间应吃些水果。

9）饮食要热：老年人对寒冷的抵抗力差，如吃冷食可引起胃壁血管收缩，供血减少，并反射引起其他内脏血循环量减少，不利于健康。

10）吃时要慢：有些老年人习惯于吃快食，不完全咀嚼便吞咽下去，久而久之对健康不利。应细嚼慢咽以减轻胃肠负担、促进消化。另外，吃得慢些也容易产生饱腹感，防止进食过多影响身体健康。

2. 老年人饮水注意事项

1）主动饮水：老年人由于脏器功能减退，体液比中青年人要少 15% 左右，因此老年人的热平衡与抗热能力较差。如不经常、及时补充水分，很容易出现生理性缺水及血液浓度增大，影响血液正常循环，容易诱发高血压、脑血栓、心肌梗塞等严重病症。因此，老年人应经常主动饮水，不要等到口渴才喝水。

2）缓慢饮水：一些老年人在体育锻炼、家务劳动后，喜欢大量猛喝开水或其他饮料，这种"急灌式"的饮水方法会突然加重心脏负担，使血液浓度骤然下降，导致心动过速，产生心慌、头晕症状，心脏病患者更易发生危险，还会突然冲淡胃液、损伤胃黏膜，影响食欲及胃消化功能。同时，补水速度过快，水分一时难以被机体组织正常吸收，既不能有效地解渴，还会引起大量出汗，导致心律、血压失常。

3）盐水、茶水最解渴：夏天大量出汗会带走人体内的盐、维生素及钾、镁等微量元素。如果只喝白开水，进入体内的水分不仅难以正常地进入血管，留存于细胞内，而且极易渗入汗腺及膀胱而迅速排出体外，不但难以解除渴感，反而会产生心悸、头晕等不适反应。如果在饮用的开水中加少量的食盐（500 毫升水约加 1 克盐），便可使机体保持水分达到止渴的效果。盛夏天天饮茶，既可补充水分及流失的维生素等人体必需的物质，又能生津止渴，提神醒脑、增强食欲，并有排毒、灭菌等疗效。

4）晨起饮水能防病：起床以后，如空腹时先饮下两杯水，既可有效补充生理性失水造成的水分不足，又可降低血液的黏稠度，加快血液循环，促进粪便、尿液等代谢废物快速排出，对预防脑梗阻、脑血栓、高血压、动脉硬化、心绞痛等心脑血管疾病的发生以及泌尿系统结石、尿路感染等病症，均有重要作用。

技能训练

技能训练1 为老年人制作三种主食、菜肴

1. 鱼米之乡

主料：龙利鱼、薏米、红彩椒、黄彩椒、香葱。

辅料：料酒、盐、葱段、水淀粉、香油。

做法步骤：

1）准备好食材，龙利鱼室温解冻，薏米用水浸泡1小时左右。

2）将解冻的龙利鱼切成大小均匀的丁，放入适量料酒和盐抓匀腌制15分钟左右。薏米用高压锅焖制10分钟取出。红黄彩椒洗净切丁。

3）炒锅加热，倒入适量食用油，放葱花炒香。

4）然后放入腌好的龙利鱼，大火炒匀。

5）放入红黄彩椒丁。

6）倒入焖好的薏米，继续翻炒。

7）然后放入适量盐、鸡精，水淀粉搅匀后倒入锅中，出锅前淋少许香油。

8）盛盘，点缀少许香葱粒即可，如图7-1所示。

图7-1 鱼米之乡成品

2. 藕条炒木耳

主料：藕、木耳。

辅料：红椒、香芹、蒜、水淀粉、盐。

做法步骤：

1）木耳泡发，洗净，撕成小朵。

2）红椒洗净切丝，香芹去叶清洗干净、切小段，藕去皮切丝，蒜切片。

3）锅中油七成热时，放入蒜片炒香，将所有材料一起放入锅中，快速翻炒两分钟，加盐、鸡精调味，加水淀粉勾芡即可，如图7-2所示。

图7-2 藕条炒木耳成品

3. 双豆银耳大枣粥

主料：红豆、枸杞、绿豆、银耳、阿胶蜜枣、粳米、糯米、薏米、小米、红枣片、白果。

做法步骤：

1）红豆、绿豆浸泡 2 小时。

2）银耳泡开。

3）粳米、糯米、薏米、小米、阿胶蜜枣、红枣片、枸杞、白果洗净。

4）将红豆、绿豆、粳米、糯米、薏米、小米、阿胶蜜枣、红枣片、枸杞、银耳、白果放入锅，加水煮烂即可，如图 7-3 所示。

图 7-3　双豆银耳大枣粥成品

技能训练 2　为老年人制作三种汤

1. 乌豆鲫鱼汤

主料：鲫鱼 1 条、乌豆 2 两、眉豆 2 两、花生 2 两、陈皮 1 片。

辅料：盐少许。

做法步骤：

1）乌豆、眉豆、花生洗净，预先浸隔夜，去水备用。

2）鲫鱼去脏去鳞洗净。

3）锅注入适量水，水滚放入鲫鱼及其他材料，以慢火煲 3 小时即可，如图 7-4 所示。

2. 海带黄豆排骨汤

主料：猪排骨 500 克、黄豆 150 克、海带 150 克。

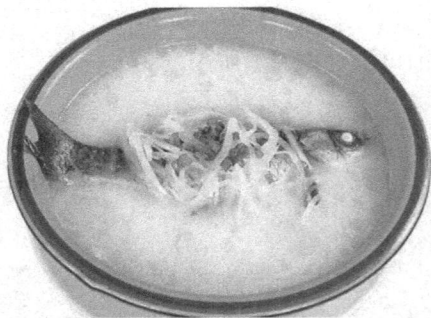

图 7-4　乌豆鲫鱼汤成品

辅料：精盐适量。

做法步骤：

1）排骨焯水，冲洗干净浮沫，黄豆清洗干净，海带清洗干净后剪成条，打结。

2）把黄豆和排骨放入汤锅里，加入 6～8 碗清水，大火煮开后继续煮 15 分钟，转小火煲 1 小时。

3）加入海带继续煲 30 分钟。

4）放入盐调味即可。

5）黄豆泡水一晚上，汤味更香，如图 7-5 所示。

3. 羊肉炖胡萝卜汤

主料：羊肉（瘦）280 克、山药 100 克、胡萝卜 150 克、豌豆 50 克。

辅料：香菜 10 克、草果仁 3 克、葱白 10 克、姜 4 克、黄酒 10 克、胡椒 1 克、盐 4 克、醋 15 克。

做法步骤：

1）将精羊肉洗净，去筋膜，切成小块。

2）豌豆洗净。

3）胡萝卜切除根、叶及尾尖，洗净，切成细丝。

4）山药去皮刮净，切成小薄片。

5）香菜摘去根和老叶，洗净。

6）生姜洗净切片。

7）葱洗净，切段。

8）将草果仁装入小纱布袋扎口。

9）将羊肉块用沸水焯一下，以去血水和异味，放入锅内。

10）锅内加胡萝卜丝、山药片、葱白、姜片、黄酒、草果仁布袋、胡椒粉、适量清水，用旺火煮沸，撇去浮沫。

11）转用小火炖至羊肉酥烂，捞出葱、姜、草果仁布袋，加入豌豆煮沸。

图 7-5　海带黄豆排骨汤成品

图 7-6　羊肉炖胡萝卜汤

12）再加盐、香菜、醋，调味即可食用，如图 7-6 所示。

技能训练 3　照护老年人进食、进水

护理人员照护老年人进食进水时，应该以老年人的需要为主。如果老年人可以自己进食饮水，并且要求自己来，护理人员就应该让老年人自己动手，充分尊重老年人的合理要求。如果老年人行动不太便利，护理人员就应该协助老年人进食进水。在护理老年人进食进水时，应该细心，有耐心，进食饮水要慢，不可过快。要时刻关心老年人的需求，从细微处着手。

第二节　照护起居

一、与老年人相处的技巧

"老吾老以及人之老，幼吾幼以及人之幼。"尊老爱幼是我们中华民族千百年来的传统美德，也是一种普遍的社会要求。当人的饮食温饱等生理需求得到解决之后，人类最难忍受的大概就是孤独了。在日常生活中，每个人似乎都有与他人接近、避免孤独的倾向。几乎没有人是愿意独自一人，与外界不相往来的。即使像鲁宾逊那样漂流孤岛，无法与人交往，也要养几只动物，以慰心理的寂寞。确实，每个人的生活都离不开其他人，离不开各种社会组织，与他人的交往、交流是必需的。作为耄耋之年的老人家，更不愿意孤独终老，更渴望得到关爱……

老年人最大的一个认知特点就是：往事历历在目，近景一片模糊。几十年岁月的痕迹深深地烙印在他们的心里，过往的苦难与欢乐，让他们沉浸在遥远的回忆中，这是支撑他们生活的一个很重要的精神支柱。而眼前的人和事，他们却绝大部分都记不住多少。对于老年人我们需要有加倍的热情和耐心，去融化老人的心，取得老人的信任。护理人员在护理老人时，应以服务为第一位，一切以服务老人为中心。

1. 护理人员与老年人交谈时的注意事项

护理人员应具备以下心理素质：爱心、细心、耐心、诚心、热心等。具体体现在以下方面。

1）态度：要和蔼可亲，平易近人，脸上常带微笑，让老人能感受到你的亲切。

2）位置：不要让老年人抬起头或远距离跟你说话，那样老人会感觉你高高在上和难以亲近，应该近距离弯下腰去与老年人交谈，老年人才会觉得与你平等和觉得你重视他。

3）用心交流：眼睛要注视对方的眼睛，视线不要游走不定，让老年人觉得你不关注他/她，同性间可以摸着对方的手交谈。

4）语言：说话的速度要相对慢些，语调要适中，有些老年人听力较弱，则须大声点，同时还要看对方的表情和反应，依此去判断对方的需要。

5）了解情况：要了解老年人的脾气、喜好，可以事先打听或在日后的相互接触中进一步慢慢了解。

6）话题选择：要选择老年人喜爱的话题，如家乡、亲人、年轻时的事、电视节目等，避免提及老人不喜欢的话题，也可以先说一下自己，让老人信任你后再展开别的话题。

7）真诚的赞赏：人都渴望自己被肯定，老人家就像小朋友一样，喜欢被表扬、夸奖，所以要多真诚、慷慨地赞美他们，他们就高兴，谈话的气氛就会活跃很多。

8）应变能力：万一有事谈得不如意或老年人情绪有变时，尽量不要劝说，而应先用手轻拍对方的手或肩膀进行安慰，待情绪稳定后，尽快转移话题。

9）有耐心：老人家一般都比较唠叨，一件小事就可以说很久，此时不要表现出不耐烦的情绪，要耐心地去倾听他们的话。

2. 护理人员与老年人接触时的注意事项

安全，永远要摆在第一位！要小心地滑，掌握正确扶法，扶好老年人；老年人坐轮椅时，一定不要让轮椅移动而导致坐空，推轮椅的动作要缓慢，并要协助老年人把脚放好，双手一定要放在扶手上，不要离开扶手的范围。

1）老年人记性多数不好，应避免问"你还记得我吗?"，老年人一般不愿别人说他记性差，应改说"我又来看您啦!"，老年人觉得受重视，会很高兴。

2）尊重老年人的习惯：不要动老年人房里的摆设和其他物品，如阿姨就爱把剪刀、药油摆在床上，提醒她注意安全就行了。不要随便给老年人吃你带去的东西：如糖尿病人要低糖，肾病和高血压患者要控制盐等。

3）外出活动前的准备：及时提醒老年人上厕所；给老年人多准备几张纸巾；在空调环境下和冬天，要给老年人多带一件外套，对于坐轮椅的老人要带条小毛巾被。

4）时刻留意老年人变化，如冷、热、咳、渴、方便等，以便能及时做出反应。

5）不要嫌弃老年人，要把老年人当成是自己的亲人一样对待，关怀备至。

3. 护理人员与老年人沟通的原则

亲切胜于亲热，态度胜于技术，多听胜于多说，同理心胜于同情，询问而非命令，询问而非猜测，同时要具有耐心与同理心。

二、老年人日常盥洗的注意事项

老年人行动能力较差，甚至不能自己行动，这就需要护理人员为他们搞好卫生，以保证健康。在协助老年人搞好个人卫生时，护理人员一定要多些耐心，否则会让老年人产生不利于健康的心理。老年人日常盥洗护理如下：

1. 义齿护理

老年人牙齿往往不好，不得不借助义齿进食。义齿的清洁工作一定要做好，否则容易把细菌带进身体，引发疾病。

1）义齿的清洁方法：用牙刷清洁义齿。摘下义齿，用牙刷等认真刷洗干净，隔一段时间使用牙粉清洁剂清洁一次。

2）义齿类型：义齿包括部分义齿、全口义齿。掉了几颗牙而使用义齿称为部分义齿，附带金属环。全口的牙都掉了，就要用全口义齿。

3）部分义齿的安装、摘取方法：与全口义齿相比，附有金属环的部分义齿，虽说稳定性好，但安装、摘取、清洁比较麻烦，稍有不慎就会伤害套用翼环的真牙齿，或夹住颊黏膜。所以，安装时一定要小心，先用双手将部分义齿左右平行放入口中，然后根据残留牙齿的方向安装，有时需要先从一侧安装。看好金属翼和套用翼环的牙齿，用双手将义齿左右平行放入口中。有的老年人把义齿大致放入口中，然后用力咬合安放，这样做很不安全，可能会损坏原有的牙齿，还可能损坏义齿。

摘取时，应该先从侧翼环摘起。就寝前应摘下义齿，一方面方便清洁义齿，另一方面可使与义齿接触的黏膜得到休息。也可根据残留牙齿的位置，睡眠时不摘义齿，按医生嘱托为好。

2. 洗手护理

人到老年，机体免疫力下降，即使身体没什么疾病，稍不注意就会导致细菌感染。一般来说，手上的细菌最多，所以，保持双手的洁净，对预防细菌感染能够起到较好的预防作用。

对于行动不便的老年人，护理者应该帮助其洗手，洗手时，手腕、手掌、手背、指间、指尖等部位都要清洗到。

洗手的具体方法如下：搓手掌—搓手背—搓指尖—充分清洗指间—转洗拇指—洗手腕。

使用清洁剂的方法如下：洗手时还应该使用清洁剂，如洗手液、香皂等。使用洗手液时，要调整好浓度，过于浓会造成手粗糙，过淡会影响清洁效果。使用香皂时，要先用水冲洗香皂，以除掉香皂上的细菌。洗完后，用干净毛巾将手擦干。

3. 洗澡护理

对一般人来说，每日洗澡一次可能无妨，但对老年人来说，频繁地洗澡会损伤皮肤。因为过多地洗掉皮肤表面的皮脂，会使皮肤变得干燥、粗糙。在低温的冬季，皮脂腺、汗腺分泌明显减少，滋润皮肤的皮脂更加缺乏，要是洗涤不当，皮肤不仅干燥，而且会引起皮肤破裂发炎。为了防止皮肤干燥所带来的皮炎，应减少洗澡的次数。对老年人而言，可因个人习惯及环境情况而定，夏天可隔天洗一次澡，也可不用肥皂，只用温水淋浴。冬天每周洗一次或每两、三周洗一次，每次洗 10～20 分钟，洗后，皮肤干燥者要涂些甘油水或润肤油脂，并要养成洗后休息 30 分钟的习惯。

老年人多喜欢热水浴，但过热的水对老年人好处不多，除容易脱脂外，由于老年人患高血压、脑动脉硬化的多，有引起脑溢血的可能。对患有皮肤病的人来说，水太热可使皮肤血管扩张充血，皮肤损伤加重。另一方面，对缺乏冷水锻炼的老年人来说，也不适宜洗冷水澡。因为老年人的皮肤毛细血管的收缩反应迟钝，体温调节失调，冷水浴容易导致感冒。所以，一般认为，最合适的温度应为 35～40℃左右，选用软水较好。不过，洗热水或冷水浴均以个人习惯为准。对行动不便的老年人来说，洗澡是一件很麻烦的事，需要护理人员协助。

（1）协助入浴　先使健侧的脚迈入浴缸请老人坐在浴缸边的浴凳上，双脚着地，然后让老人手扶浴缸边缘，自己把健侧的脚迈入浴缸内。为了防止老人向后倒，护理人员要用双手支撑住老人背部。

将患侧的脚放入浴缸，护理人员一只手支撑老人背部，另一只手助其将患侧的脚慢慢放入浴缸中。

扶住浴者臀部，确认老人双脚踩到浴缸底部后，护理人员扶住浴缸边缘的手才可以移动位置。护理人员一侧膝盖跪在浴凳上，两手扶住老人臀部。

进入浴缸，使老人身体前倾，护理人员从背后向前推送其臀部。

放下臀部，老人身体前倾，利用水的浮力，使其慢慢坐进浴缸。需注意的是：护理人员不是抓住老人的臀部，而是用双手的手掌夹住。

（2）协助出浴

1）老人先抓住浴缸边缘，将健侧的腿向身体拉近，如果可能也将患侧的腿拉近身体。

2）身体前倾，护理人员从老人背后用双手挟住其臀部。

3）将老人的臀部拉近护理人员，借助水的浮力老人的臀部会轻轻抬起。要拉近老人的臀部，而不是向上抬。

4）向浴凳移动。当老人的臀部抬起时，保持前倾的姿势，手抓住浴缸边缘不要移动，护理人员用双手挟住其臀部向浴凳移动。

5）坐在浴凳上。让老人坐在浴凳上，脚踩在浴缸底部，确认臀部已坐在浴凳上，然后让老人自己移动手的位置。

6）将脚抬出浴缸。抓住浴缸边缘，将腿拉近身体，护理人员协助将患侧的腿抬出浴缸，健侧的腿由老人自己移出。护理人员此时需用手支撑老人的背部，防止其向后倒。出浴时护理人员不要将老人向上抬或向外拖，以免伤害老人。

（3）沐浴时注意事项

1）水温不要太高。在寒冷的冬天，有的老年人喜欢用温度很高的水洗澡，以为这样既不会着凉，又觉得烫烫舒服解痒。这种做法其实是不科学的。因为人从温度较低的空气中一下子进入温度较高的水中，会反射性地引起心跳加快、血压在短时间内骤然升高。但随后便会全身血管扩张，血压逐渐下降，甚至低于洗澡前水平，而且会导致大量血液滞留在外周血管，使大脑和心脏等重要器官的血液供应减少。这种血压波动和血液分布改变，对高血压和心脑血管病人来说是极其危险的，很容易发生意外。老年人洗澡，水温在 38～45℃ 为宜。

2）时间不宜过长。盆浴以 20 分钟为宜，淋浴 5～10 分钟即可。洗浴时间长了容易使皮肤表面脱水。而且长时间在相对封闭的空间洗澡，呼吸不到新鲜空气，容易晕倒，俗称"晕塘"。

3）少用刺激性洗涤品。老年人洗澡时，可选用中性浴液或偏酸性洗涤用品，但不必每次都用。洗涤用品不宜在身体上停留太长时间，应及时冲洗干净。浴后涂抹润肤露滋润皮肤，不仅可以缓解皮肤干燥脱屑，还可以改善皮肤瘙痒和紧绷现象。

4）注意保暖。洗浴完毕更换衣物时，温度太低会引起血管收缩，导致血压升高。所以，老年人洗完澡后要注意保暖，护理人员应迅速为其穿上衣服，防止发生意外。

4. 排泄护理

（1）观察大便

要注意观察大便性状的变化，借此了解老年人消化系统的功能状况。正常人大便多为黄色，但由于进食蔬菜或药物可改变大便的色泽。而排便的次数依据个人习惯而有所不同。

1）当大便次数较以往减少，间隔时间长并有排便困难的称为便秘。便秘可以是习惯性便秘，但如便秘合并腹痛、消瘦、无力等症状，应去医院就诊，以及时发现便秘的其他病因，如消化道肿瘤等。

2）数日肛门停止排气排便且腹胀、腹痛者，可能患有肠梗阻，可能是术后粘连、肠扭转、肠套叠、肿瘤阻塞等所致。

3）排便后滴鲜血或排便时呈喷射状出血，肛门处疼痛有异物感，便后有小肿块从肛门处胀出，有如痔疮的典型症状，但不排除肛裂，直肠、结肠息肉或癌的可能。

4）如果大便与血混合，带有黏液和脓，常是痢疾、溃疡性结肠炎的特征。

5）如果大便与血混合且呈黑色，提示有上消化道出血，常见于溃疡病、胃癌等。

6）大便呈灰白色，同时伴有巩膜皮肤黄染，是胆道梗阻的特征，如结石、炎症及胆管肿瘤、胰头癌均可造成灰白色大便。

由于消化道疾患较多，因此当老年人大便异常时，应及时带去医院进一步检查，以便早期诊断，适当治疗。

（2）长期卧床的老年病人的排泄注意事项

1）卧床老年病人的排泄。不能走不能站，也不能从床上移到便捷式坐便器上，排泄不得不在床上完成，在这种情况下，尽量不要使用尿布，可选用插入式尿器、便器帮助其完成排泄。

除了使用尿器、便器外，还要准备手纸及防水布、毛巾等，排便时在身下垫上防水布及毛巾，这样即使失误也能安心。

护理人员协助时先让其屈曲双膝，将睡衣卷至腰部，将防水布及毛巾等垫在身下，脱去内裤插入便器。女性排尿时，事先在双腿内侧垫上 2～3 层的手纸，就不用担心尿液溅出来了。另外，为保护隐私，应在膝部盖上毛巾及布单，护理人员暂时离开，让其慢慢排泄。

排泄后应尽快处理干净，还要注意通风换气。

2）排便的姿势。自然排便时，需要直肠收缩力、腹压、重力的作用。这三种力在坐位时作用最强。卧位时，几乎没有重力，腹压也只发挥一半的作用，导致粪便残留在肠内。特别是上了年纪，肌力减弱，再加上卧病在床，排便更加困难，所以，应该为老人提供合适的便器，以保持适合的排便姿势，折叠式坐便器比较适合卧病在床的老人使用。

3）内裤、尿布的选择方法。

①尿失禁量少。建议穿"失禁用内裤"，根据情况选择。如果仅用失禁用内裤还是担心尿液渗漏，建议与吸尿垫配合使用，尿垫的种类也很多，可根据自身状况选择使用。如果不愿意使用失禁用内裤，也可在现有的内裤上加上吸尿垫。

②尿失禁量多。尿失禁量稍多时，为了增强防水性，建议用内裤式尿布，因为这种内裤增加了皱褶，很贴身，可有效防止"漏出"，用起来感觉同穿普通内裤一样。

（3）老年人便秘注意事项

当大便的次数较以往减少，间隔时间长，并有排便困难时，叫作便秘。便秘是一种症状，而不是一种疾病，老年人极其容易便秘。

1）发生便秘的原因。

①体力活动减少，肠蠕动缓慢。

②直肠萎缩，张力减退，上腹部肌肉萎缩，排便无力。

③因牙齿缺损，只吃细软食物，食物中的粗纤维太少，形成粪便少而不能刺激大脑产生排便反射，造成便秘。

④某些药物的应用也常可引起便秘。

⑤有些老年人患有痔疮。

2）便秘的预防。

首先，应从调理膳食着手，平时多食含纤维多的绿叶蔬菜及水果，以增强肠道蠕动及促进大便的生成。每日早晨饮用一杯（300～400毫升）温开水或凉开水，能刺激肠道的蠕动，有助于排便。蜂蜜、大枣是滋补佳品，同时可润肠通便。

其次，要养成定时大便的良好习惯，大便可在早起、早餐后或睡前进行，不管有无便意都按时上厕所，久而久之，自然会养成按时大便的习惯。而且根据身体情况坚持适当的体育锻炼，促进胃肠蠕动，有助于保持大便通畅。另外，经医院检查，未发现器质性病变而长期便秘的中老年人，可进行适当药物治疗，如麻仁丸、决明子、生木耳等较温和的药物，但避免长期用硫酸镁、番泻叶等泻剂，以免发生水电解质紊乱，必要时可用开塞露导便。上述药物应在医师的指导下使用，以防发生不良反应。

3）简单通便的方法。

①开塞露通便法：将开塞露慢慢塞进肛门，将药挤入，尽量保留15分钟后排便，效果较好。

②萝卜条通便法：食用萝卜切成长2厘米、断面1厘米的小条，涂润滑油轻轻塞进肛门。萝卜条相对直肠的高渗性，可吸出盆腔组织中水分而润湿粪便，同时刺激肠管促进排便，一般保留5～10分钟可自行排便。

③肥皂条通便法：将肥皂切成与萝卜条同等大，轻轻塞进肛门用之。

④温肥皂水灌肠法：取药用温肥皂水约200毫升，以医用肛管注入肛门内即可，尽量使液体在人体内10分钟以上。

5. 压疮护理

压疮也叫褥疮，是指局部组织长时间受压，血液循环不畅，局部持续缺血、缺氧、营养不良，结果导致软组织溃烂和坏死。

压疮主要是由于长期卧病在床，使局部受压太久所致，如植物人、神经系统疾病或神经损伤者（中风、脊髓损伤、肢体麻痹者），如果不及时帮助他们清洁身体，非常容易发生压疮。

老年病人长期卧床，很容易发生压疮，所以护理人员应掌握压疮护理的如下注意事项：

1）1～2小时帮助老人翻身一次，改变卧姿，避免压迫伤口。每次翻身，可进行背部按摩，观察皮肤颜色及完整情况。

2）对于长期卧床的老人，建议使用气垫床，若无气垫床，可选择较柔软的床垫，但仍需按时翻身。

3）翻身调整老人位置时，需抬高老人身体，不可拉拖，避免皮肤因拉扯而破裂。

4）如果需要抬高老人，应以床单加垫，请人协助完成。

5）保持床单及衣服干净、干燥、平整、无皱褶；床单、衣服等最好是棉质的，容易吸汗，并经常更换；床上不可有异物，避免老人压到，损伤皮肤。

6）避免皮肤干裂，可擦拭乳液等保护油，以增强皮肤柔软性及弹性。

7）注意观察皮肤皱褶处，如腋下、腹股沟、臀部、肛门口周围等，这些地方应该保持干燥、清洁。

8）清洁皮肤时应注意水的温度要适当，避免对皮肤造成过度刺激。

9）帮助老人活动，以促进血液循环，减少压疮的发生。

10）均衡营养，补充鱼、肉、蛋、牛奶类等蛋白质含量高的食物及蔬菜、水果。

11）如果皮肤出现发红、水泡等现象，并有渗液及臭味时，护理人员应及时带老人就医。

6. 老年人痔疮注意事项

痔俗称"痔疮"或"痔核"，主要由于肛管和直肠的静脉血液回流受阻，使血液瘀滞，静脉扩大增粗，扭曲成团而成。

（1）引起老年人痔疮发作的原因

1）最常见的原因是习惯性便秘，干燥大便塞在直肠下部，压迫肛周静脉，加上蹲便过久，排便时用力，使痔静脉丛血液回流不畅，扩张充血，这时痔疮就会发生出血、疼痛。吃辛辣食物，服收敛药物如氢氧化铝，也可导致便秘，引发痔疮。

2）久坐，长时间步行及站立之后，肛管慢性感染或急性肠道感染时，都能诱发痔疮发作。表现为肛门胀痛，出血。内痔出血病人可无痛感，多于排便后滴鲜红血液，轻者手纸带血。

3）患膀胱结石、前列腺肥大或腹腔肿瘤时，由于腹压增大（排尿费力），均可促使痔疮加重。

（2）防治痔疮发作　防治痔疮需针对痔疮产生的原因而进行预防及治疗。其具体方法是：

1）要养成良好的生活习惯，不要暴饮暴食，不要吃辛辣刺激食物，多食含粗纤维的绿叶蔬菜和水果，要养成每日大便的习惯，保持大便通畅，防止习惯性便秘。久坐及久站，长时间步行的人应当适当参加体育锻炼。经常用水洗肛门，保持清洁，使静脉回流通畅。有慢性腹泻、肛门炎症、膀胱结石、前列腺肥大等疾病的患者，应当及时看病，给予适当的治疗。

2）痔疮发作时，便后睡前应当用温水坐浴或用现配的1：5000高锰酸钾溶液坐浴，具有消肿止痛的作用。痔核脱出，肿胀疼痛时，可用33%硫酸镁溶液浸湿纱布外敷，有收敛作用。

3）对反复痔疮发作而引起贫血、乏力或失血性休克的患者，除补血等对症支持处理外，根据医师建议可考虑手术治疗。

7. 预防老年斑注意事项

老年斑多发生在面部及手背部，是大小不一、多少不等的色素斑点（又叫脂褐质），主要是由于中老年人的细胞代谢功能减退，饮食中摄取的脂肪过多，在细胞膜中的不饱和脂肪酸与氧发生反应而产生色素，沉积在细胞内，影响了细胞的生理机能，加速了细胞的老化，从而形成了老年斑。要预防老年斑的形成，首要任务即是调整饮食中脂肪的含量，要食低脂高蛋白食物。其次是要多食用富含维生素 C、E、A 的食物，多食蔬菜与水果，以满足机体的需要。

8. 预防老年人感冒注意事项

感冒不是大病却是百病之源，对老年人的健康威胁较大，应引起高度重视。感冒的预防首先应加强体育锻炼，增强体质，注意劳逸结合，提高机体对疾病的抵抗力，这是积极的预防措施。其次患感冒的人或感冒流行时外出的人最好戴口罩，避免受凉，冬季室内保持通风，搞好个人及环境卫生，对感冒的预防也有帮助。在平时，可服用扶正固本的中药如黄芪、刺五加等，增强机体抗病能力，并避免与感冒患者接触。

三、老年人衣物换洗的注意事项

1. 老年人衣裤卫生

（1）衣料的选择　毛织品、化纤品等穿上轻松、柔软、挺括、舒适，但它对皮肤有一定的刺激性，如果用来制作贴身内衣，可能会引起瘙痒、摩擦、疼痛、红肿或水泡，所以在选择衣料时，内衣以棉织品为宜，外套可选用毛料、化纤制品。

（2）衣服的选择　老年人各种机能下降，大脑反应迟钝，动作欠敏捷，机体热量减少。因此，服装应选择轻、软、保暖性好（如羽绒衣裤）、款式宽大、穿着方便的。血压偏高或偏低的老人，尤其不宜穿紧口衣服，腰带不宜收得过紧，否则可能会影响胃肠功能及带来腰痛等不适感。

2. 老年人皮肤瘙痒的预防

皮肤瘙痒主要是由于皮肤老化、萎缩、变薄，皮脂腺和汗腺的功能衰退，能滋润皮肤的皮脂和汗液的分泌也随之减少的缘故。皮肤干燥、缺乏弹性、容易发生裂口，以致容易遭受来自外面的刺激而感觉瘙痒。所以防止皮肤干燥，是治疗老年皮肤瘙痒的重要环节。为了避免皮肤干燥，可减少洗澡的次数，少用或不用碱性强的浴皂，洗澡后擦些甘油水或润肤油脂，避免食用刺激性食物，如不饮酒、不食用辣椒等刺激性食物，一般可以止痒。如果效果不好，应去皮肤科看病，以及时发现瘙痒的原因并给予适当的治疗。

"老头乐"是许多老年皮肤瘙痒者常用的抓痒工具。一旦皮肤发痒搔抓几下，可解决一时之快，但经常搔抓，对皮肤有害无益。因为痒是人的一种感觉，是某些来自体外的化学物质、灰尘、衣服纤维、冷风、细菌等，或体内的异常代谢产物、药物、毒素等物质，轻微刺激皮肤神经末梢感受器引起的一种感觉。而用"老头乐"止痒，实际上是增强了对皮肤的刺激，使皮肤产生了疼痛，掩盖了瘙痒的感觉。与此同时，"老头乐"的机械刺激多少会对皮肤产生不同程度的损伤，破坏皮肤的完整性，"防线"的破坏，会给细菌侵入大开方便之门。不断地进行机械刺激，会使皮肤产生自我保护，促使表皮细胞增殖变厚，以抵抗机械性损伤。但老皮的变厚，其本身也是对感觉器官的刺激，会使瘙痒加重，结果是越抓越痒，越痒越抓，形成恶性循环，没有皮肤病的，可以发展成皮肤病，已有皮肤病的则可使病情加重。所以，"老头乐"止痒不提倡。

3. 老年人衣物换洗

对于老年人来讲，穿衣服也必须注意健康问题，如果可能的话，一定要注意美观、舒适、保暖和健康。老年人切忌穿狭窄瘦小的衣服，领口紧、腰口紧以及袜口紧的都不宜穿，以免导致皮肤缺氧，影响身心健康。

1）领口紧会影响血液向头部的输送，压迫颈部的颈动脉，会导致神经反射，引起血压下降及心跳减弱，引起脑部供血不足，从而导致头痛、头晕、恶心等病状，尤其对于有心脑血管疾病及动脉硬化、糖尿病患者，易导致晕倒或休克。

2）腰口紧不仅会束缚腰部的骨骼和肌肉，影响这些部位的血液循环与营养供应，而且会使腰痛加重。另外，过紧的腰口把腹腔内肠道束得过紧，会影响消化功能，因此肠胃功能差的老人更不能长期穿腰口紧的裤子。

3）袜口紧会导致血液不能很好地输向脚部，影响支端含废物的血液回流至心脏。如果长时间如此，将会使老年人出现脚胀、脚肿、脚麻等症状。所以老年人衣服宽紧一定要合适，过宽不利于保暖；太紧又会出现上面所说的情况。

4. 老年人穿衣注意事项

老年人体力衰退，机体抵抗能力变弱，体温调节功能降低，皮肤汗腺萎缩，冬怕冷、夏惧热。因此，老年人衣着服饰的选择应以暖、轻、软、宽大、简单为原则。

（1）老年人穿衣方法

1）穿衣时要特别注意身体重要部位的保温，上半身要注意背部和上臂的保暖，下半身要注意腹部、腰部和大腿的保暖。加一件棉背心，戴顶"老头帽"，对防止受凉有很大帮助。

2）老年人的衣服要求宽大、轻软、合体，穿起来感觉舒适，同时衣服样式要简单、穿脱方便，不要穿套头衣服，纽扣多的衣服也不宜穿，宜穿对襟、拉链服装。

3）老年人的贴身衣服最好选用棉织品，不宜穿化纤衣服。因为化纤内衣带静电，对皮肤有刺激作用，容易引起老年人皮肤瘙痒。但有些患风湿性关节炎的老年人则可以穿用氯纶制成的裤子，因为氯纶产生的静电，对治疗风湿性关节炎有一定的帮助。

4）老年人要准备齐全不同季节穿的鞋袜。在冬季，最好穿保温、透气、防滑的棉鞋，穿防寒性能较好的棉袜和仿毛尼龙袜。其他季节，老年人宜穿轻便布鞋，老年妇女不要穿高跟鞋，以防崴伤。

（2）季节穿衣注意事项

1）春季与夏季，老年人不要穿深色的衣服，要选择那些吸汗能力强、透气性好、开口部分宽、穿着舒服、便于洗涤的衣服，以便体热的散发、传导。丝绸不易与湿皮肤紧贴，鉴于它易于散热的特点，做夏装最合适。冬季，老年人要选择那些保暖性能好的衣服，但不要穿得太多，以免出微汗，经冷风一吹，反而容易感冒。

2）双脚是血管分布的末梢，脚的皮下脂肪比较薄，大部分为致密纤维组织，保温作用较差。"寒从脚下生"就是这个道理。老年人由于末梢血管循环较常人更差，更容易脚冷。双脚受凉会反射性引起鼻黏膜血管收缩，引起感冒，有的老人还会出现胃痛、腹泻、腿麻木等症状。因此，老年人要准备齐全不同季节穿的鞋袜。在冬季，最好穿保温、透气、防滑的棉鞋，穿防寒性能较优的棉袜和仿毛尼龙袜。

四、体温计的使用方法

1. 体温计的种类

（1）水银体温计　水银体温计是一种传统的体温计，由玻璃制成，内有随体温不断升高的水银柱。水银体温计具有测量结果准确、稳定性高、价格低廉等特点。水银体温计中含汞，汞对人体危害较大，一旦汞蒸气被人吸入，会通过血液循环进入人体各器官组织，还可以通过血脑屏障，损坏人的中枢神经系统。汞进入水体后转化成甲基汞，尤其对正在发育的胎儿和婴儿危害巨大。并且甲基汞还会随着食物链上升而富集在动物和人体中，由此威胁到我们的健康。考虑到水银体温计的汞危害，许多国家都已经对其采取了禁用措施。

（2）电子体温计　电子体温计利用某些物质的物理参数，如电阻、电压、电流等，与环境温度之间存在的确定关系，将体温以数字的形式显示出来。电子体温计读数方便、测量时间短、不含汞，对人体及周围环境无害。其不足之处在于示值准确度受电子元件及电池供电状况等因素影响，不如水银体温计稳定。

2. 体温计的使用方法

水银体温计是最常见的体温计，也是在传统的几种温度计中比较精准的体温计。首先我们需要在正规的药店购买水银体温计，购买的时候可以咨询一下医师水银体温计的正确使用方法。测量体温一般就是测量以下 3 个部位：口腔、腋窝及肛门，最常用的就是测腋窝的方法。先将水银体温计的计度数甩到 35℃ 以下，然后将体温计的水银端放在腋下最顶端后夹紧。确保体温计和皮肤密切接触，差不多 5 分钟后取出体温计。读取度数以后用抽纸擦干净，以便下次再使用。腋窝比较容易出汗，在测量的时候一定要先把腋窝下的汗水擦干净。腋窝测量体温要注意的是时间要控制在 5~6 分钟之间。

3. 水银体温计测量的注意事项

1）使用前用 75% 酒精或清精片消毒，并将水银柱甩到 35℃ 以下。

2）口腔体温计：放在伤病者舌下，嘴唇闭紧，测量 3 分钟后取出直接读数。口腔体温计也可腋下测温，但测量时间为 5 分钟，读数时要加 0.5℃。

3）在测量体温前凡影响实际体温的因素（如饮开水或冷饮等）均应避免。玻璃体温计最高温度值是 42℃，因此在保管或消毒时温度不可超过 42℃。由于感温泡的玻璃较薄，应避免过剧震动。

4）老年人应该在护理人员的看护下使用口腔体温计测体温。

5）体温计破损后严禁使用。使用中出现破损，应做紧急处理，水银不能吞服，应加以回收，以防止中毒和污染环境。

五、老年人外出的注意事项

护理人员在陪同老年人出去散步或者外出购物时，应该格外注意老年人的安全，时刻注意老年人的状态。

（1）不要走远　如果不是外出旅行的话，千万不要走到离自己家太远的地方，否则可能会在外面出现暂时健忘后，找不到回家的路。

（2）注意交通　不管外出乘车不乘车，都要注意交通安全。尤其是过路口的时候，因为大部人老年人手脚不麻利，所以，经过红绿灯的时候，要加快脚步，避免出现意外。乘公交车出门应尽量避免上下班高峰，以免被挤倒。

（3）上坡扶住　在走上坡路或者上阶梯的时候，如果两侧有扶手，则扶着走。如果没有，更要小心，尽量稳住身子，可以向前倾一些，重心向前，不要向后。

（4）带上手机。老年人外出，一定要带上手机，这样，即使有紧急的事情，也可以打电话给自己的儿女。儿女也可以在找不到你的时候给你打电话。

（5）注意水源。许多老年人会忽略这点。在外出时，如果遇到有水源的地方，不要太靠近，更不要去玩水，以免发生溺水现象。

（6）避开喧闹　老年人外出，不要看热闹，即使是看，也要远远地，因为万一出事了，你们腿脚不灵便，以免跑动不便，造成伤害。

（7）注意休息　如外出时间过长，应注意休息，冬天要找阳光照射的地方，夏天要找阴凉的地方休息。

技能训练

技能训练1　照护老年人盥洗

护理人员在照护老人盥洗时，如果老人可以自己盥洗，护理人员应遵从老人的意愿，在旁边看护，尽量让老人自己梳洗。如果老人不方便自己梳洗，护理人员应当在旁边协助老人梳洗。首先应帮助老人刷牙，然后轻柔地帮助老人洗手洗脸，最后用清爽的干毛巾替老人把水擦拭干净。

技能训练2　为老年人换洗衣物

护理人员在帮助老人换洗衣物时应轻柔缓慢，注意不要碰到老人的骨骼。如果老人能自己换衣，请让老人自己完成，并在旁边看护。如果老人不能自己换洗衣物，护理人员应主动细心地帮助老人换洗衣物。在给老人换衣时，护理人员应时常询问老人的感觉，衣服穿着是否舒适，一切以服务老人为主。

技能训练3　为老年人修剪指（趾）甲

老人的指甲一般情况下15天左右修剪一次即可，常用的工具是指甲刀、磨砂片和竹片等。

护理人员给老人修指甲的步骤与方法：

1）准备物品和器械：脸盆盛一小半的温水，肥皂、毛巾、指甲刀、搽手油。

2）将老人的手泡到温水中，用肥皂和水清洗双手，一方面可松懈指甲缝里的脏东西，另外也可暂时软化指甲表皮。

3）洗净后用毛巾擦干双手。

4）涂擦手油，并反复揉擦。

5）用指甲刀修剪指甲。注意不要剪得太秃。倒刺要剪掉，千万不要用手撕。

6）用指甲刀的锉面将指甲边缘锉平，以防止粗糙的指甲边缘勾挂衣服，或引起指甲破损。

护理人员在帮助老年人修理指甲时，应轻柔、细心，期间注意询问老年人的感受，以老年人舒服为主。

技能训练4　给老年人测量体温

在日常生活中由于天气变化，我们会感冒，家中一般都备有体温计。当家里有老年人时，更要注意常备体温计。护理人员正确使用体温计照护老人展示如下。

（1）工具　水银体温计。

（2）方法、步骤　当护理人员给老年人量体温时必须选择合格的体温计，应到正规的药店里买。

　　体温计与一般的温度计不同，在正常的情况下只能看到温度上升的线条，不能看到温度下降的线条，所以在我们量体温之前应先将体温计用力向下甩一下（水银球朝下），如图7-7所示把温度甩到35℃以下。

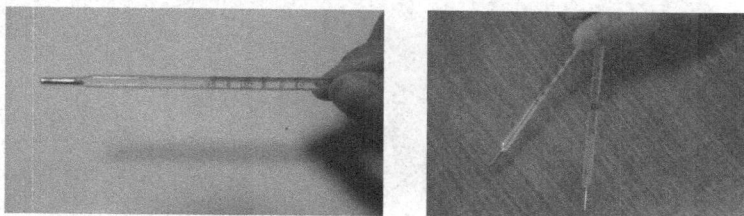

图 7-7　量体温之前先将体温计水银球甩到35℃以下

　　测量体温的方法：可以在腋下，也可以含在口里，要把水银球全部没入嘴里或腋下，如图7-8所示，一般3分钟就可以了。

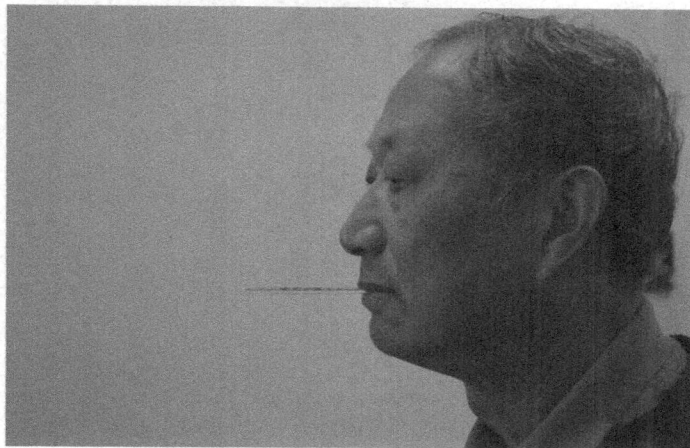

图 7-8　口测体温

　　水银体温计是三棱形的，在读数字的时候一定要把有棱不带字的一面对着自己的眼睛，这样才能看到水银的位置，如图7-9所示。

　　在观察体温计数字的时候，一定要使体温计与两只眼睛保持平行，这样才能读准确，如图7-10所示。

　　当然现在也有感应式数显体温计，使用方法很简单，只要看上面显示的数字就可以了。

技能训练5　陪伴老年人散步、购物、就医

　　护理人员在陪伴老年人进行散步、购物、就医等外出活动时，一切要以老年

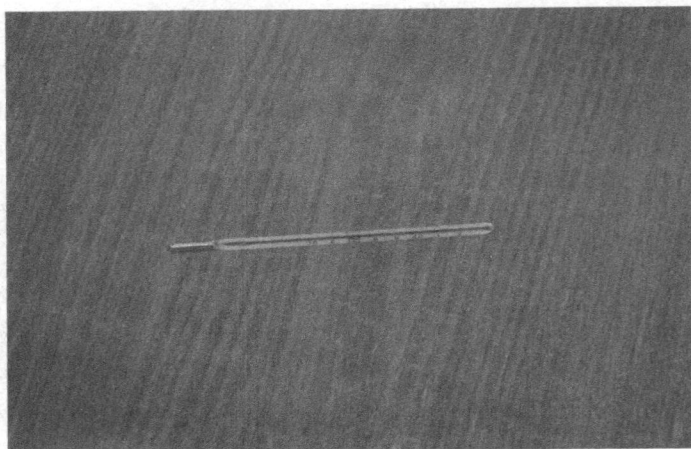

图 7-9　体温计读数字时的位置

图 7-10　观察体温计数字时的姿态

人的安全为主。在外出时，应时刻陪伴在老年人的身边，不要让其有孤独的感觉，多和老年人聊天谈心，使其心情愉悦。时刻注意老年人的状态，对待老年人的需求要有耐心，尽量满足其需求，使老年人感觉外出是一件非常开心的事。

复习思考题

1. 老年人饮食的基本原则是什么？
2. 老年人的行动特点有哪些？
3. 突发情况的应对要点有哪些？

第八章

照 护 病 人

培训学习目标

1. 掌握护理病人膳食与起居的基本知识。
2. 掌握照护病人的实际操作步骤及方法。

第一节 照 护 膳 食

一、病人膳食的特点

膳食是病人摄取营养的主要途径。根据人体的基本营养需要和各种疾病的医疗需要而制订的病人膳食，可分为基本膳食、治疗膳食、特殊治疗膳食、儿科膳食、诊断膳食和配方膳食等。

1. 基本膳食

它是病人膳食的基础，约 50% 以上的住院病人采用此膳食，大多数治疗膳食都是在基本膳食基础上衍化而来的。

（1）普通饮食

1）特点：包含各种基本食物、营养均衡、美味可口、容易消化、无刺激、品种多样。

2）适用对象：咀嚼功能和消化功能好、病情较轻或处于疾病恢复期、不需要饮食治疗的病人。

3）用法和要求：每日三餐，每餐间隔 4~6 小时，主食（大米、面粉、玉米、高粱），副食（蔬菜、水果、鱼、禽、蛋、奶类、豆制品），汤类均衡搭配，热量恰当，清淡少盐，但不宜多吃油炸、易胀气的食物。

（2）软质饮食

1）特点：所含的营养素平衡，食物加工要求软、烂、碎，老人容易咀嚼和消化，但要少食油腻和强烈刺激的调味品。

2）适用对象：适用于要求食用流质和普通饮食之间、处于疾病急性期和恢复期之间、咀嚼和消化能力较差的病人。

3）用法和要求：每日三餐，每两餐之间适当加餐，如软饭、面条（片）、饺子、馄饨等。

（3）半流质饮食

1）特点：食物呈糊状，是软质饮食向流质饮食的过渡，如米粥、蛋羹、藕粉、豆腐脑等。半流质饮食，纤维素含量少，易于吞咽、消化和吸收，营养丰富。

2）适用对象：用于身体虚弱、咀嚼功能差、口腔有疾患、消化道有疾病或发热的病人。

3）用法和要求：少食多餐，每日 5~6 餐，每次的用量视病人的病情需要而决定。

（4）流质饮食

1）特点：食物呈液体状态，水分含量较多，病人可直接吞咽或鼻饲，容易消化和吸收，如水、奶类、豆浆、米汤、果汁等。由于流质饮食所含的热量和营养不足，所以不能长期食用。只能在老人出现进食困难或采用鼻饲喂食时短期食用。

2）使用对象：进食有困难、大手术后、消化道有疾病、全身衰竭、使用鼻饲管的病人。

3）用法和要求：每日 6~8 次，每 2~3 小时一次，每次 200~300 毫升。

2. 治疗膳食

（1）高蛋白膳食　提高每日膳食中的蛋白质含量，使其占总能量的 15%~20%，以公斤体重计算，每日每公斤 1.2~2 克。

（2）低蛋白膳食　控制每日膳食中的蛋白质含量，以减少含氮的代谢产物，减轻肝肾负担。在控制蛋白质摄入的前提下，提供充足的能量和其他营养素，以改善患者的营养状况。要根据患者的病情个体化决定其蛋白质的摄入量，一般每日蛋白质摄入总量在 20~40 克之间。

（3）低脂膳食　控制每日膳食中的脂肪摄入量，以改善脂肪代谢和吸收不良而引起的各种疾患，根据患者病情不同，脂肪摄入量的控制也有所不同。一般可分为：一般限制、中度限制和严格限制。

（4）低胆固醇膳食　在低脂膳食的前提下，胆固醇每日控制在 300 毫克以下。

（5）低盐膳食　控制盐量，全日供钠量不超过 2000 毫克。

（6）无盐膳食　膳食在烹调中免加盐、酱油和其他钠盐调味品，全日供钠量在 1000 毫克以下。

（7）低钠膳食　全天膳食的含钠量在 700 毫克以下，病情严重者控制在 500 毫克以下。此膳食需在临床监测下短期使用。

（8）少渣膳食　少渣膳食（低纤维膳食）需要限制膳食中的粗纤维，包括植物纤维、肌肉和结缔组织，其目的是减少对消化道的刺激，减少粪便的数量。

（9）高纤维膳食　增加膳食中的膳食纤维，目的是增加粪便体积及含水量，刺激肠道蠕动，降低肠腔内的压力，促进粪便中胆汁酸和肠道有害物质的排出。

（10）高能量饮食　适用于营养严重缺乏的病人，如营养不良、大面积烧伤、创伤、高热、甲亢、骨折等病人。遵循平衡膳食的原则，适当增加餐次，摄入时循序渐进，少量多餐，多进牛奶、豆浆、鸡蛋、巧克力、藕粉、蛋糕及甜食等。

3. 特殊治疗膳食

（1）糖尿病膳食

1）营养膳食治疗是糖尿病最基本的治疗措施，其他的治疗方法均必须在饮食治疗的基础上实施。通过饮食控制和调节，可以达到保护胰岛功能，控制血糖、血脂，预防和延缓并发症的发生，供给患者合理营养，提高患者生活质量的目的。

2）量的要求：根据病情及病人的身高、体重、年龄、性别、血糖、尿糖及有无并发症等病理生理情况和其劳动强度、活动量大小等因素计算热能需要量，总能量以维持理想体重低限为宜。

①碳水化合物供给量宜占总热能的 50% ~60%，以复合碳水化合物即粗粮如玉米、高粱之类为主。

②脂肪占总能量代谢的 20% ~25%，或按每日 0.8 ~1.0 克/公斤体重供给。其中多不饱和脂肪酸、单不饱和脂肪酸与饱和脂肪酸比值为 1∶1∶0.8。胆固醇少于 300 毫克。

③蛋白质宜占总能量的 12% ~15%，成人按每日 1 克/公斤，凡病情控制不满意，易出现负氮平衡者按 1.2 ~1.5 克/公斤体重供给。动物蛋白质应不低于30%，并应补充一定的豆类制品。

④多供给含膳食纤维丰富的食物，每日总摄入量应在 20 克以上。

⑤供给充足的维生素和无机盐。适量补充 B 族维生素和维生素 E，钙、硒、铬、锌等无机盐和微量元素应充分供给，食盐不宜过高。

⑥合理安排餐次。每日至少 3 餐，定时、定量。餐后血糖过高的可以在总量不变的前提下分成 4 餐或者 5 餐，注射胰岛素或口服降糖药时易出现低血糖，可在两餐中加点心或睡前加餐。

（2）低嘌呤膳食 限制膳食中嘌呤的摄入量在150毫克/日，调整膳食中食物配比，增加水分的摄入量，以减少食物性的尿酸来源并促进尿酸排出体外，防止因饮食不当而诱发急性痛风。

（3）麦淀粉膳食 本膳食是以麦淀粉为主食，部分或者全部替代谷类食物，减少植物蛋白质，目的是减少体内含氮废物的积累，减轻肝肾负荷，根据肝肾功能情况限定摄入的优质蛋白质量，改善患者的营养状况，使之接近或达到正氮平衡，纠正电解质紊乱，维持病人的营养需要，增强机体抵抗力。

（4）低铜膳食 限制每天膳食铜如核桃、蛋黄、瘦肉等的摄入量。

（5）免乳糖膳食 乳糖不耐受是因先天性小肠乳糖酶缺乏，或病后肠黏膜受损引起乳糖酶分泌障碍，故应避免含乳糖的食物如糖果、饼干、冰淇淋、奶昔、奶油等的摄入。

（6）急性肾功能衰竭膳食 急性肾功能衰竭以急性循环衰竭为主，急剧发生肾小球滤过率降低和肾小管功能降低。合理膳食有益于肾功能的恢复，维持和改善病人的营养状况。

（7）肾透析膳食 血透或腹透均为清除体内代谢毒性产物的方法，同时也会增加组织蛋白及各种营养素的丢失。膳食营养补充应结合透析方法、次数、透析时间、消耗程度及病情而定。

（8）肝功能衰竭膳食 饮食有规律，不可暴饮暴食，多吃新鲜蔬菜和水果、真菌类食品、高蛋白食物。不能吃辛辣刺激性、高糖、高胆固醇等食物，每餐吃到八分饱为宜。

4. 儿科膳食

（1）婴儿膳食 母乳为婴儿的最佳食物，患病婴儿只要无特殊禁忌情况，仍应以母乳作为首选食物。

（2）儿科基本膳食

1）普食。由于儿童的消化系统处在发育阶段，每餐食物容量不宜过大，除3餐主餐外，可有1~2次加餐。

2）软饭（幼儿普通饭）。少量多餐，每日供应4~5餐。

3）半流质。少量多餐，每日供应5~6餐，本膳食能量较低，较大儿童只能短期食用。

4）流质。本膳食所供食物呈液体状或入口即溶化成液体。每日进餐6~8次，每次200毫升。在基本流质基础上，根据病情需要可设计特殊食谱。如腹部手术后初期给予清流质，喉部手术后初期给予冷流质等。适应症、膳食应用原则、免用食物参照成人流质。

（3）幼儿膳食 膳食为细碎、易咀嚼的主副食混合餐，每日进食5~6餐。

（4）儿科治疗膳食

1）小儿贫血的膳食。在充足能量的基础上，给予高蛋白膳食，蛋白质应占能量的 15%～20%，其中优质蛋白质应占 50% 以上，应多选用含血红素铁和维生素丰富的瘦肉、动物血及含维生素 C 丰富的新鲜蔬菜和水果。食物烹调方法和餐次应按患儿年龄及食欲等情况来设计安排。为了增加食物的摄入量，一般可用少量多餐的方法，每日 5～6 餐。

2）婴儿腹泻的膳食。根据患儿腹泻的症状和引起腹泻的原因，调整饮食配方和喂养方法，以缓解病情，促进康复。

3）儿童糖尿病膳食。通过饮食治疗使患儿血糖、血脂达到或接近正常水平，又能保证患儿正常生长发育的营养需要。

（5）儿科诊断膳食和配方膳食

1）潜血试验膳食。辅助诊断消化道隐性出血，试验期 3 天，该试验膳食的目的是消除食物中铁的来源，测出粪便中含少量的铁元素，即可疑有隐性出血。

2）胆囊造影检查膳食。辅助诊断胆囊和胆道疾患，试验期 2 天。造影前 1 天午餐进食高脂肪膳食，前 1 天晚餐进食无脂肪低蛋白低纤维膳食，基本为纯碳水化合物膳食。晚 8 时服碘造影剂，服药后禁饮水、禁食。检查当日早晨禁食。检查当中按指定时间进高脂肪餐。

3）内生肌酐试验膳食。通过控制外源性肌酐的摄入，观察机体对内生肌酐的清除能力。试验期为 3 天，前 2 天是准备期，最后 1 天为试验期，试验期间均食无肌酐膳食，如瘦肉之类膳食。

4）碘试验膳食。通过控制食物中碘的摄入量，辅助放射性核素甲状腺功能检查。试验期 2 周，忌食含碘食物以及其他影响甲状腺功能的药物和食物，使体内避免过多地贮存碘。

5）糖耐量试验膳食。通过进食限量的碳水化合物如淀粉、燕麦、甘蔗等，并测定空腹和餐后血糖来观察糖代谢的变化以诊断糖尿病和糖代谢异常。

6）纤维肠镜检查膳食。通过调整膳食中膳食纤维和脂肪的摄入，给患者进食少渣和无渣的饮食，以减少粪便量，为肠镜检查做肠道准备。

7）结肠造影膳食。减少膳食纤维和脂肪的摄入量，减少肠道内食物残渣，为结肠 X 光检查做肠道准备。

8）钙磷代谢试验膳食：

①低钙、正常磷代谢膳食。调整饮食中的钙磷含量，观察甲状旁腺功能。代谢期为 5 天，为称重膳食，前 3 天为适应期，后 2 天为代谢期。收集试验前及代谢期最后 24 小时的尿液，测定尿钙排出量。

②低蛋白、正常钙磷脂膳食。试验期为 5 天，前 3 天为适应期，后 2 天为试验期，为一种严格的称重代谢膳食。

9）钾钠代谢膳食。代谢期共 10 天，前 3～5 天为适应期，后 5～7 天为试验期，用以辅助诊断醛固膳增多症。

二、常见病人膳食的制作要求

1. 高血压、高血脂、冠状动脉粥样硬化、冠心病、心绞痛和心肌梗塞的饮食制作要求

1) 限制总热量，达到或维持理想体重。

2) 采用复合碳水化合物，限制单糖和双糖的摄入，粗细粮搭配。

3) 限制动物脂肪、忌食肥肉，烹调用植物油，以增加不饱和脂肪酸的摄入，使脂肪占总热量的 25% 以内。

4) 适当限制胆固醇，合并高胆固醇血症者每日摄入量要低于 300 毫克，每日不能超过一个蛋黄。

5) 蛋白质多选鱼类和大豆制品，摄入优质蛋白的同时增加不饱和脂肪酸，降低胆固醇。

6) 每天吃新鲜蔬菜和水果，适当食入香菇及紫菜、海带等菌藻类，以补充维生素、膳食纤维和矿物质，对降血脂有益。

7) 限制钠盐，每日摄入量应在 3~5 克。

8) 戒除烟酒。

除此外，应注意：①高血压患者相对增加含钾、镁、钙高的食物，有助于血管舒张，降低血压。②心绞痛、心肌梗塞急性期应选用清淡易消化的半流食，少量多餐，不宜过冷过热，保持大便通畅。含镁高的食物对缺血性心肌具有保护作用。

含钾高的食物有：柑橘、杏、香蕉，红枣、葡萄干、大豆类，家禽、鱼、瘦肉。

含镁高的食物有：各种干豆、鲜豆、豆芽、香菇、菠菜、桂圆等。

含钙高的食物有：黄豆及其制品、牛奶、花生、鱼虾、柿子、海带、紫菜、芹菜等。

可食食物：馒头、米饭、豆类及其制品、蔬菜类、瘦肉类、牛奶、禽肉、鱼虾类、鲜果类等，包含钾、镁、钙高的食物。

限制或禁忌食物：油饼、咸花卷、松花蛋、腌制品、酱油、盐；动物内脏、肥肉、香肠；蛋黄、奶油等；鱼子、龟肝、巧克力等。

低盐低脂饮食食谱举例：

早餐　豆浆　豆沙包　白煮蛋

中餐　糖醋肉片炒油菜（盐1克）　米饭

晚餐　包子（猪肉白菜馅，盐1克）　小米大枣粥

总热量约 1600~1800 千卡/天，碳水化合物占 50%~60%，蛋白质占 15%

~20%，脂肪不超过25%，盐限制在2~3克。

2. 较特殊病人的饮食制作要求

此类病人多数为高血压、高血脂、动脉粥样硬化，冠心病、糖尿病、脑出血、脑梗塞等与饮食密切相关的心脑血管疾病患者。饮食原则应从控制血压，降低血脂、血黏度，控制血糖等方面着手。食品制备要注意多样化、软、色、香、味俱全，以增进食欲。

可食食物：标准米面；鱼肉蛋奶类；新鲜蔬菜和水果。

限制及禁忌食物：粗杂粮；肥肉；辛辣刺激性大的食品饮料。

食谱举例：

早餐 牛奶 白煮蛋 小花卷

午餐 醋熘鱼片 香菇油菜 两米面发糕

晚餐 馄饨 烧饼

总热量1500~1800千卡/日，蛋白质、脂肪、碳水化合物分别占总热量的20%、25%、55%。

3. 心力衰竭病人的膳食制作要求

心力衰竭膳食的治疗目的是减轻心脏负担，供给心肌充足营养，保护心脏功能，调解水和电解质的平衡，预防和减轻水肿。

1）减轻心脏负荷。包括减少体力活动，控制总热量，使体重稍低于理想体重。每天摄入蛋白质不宜过高，蛋白质的含量为0.8克/千克体重，以免额外增加食物动力作用，脂肪用量不超过1克/千克体重，其余的用碳水化合物供给，少吃甜食。

2）减轻水钠滞留。轻度心衰病人，每日摄入钠盐应限制在2克；中度心衰病人，每日摄入钠盐量应限制在1克；重度心衰病人应限制在0.4克，饮水每天超过不宜500毫升，因为食物中也含有一定的水，足够维持日常生理需要。

3）维持电解质平衡。由于摄入不足、利用利尿剂等使丢失增多，可出现低血钾、低血镁等症，故应补充含钾和镁高的食物。含钾高的食物有：柑橘、杏、香蕉、红枣、葡萄、大豆类，家禽、鱼、瘦肉中含钾量也偏高。含镁高的食物有：各种鲜豆、豆芽、香菇、菠菜、桂圆等。

4）高维生素饮食。维生素的供给应充足，包括B族维生素和维生素C等。

5）少食多餐，减少胃胀满感。

可食食物：各种易消化的细粮，牛奶及制品，豆制品，蔬菜水果类，瘦禽肉类，鱼虾类。

限制及禁忌食物：粗粮，含盐及发酵粉的主食，点心，肥肉，动物内脏、咸菜及腌制品，洋葱、萝卜等易胀气蔬菜、动物油。

食谱举例：

早餐　豆浆　糖包　白煮蛋

加餐　莲子粥

中餐　糖醋鱼片　炒碎油菜　米饭

加餐　鸡汤

晚餐　西红柿馅馄饨

总热量 1300～1600 千卡/日，蛋白质 0.8 克/千克、占 15%～20%，脂肪 1.0 克/千克、占 30%，碳水化合物占 50%～60%，每日食盐量在 3 克以内。

4. 支气管炎、肺气肿、肺心病、肺性脑病病人的饮食制作要求

支气管炎、肺气肿、肺心病、肺性脑病是呼吸系统最常见的一组疾病，其饮食营养治疗具有以下共性：

1）体重正常的病人给予平衡饮食，以增强呼吸道的抵抗力；体重低于正常者，给予高热能高蛋白饮食，以利于受损伤的支气管组织修复。应少量多餐，易于消化。

2）适量限制奶类：因奶制品易使痰液变稠，使感染加重。

3）维生素 A 和 C 亦可增强机体免疫力，促进支气管黏膜修复，应注意补充，必要时可用药物。

4）增加液体摄入量，大量饮水有助于痰液稀释，保持气管通畅，每天至少 2000 毫升。

5）忌刺激性食物，过冷、过热及其他刺激性食物，可刺激气管黏膜，引起咳嗽。

6）药物影响，间羟异丙肾上腺素应在饭后用果汁吞服，以避免影响食欲和引起胃肠道反应；服用茶碱类药物时，避免饮咖啡、可可、茶叶及可乐饮料，以免加重对胃肠黏膜的刺激。

不能口服饮食的需管饲饮食及静脉营养。管饲饮食的原则同上，静脉营养则需降低糖脂比，补足维生素及矿物质。

可食食物：米面，鱼肉蛋类，黄绿色蔬菜如胡萝卜、油菜等。

限制及禁忌食物：牛奶，过冷、过热及其他刺激性食物，咖啡、可可、茶叶、及可乐饮料。

食谱举例：

早餐　粥　馒头　鸡蛋　肉末咸菜

午餐　熘肝尖　米饭

晚餐　馄饨　花卷

总热量 500～2000 千卡/日，碳水化合物、脂肪、蛋白质所占比例分别为 55%、30%、15%，丰富胡萝卜素及维生素 A。

5. 肺结核病人的饮食制作要求

肺结核是结核分枝杆菌引起的慢性肺部感染，免疫力低下者易受感染。一般有全身不适、疲倦乏力、食欲不振、体重减轻、低热盗汗，咳嗽咳痰、咳血等症状。营养治疗是辅助药物治疗不可忽视的措施，目的是增强机体抵抗力，促进病灶早日愈合。

1）高蛋白高热量饮食。30~40千卡/千克体重，1.2~1.5克/千克体重，蛋白质以优质蛋白如瘦肉、禽、蛋、乳及大豆制品为主。

2）无机盐钙是促进病灶钙化的原料，供给应充足。牛奶、绿叶蔬菜、豆制品、海产品等中含无机盐钙较多。

3）铁是制造血红蛋白的重要原料，咯血病人应补充动物内脏和血等。必要时可补充铁剂。

4）维生素A能增强机体免疫力，维生素C有利于病灶愈合和血红蛋白的合成，B族维生素有改善食欲的作用。故应多吃一些深绿色蔬菜、瘦肉等含上述维生素丰富的食物。

5）少量多餐是增加摄入量的一种方法。

可食食物：米面，糖，点心，鱼肉蛋奶类，豆制品，黄绿色蔬菜，新鲜水果，动物血等。

限制及禁忌食物：粗杂粮，辛辣刺激性食物和强烈调味品，烟酒。

食谱举例：

早餐　牛奶加糖　白煮蛋　豆沙包

午餐　砂锅豆腐（豆腐、鸡肉、海米、油菜）　米饭

晚餐　煮水饺（猪肉菠菜馅）　卤肝

加餐　牛奶加糖　饼干

总热量2000~2500千卡，蛋白质1.2~1.5克/千克、约80~100克，脂肪1.0~1.2克/千克、约60~80克，碳水化合物250克左右，足够的钙、铁、维生素A和维生素C。

6. 神经内科病人的膳食制作要求

（1）脑卒中膳食要求　高血压、高血脂、动脉粥样硬化、糖尿病等是引起脑卒中（脑出血、脑梗塞）的主要原因，因此与之有关的饮食营养因素也有密切关系。

能经口进食的病情较轻的患者饮食原则基本与高血压、高血脂、动脉硬化、冠心病、心绞痛等疾病的相同，见心血管疾病饮食治疗原则。重症和昏迷病人宜及早行管喂饮食，避免营养缺乏。

神经科重症和昏迷病人管喂饮食方案见表8-1。

表8-1 肠内营养治疗方案鼻饲时间、内容量（毫升）餐次及用法

鼻饲时段	内容	摄入量（毫升）	餐次/日	用法	具体时间/时
过渡期（第1~2天）	浓米汤	150	3	推注	8，12，18
第3天	流质	250	3	滴入	8，12，18
第4天	流质	500	3	滴入	8，12，18
第5天	整蛋白营养素	500	3	滴入	8，12，18
第6~14天	整蛋白营养素	400	4	滴入	8，12，16，20
第15天	整蛋白营养素	300	3	滴入	6，15，22
以后	匀浆膳	300	4	推注	9，12，18

说明：因胃肠出血以及严重腹胀、腹泻等原因不能运行肠内营养物时适时给静脉营养支持。

（2）脑炎、脊髓炎及脑脊髓炎的膳食要求　对营养膳食做要求的目的是保障足够的营养补充，以利于组织修复和功能恢复，其营养膳食治疗原则如下：

1）热能供给：病人发病初期食欲差，应给予流质饮食，随病情改善改为高热量流质饮食、软食直至普食。

2）高蛋白质：由开始的50~60克逐渐增至100~120克，以营养价值高、并易于消化的食物如牛奶、豆浆、蛋类、鱼虾类为好。

3）高碳水化合物：要供给足够的碳水化合物，每天350~500克，以利脑细胞代谢。

4）足够脂肪：除供给能量外，还可以提供充足的必需脂肪酸。

5）补充足够维生素：宜供给富含维生素的新鲜蔬菜、水果。

6）摄入水分应充足：每天不少于2000毫升，适量供给食盐，以补充丢失的钠钾氯化物等。

7）昏迷时应给予高热量、高蛋白质、高维生素的流体营养素或匀浆膳。

可食食物：标准米面软饭，糖巧克力、甜点心，牛奶、豆浆、鱼肉蛋类，新鲜蔬菜和水果。

限制及禁忌食物：粗杂粮，辛辣食品和刺激性饮料，油煎炸食物。

一日食谱举例：

早餐　牛奶加糖　鸡蛋花卷

中餐　炖肥瘦肉　香菇油菜　枣米饭

晚餐　白米粥　肉菜包　肉末咸菜

总热量：1800~2000千卡，蛋白质、脂肪、碳水化合物分别占总热量的20%、30%、50%，足够的碳水化合物和维生素。

7. 糖尿病人的膳食要求

要想同时保证热量、营养的供给和避免餐后血糖高峰，就要少食多餐。碳水化合物（指粮食、蔬菜、奶、水果、豆制品、硬果类食物中的糖分）要按规定准备，不能多也不能少，让病人均匀摄入。会引起血糖升高的食物，比如甜点心、咸点心，二者没有区别，都不能让患者吃。主食中要含以淀粉为主要成分的蔬菜，如土豆、藕、山药、菱角、芋头、百合、荸荠等；豆类，如红小豆、绿豆、蚕豆、芸豆、豌豆。副食要适量，不能用花生米、瓜子、核桃仁、杏仁、松子等硬果类来充饥，要多吃含膳食纤维的食物，少吃盐和含胆固醇的食物。

三、病人膳食器具的收纳方法

餐具、炊具的收纳流程：将餐具上残留的食物倒入垃圾桶或废弃物桶中，用清水简单冲洗餐具——温水洗涤餐具，加少量餐具洗涤剂——浸泡1~2分钟——刷洗表面，检查再刷洗——流水冲洗残留洗涤剂——餐具、炊具放置到适当位置（最好边洗边放）。

注意：

1）铁制炊具易生锈，用完要马上清洗；铝制炊具要趁热擦洗，用湿布擦去表面污垢，用盐水或碱水擦洗；不锈钢炊具清洁后要擦干，放阴凉通风处，用软布擦干水渍，以免生出锈斑。

2）菜板用木质的，生熟菜板分开，用完后刷洗、浇烫，放于干燥处晾干，以防止霉菌滋生。刀具用完后及时冲洗以软布擦净。

3）碗具、筷子洗净后放入碗柜。

4）病人餐具单独存放，并定期消毒。

技能训练

技能训练1 为病人制作三种主食和菜肴

进厨房之前，先整理好自己的卫生，做饭要有统筹方法，择、洗、切、煮先后有序，菜刀、砧板荤素有别；炒菜时尽量避免铁器发出碰撞响声；咳嗽时避开饭锅，禁止在厨房内打喷嚏、擤鼻涕；做饭时不能有挖鼻孔、抠指甲、弄头发等小动作。

讲究各种食物的洗涤方法，要注意用水、容器的卫生。

1. 胃病食疗主食

狗肉胡萝卜饺、兔肉香菇饺、素三色肉饺、洋葱黑面饺、玉米面牛肉汤饺、橘香黄芪汤饺、鹅肉包、柿子包、干虾肉葱包、青椒羊肉煎包、猴蘑兔肉烧卖、枣泥馒头、麻香养胃花卷、牛肉香菇馅饼、陈皮狗肉汤面、葱菇鱼肉面、鸡肉三珍面、鸭肉卤面、清香卤面、陈皮胡椒炒面、三色鱼丸面丁、双蔬炒面丁、鸡肉猴蘑面片汤、菜花口蘑粥、南瓜山药大米粥、二米羊肉粥、猪肚小米粥、香菇猴头鸡肉粥、糯香薏米粥、山药大枣二米粥、双豆粥、红糖黑白粥、牛肉小米菜粥、无花果莲枣二米粥、猪肚麦仁莲子粥、双珍鸡肉粥、桂圆大枣鸡肉粥、山药芡实粥、红糖山楂二米粥、羊肉糯米粥、黑香米枣粥、薏米干果粥等。

例：宫保杏鲍菇制作。

1）葱、姜、蒜切片备用。

2）将葱、姜、蒜、生抽、香油、白胡椒粉、玉米淀粉、香醋、糖，倒入小碗中。

3）加入清水拌匀，调成碗汁备用。

4）杏鲍菇流水冲净后，用厨房纸吸干表面水分，对半剖开后，切成约5厘米的块备用。

5）锅内不放油，烧至略有热度后，倒入杏鲍菇小火干炒。

6）炒3~5分钟，待杏鲍菇有水分渗出后，加入花椒，继续翻炒2~3分钟至炒出香味。

7）加入郫县豆瓣酱炒匀。

8）倒入调好的碗汁，快速翻炒。

9）待碗汁变稠并均匀包裹住杏鲍菇后关火，立即撒上花生拌匀即可如图8-1所示。

图8-1　宫保杏鲍菇成品

2. 糖尿病人的主食制作方法

1）对主食原料的选择：多吃糙米、注意粗细的搭配。

2）吃带皮的谷物：在做豆包的时候，选用带皮的豆馅比去皮细筛的豆馅好。

3）增加主食中的蛋白质。

4）增加主食中的脂肪含量。

5）不过多烹调食物，如粥别熬得太烂。

例：鲜虾蒸蛋羹制作。

1）鲜虾去壳，留下尾部的壳洗净，挑去肠泥，用小刀在虾仁上部 1/3 处戳个洞，将尾部从洞中穿过来。

2）用手轻轻将尾部拉出，稍做整形，让虾仁能够站立住。

3）鸡蛋打散加入 2/3 纸杯清水、浓缩高汤、盐搅匀，过滤装入大碗中。

4）盖上保鲜膜，蒸锅加水烧开，放入装蛋液的碗蒸 2 分钟，至蛋羹表面凝固定型。

5）放入鲜虾盖上保鲜膜，继续蒸约 2 ~ 3 分钟，至蛋羹熟透，蒸好后撒点葱末，淋少许香油即可，如图 8-2 所示。

图 8-2　鲜虾蒸蛋羹成品

例：苋菜炒平菇制作。

1）红苋菜去掉老根，洗净，沥干水分，掰成段；平菇洗净，撕成小朵；大蒜一半切片，一半切碎末备用。

2）锅烧热，倒植物油，先下几片蒜片爆香。

3）倒入平菇，不断翻炒至变软。

4）再放入苋菜大火翻炒至八成熟，即苋菜在锅中变软，倒入剩余蒜碎。

5）翻炒几下，待蒜香飘出，马上关火，加入盐调味即可如图 8-3 所示。

图 8-3　苋菜炒平菇成品

技能训练 2　为病人制作三种汤

1. 羊肉萝卜汤

治疗功效：预防心脑血管病、养胃。本汤温补，但不上火。

食材：羊肉 300 克、白萝卜 400 克、红枣 5 粒、山楂 2 个。

做法：

1）所有食材洗净，羊肉切块焯水撇沫；山楂切成 2 瓣；白萝卜切滚刀块。

2）锅中放水，加入焯好的羊肉块、葱、姜、山楂、适量料酒，待开锅。

3）开锅后加入白萝卜、红枣，再次开锅，调小火煲 2 小时，临出锅放盐，如图 8-4 所示。

2. 五仁铁棍汤

治疗功效：健脾益胃。

清血管垃圾：控压、控脂。

食材：花生米 20 粒，红豆、薏米各 50 克，桂圆 10 粒，红枣 5 粒，铁棍山药 200 克、红糖 5 克。

做法：

1）所有食材洗净，红豆提前泡软待用。

2）锅中放水加入红豆、花生米、薏米煮开。

3）放入红枣、桂圆、铁棍山药，待二次开锅。

4）放红糖，小火煲 2 小时。

图 8-4　羊肉萝卜汤成品

　　注意：此汤适合冬天低能量进补，为糖尿病患者做这道汤，可以不放红糖，图 8-5 所示。

图 8-5　五仁铁棍汤成品

3. 猪肝瘦肉粥

1）准备好食材。

2）猪肝、瘦肉洗净分别切成薄片。

3）猪肝、瘦肉各加少许料酒、淀粉、胡椒粉、盐、姜调味。

4）大米洗净，电饭锅中加上适量的水。

5）粥烧开后先放入瘦肉至煲熟。

6）再放入猪肝煮至熟。

7）粥煲好后，放入适量的盐调味。

8）最后放入小葱提鲜即可，如图8-6所示。

图8-6　猪肝瘦肉粥成品

技能训练3　照护病人进食、进水

护理人员着装整洁、洗完手。

物品准备：漱口杯、温开水、餐巾、食物。

1）携食物至病人床旁，向病人解释，询问有无大小便，取得合作。

2）视病人身体情况取合适位置。

3）将餐巾围于病人颔下。

4）漱口清洁口腔。

5）将食物放在病人能看见处。

6）协助病人进食。

7）漱口清洁口腔，擦净口角周围残留物，取下餐巾。

8）观察询问病人并协助病人取舒适卧位休息，确认无不适离开。

9）整理用物，放回原处。

10）洗手。

11）记录病人进食量及种类。

技能训练4　清洁、消毒病人膳食器具

1）洗刷餐具、用具必须注意卫生，尽量分开，不得与清洗蔬菜、肉类等其

他水池混用。

2）洗刷餐具、用具应严格执行洗、刷、冲、消毒"四过关"。

3）洗涤、消毒餐具、用具所使用的洗涤剂、消毒剂必须符合食品用洗涤剂、消毒剂的卫生标准和要求。

4）消毒后的餐具、用具必须贮存在专用保洁柜内备用，已消毒和未消毒的餐具、用具应分开存放，并有明显标记。

5）餐具、用具保洁柜应定期清洗，保持洁净。

6）餐具、用具清洗、消毒落实到个人，明确记录时间和责任人，以便操作，追究责任。

无论是普通病人还是传染病人使用的餐具都应该做好清洁和消毒的工作，具体做法为：先用洗涤剂清理干净餐具，其次用清水冲洗 2～3 次，再次将病人用过的餐具沸水煮 30 分钟，最后消毒，消毒后的餐具应自然干燥，不宜用抹布揩擦。

消毒方法有五种：

1）煮沸法：餐具全部浸没于水中，煮沸 15 分钟，在沸水中加入 2% 的碳酸氢钠少许，沸点可以达到 105℃，增强灭菌效果。

2）蒸汽消毒：将洗净的餐具放入蒸汽柜或蒸气箱中，温度升到 100℃ 时消毒 10 分钟左右。

3）烤箱消毒：温度一般在 120℃ 左右，消毒 15～20 分钟。

4）洗碗机洗涤消毒：将餐具按要求放在洗涤架上，洗涤液、消毒液要临时配制，并要随时更换，洗涤消毒完后，检查是否符合卫生要求，若没有达到卫生要求，要重新洗涤、消毒。

5）化学方法消毒：应使用餐具消毒剂，而不可使用非餐具消毒剂进行消毒，使用时要按说明书选择规定的浓度，餐具全部浸没在消毒液中 15 分钟左右，浸泡后用流动的清水将餐具冲洗干净，去掉残留在餐具表面的消毒剂和异味。消毒液不可以长时间反复使用，要随时更换。

6）浸泡消毒：不耐高温的餐具，可用配置比例为 84 消毒剂与水 1∶100 的稀释液，浸泡 10 分钟，然后用清水冲洗干净即可。

注意：不可用微波炉消毒，此做法有一定的危险性。

第二节　照护起居

一、与病人相处的技巧

病人是一群特别需要关心的群体，作为一名护理人员，在和病人相处时所需要注意的事项是跟健康的人相处时有区别的。

首先，要做一个好的倾听者，切忌在病人面前抢着表达自己。病人的心理活动是复杂的，有时候相对无言是很自然的事。此时作为一名护理人员是不需要强迫自己说话的。要允许病人和你有不同的感受，并让病人有真诚表达内心感受的机会，又允许他自己沉默。其次，要鼓励病人树立责任感，积极参与康复。因此，在照顾病人时，要把他看成是有能力承担责任的人，而不将他看成毫无自救能力的人。所以在跟病人相处时不能事事代劳，一切包办，看起来似乎关怀备至，其实会促使他更加萎弱以及令其有无力感。我们要鼓励病人对自己的身心健康负起责任，鼓励病人自己照顾自己。病人应该被允许自己料理一些事情，护理人员应该鼓励病人坚强的表现，这样会让病人觉得自己不是什么事都做不了的，可以增强病人的信心。再次，及时称赞病人也是与病人相处的一个重要技巧，称赞可以增强病人的积极情绪。当病人的身体看上去较好时，要及时告诉他/她，让他/她知道你也为他/她高兴。最后，要经常陪病人参加一些社会活动，分散病人对疾病的注意力，同时让他/她觉得自己有能力从事治疗以外的活动，从而增强活下去的信心。当病人病情好转时，也要经常陪伴在病人的身边。

二、病人日常盥洗的注意事项

对于病人来说，居室一定要清洁、整齐，可以在居室内摆放一些花卉盆景（注意花粉过敏者忌用），给卧室增加一些生机。干净整洁的环境对病人来说是很重要的，所以居室要经常开窗通风，保持空气新鲜，宜阳光充足，这样就不容滋生细菌，病人也不会感染。除了居室的环境，病人的日常盥洗也是预防疾病的一个重要措施。在给病人进行日常盥洗时要注意以下几点：

1）病从口入，所以口腔清洁是很必要的，在给病人进行口腔清洁时动作要轻稳以免损伤牙龈及口腔黏膜，每次只能用一个棉球，且要用血管钳夹紧棉球，以防遗留在口腔内。棉球蘸水不可过多，以防液体被吸入呼吸道。

2）当病人的嘴里有痰时，护理人员应当立即帮助病人吸出痰；开口器应当从病人的臼齿处放入；护理人员在帮病人进行口腔清洁时应当观察病人的口腔黏膜情况；护理人员也要帮助病人把义齿刷洗干净，睡前取下浸入冷水中，次日再用。

3）在给病人洗头时，要注意观察病人的面色、脉搏、呼吸的变化，如果发现有异常情况，应该立即停止洗头，对于衰竭、垂危的病人，一般最好不要在床上洗头。

4）在给病人擦澡时要根据病人的不同情况选择不同的方法，全身情况比较良好的病人，可以洗淋浴；不能站立过久的病人，就要洗盆浴；而那些病情比较重，生活不能自理的病人，就需要护理人员来帮助进行擦洗，擦洗时应该先帮助病人松开领口，然后给病人洗眼、鼻、脸、耳、颈部等处，注意洗净耳后。擦完脸后护理人员要脱去病人的上衣，先洗健康一侧，然后洗患侧，擦洗两臂。注意洗净腋窝部。帮助患者侧卧，面向护理者，将脸盆放于床侧的大毛巾上，为患者洗净双手。接着解开病人的裤带，擦洗胸腹部，注意乳房下及脐部的擦洗，帮助患者翻身，擦洗背及臀部。擦完上半身以后护理人员将病人的长裤脱去，擦洗两腿、两侧腹股沟、会阴。将盆移于足下，床上垫大毛巾，洗净双足，穿好裤子。最后整理床铺，按需要更换床单，清理所用物品。擦洗后要帮病人换上干净的衣裤。

4）对于卧病在床的病人来说，护理人员要及时帮病人进行翻身，避免形成压疮。

5）要保持病人的床铺平整、清洁、衣服干净舒适。病人的被褥要常晒，床单、被套、枕套等床上用具经常更换、清洗。大小便失禁者宜在身下铺一块护理垫，一定要选用柔软透气型，可保证清洁干爽，并及时做好便后护理，如涂抹爽身粉。床铺每日清整 2～3 次，保持平整、干净、无皱褶；尿湿的护理垫要及时更换。患者衣着要宽大柔软，贴身内衣纯棉材质的最佳，领扣、腰带要宽松易解、不影响呼吸。

三、卧床病人洗头、擦澡、翻身、更换衣物的注意事项

1. 给卧床病人洗头的注意事项

在给病人洗头时，要注意观察病人的面色、脉搏、呼吸的变化，如果发现有异常情况，应该立即停止洗头，通常给卧床病人洗头时都采用床上洗头法。

首先，要准备好一个床上洗头盆、两个水桶 、一条浴巾 、一块一次性巾单、洗发液、电吹风、棉球若干、纱布若干、水杯、梳子。接着，要让病人躺在床上，将毛巾垫在洗发盆凹口处，将病人颈部靠在洗发盆凹口处，再在病人的肩膀下面垫一个软枕，在病人的耳孔内塞入棉球，将纱布盖在病人的眼睛上。然后用水杯舀温水，按照常规洗头法操作。等帮病人洗完头后取下棉球和纱布，取掉软枕，移开洗头盆，让病人仰卧，全身放松，头肩下垫上浴巾，用吹风机吹干头发，梳理头发，协助病人取舒适卧位休息。

2. 给病人擦澡的注意事项

人的皮肤在不断地分泌脂类、排泄汗液，如果不及时清洗，病人感染疾病的机会就会增加，因此长期卧床病人的皮肤清洁应该引起注意，给病人擦澡是皮肤清洁的最好的方法。

1）对于全身情况良好的卧床病人来说可以进行淋浴或盆浴，浴室温度最好保持在 20～24℃，水温不宜过高，因为过高的水温会导致病人体表毛细血管扩张而致脑缺血导致眩晕。此外，沐浴时间也不能过长，以防病人因疲劳而发生意

外。病人饭后不能马上沐浴，饭后立即沐浴会导致消化不良而引起呕吐。

2）对于病情较重、长期卧床、全身情况较差的病人可以进行床浴。给病人进行床浴时首先要清洗病人的脸部和颈部，尤其要注意眼眦及耳的清洁，然后脱去衣服，依次擦洗上肢、胸腹、背部、下肢及会阴。擦洗时动作要快，用力适当，并注意皮肤褶皱处的擦洗。应根据情况调节水温及更换清水，避免不必要的暴露，以防患者受凉。擦洗时要注意观察皮肤有无异常。骨突出部位擦洗后应用50%的乙醚按摩。擦洗完毕给病人换上干净衣服，并修剪指甲、趾甲，防止病人抓伤皮肤造成感染。

3. 给病人翻身的注意事项

给病人翻身是很重要的一件事，病人长期躺在床上是很容易得压疮的，所以在给病人翻身时要注意以下几点：

1）当一个人给病人翻身时，要注意不可以拖拉病人，以免给病人造成二次伤害。要先将患者双手交叉放在胸前，微屈其下肢，然后双手分别托住患者对侧的肩部和膝部，使其转向护理人员，接着先托住患者肩部使其移向床上部，后托起臀部移向床中部，并适当调整成舒适的体位，在患者背部、腋下及两膝间放软枕或海绵。

2）当两个人一起给病人翻身时，要注意动作协调一致，手脚轻稳。一人托住患者肩部和胸背部，一人托住腰部和臀部，两人同时托起肩、背、腰、臀使其翻身侧卧。

3）给病人翻身时也要注意翻身的次数，翻身次数应视病情及局部受压情况而定，如有皮肤发红或破损应及时处理，并增加翻身次数。

4）如果是帮身上插有多种导管的病人翻身，操作时应该注意不要将导管拔出，翻身结束后检查各管是否安置妥当。

5）护理人员为手术后病人翻身时，首先应该检查敷料是否脱落或有无分泌物。被浸湿的敷料应先更换，然后翻身。有牵引治疗的病人，在翻身时应持续牵引。石膏固定或伤口较大的病人翻身后应注意将患处放于适当位置，避免受压。

4. 给病人更换衣物的注意事项

干净的衣物可以使病人更加舒服一点，在给病人更换衣物时应该做到以下几点：

1）向病人打招呼，让病人明白要换衣服，做好心理准备，并且准备好围帘以保护病人的隐私。

2）首先让病人在仰卧状态下侧膝部位立起，并脚踩住床铺尽量使腰部抬起。接着，护理人员要把病人背后的衣服掀起至肩部以上，让病人健侧肘部弯曲，贴紧肋下，然后开始脱掉健侧手臂的袖子。此时，护理人员应拉住衣服底襟，从病人健侧肘关节开始把袖子脱至肩部。

3）让病人翻身，呈侧卧位，护理人员将衣服底襟和领口一并握住，从病人下颚开始向上，从头部脱掉，与此同时护理人员一手要托住病人后脑。

4）在帮患者脱患侧肩部的衣服时，护理人员从下方托住病人患侧腕关节，另一手拿住袖口向外拉，脱掉患侧袖子。

5）在帮病人穿衣时，让病人呈侧卧位，护理人员一手伸入病人患侧袖口内，从下方托住病人腕关节，从患侧手臂套上袖子。护理人员将衣服底襟挽起至领口然后一并握住，为了便于病人头部通过领口，将领口处向两边撑开，扩大领口。护理人员用两手背撑开领口，两手掌托起病人后脑，让病人收下颚；如果病人无法收下颚，可以从病人头顶套上，让头部通过领口。如果病人自己可以用健侧手把衣服领口和底襟一并握住，就让病人自己握住，并且在换衣过程中要询问病人是否感到不适和疼痛。

6）最后帮病人恢复仰卧位。让病人健侧肘部弯曲，贴紧肋下，手指向斜上方伸展，指尖穿过袖子。整理好衣服两肩，让衣服整体平顺，不要出现褶皱。换衣完毕。

四、体温计的使用方法和脉搏测量方式

1. 体温计的分类和使用方式

给病人测量体温和脉搏是一件很重要的事情，这是了解病人身体是否正常的一个基础的方法。在测量体温时，我们常用的体温计有水银体温计和电子体温计。电子体温计的使用方法比较简单方便，首先要正确安装电池，要注意电池的正负极性；接着直接放置于口腔、腋下则会显示其所测的温度。而水银体温计相较于电子体温计来说复杂一些，水银体温计的测量方法可以分为三种：口腔检查法；腋下检查法；肛门检查法。

2. 脉搏的测量方式

在给病人检查脉搏前应该叮嘱患者安静休息，在检查脉搏时让病人将前臂及手平放在适当部位，测量者用食指、中指、无名指指端并拢按在患者桡动脉上（必要时亦可按颞动脉、足背动脉、肱动脉），感到脉搏跳动后计数，如图8-7所示。一般测量15秒，将所得数乘以4即可得到结果；危重及心脏病患者应测1分钟。测后应及时记录。

五、口服给药方法及注意事项

1. 口服给药的定义

口服给药是药物疗法最常采用的给药方式，药物经胃肠道黏膜吸收。

2. 口服给药的优点和目的

口服给药的优点是给药方式简便，不会直接损伤皮肤或黏膜，药品生产成本

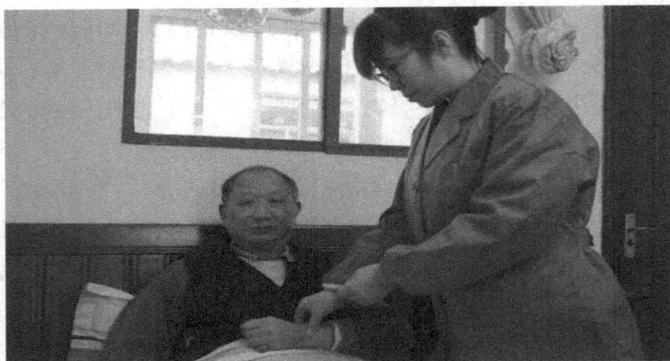

图 8-7　测量脉搏

较低，价格相对较低廉，因此能口服给药者不首选注射给药。口服给药是为了给病人减轻症状、治疗疾病、维持正常生理功能、协助诊断、治疗疾病。

3. 口服给药的方法和对应的注意事项

护理人员在给病人口服给药前应该将自己的手洗干净并且消毒，将病人的药物备齐放在清洁药盘里。如果是固体药，应当用药匙取药，在取药品时应该用左手，让瓶签朝自己，查对后用右手拿着药匙取出所需药量，并且放入药杯。当所给的药为液体药时，应该注意以下几点：

1）先检查药品是否正确，然后将药液摇匀。

2）将摇匀后的药瓶打开，使瓶盖内面向上放置。

3）用左手拿着量杯，将拇指放在所需刻度处，举起量杯使所需刻度和视线平行，右手拿着药瓶将瓶签朝向掌心，避免药液污染标签，倒药液至低液面达所需刻度。

4）将药液倒入杯中。

5）用纱布将瓶口擦拭干净并放回原处。

6）在更换药液品种时，应该将量杯洗干净。

7）当药液不足 1 毫升时，必须用滴管吸取计量，为了使药量准确，应当将滴管稍倾斜，注意用滴管时 1 毫升时按 15 滴计算。此外，为了使服药量准确，应将药液滴入盛有少量冷开水的药杯内，以免药液粘附在杯内。

8）当所给的药为油剂药时，应当先在杯内加少量冷开水，然后再将药液倒入杯内，以免油附在杯内，影响服药的剂量。

口服给药看起来是一件很简单的事情，其实也是大有学问的。护理人员在给病人口服给药时，必须注意以下几个方面：

首先，在给病人吞服药物时应当给病人准备好 40～60℃温开水，切忌不要用茶水服药。当给病人服用一些对牙齿有腐蚀作用的药物时，比如酸类和铁剂，应当给病人准备吸管吸服药物，病人服药完毕后护理人员应当为病人准备漱口水以保护病人的牙齿。当病人服用缓释片、肠溶片、胶囊时要嘱咐病人不可嚼碎。舌下含片应放于舌下或两颊黏膜与牙齿之间待其融化。抗生素及磺胺类药物应准时服药，以保证有效的血药浓度。当服用对呼吸道黏膜起安抚作用的药物后要记得嘱咐病人不要立即饮水。某些磺胺类药物经肾脏排出，尿少时易析出结晶堵塞肾小管，服后要多饮水。一般情况下，健胃药宜饭前服，助消化药及对胃黏膜有刺激的药物在饭后服，催眠药在睡前服。

六、轮椅、拐杖等助行器的应用范围

对于很多人来说操作轮椅是很陌生的，但对于腿部残疾人和体弱无法走路的老年人轮椅却是熟悉的，因为对他们来说轮椅就是他们的双腿。它给很多腿脚不便或腿伤康复期的人们提供了帮助，带来了方便。

轮椅是腿脚不便的人们康复的重要工具，它不仅是肢体伤残者的代步工具，更重要的是使他们借助于轮椅进行身体锻炼和参与社会活动。普通轮椅一般由轮椅架、车轮、刹车装置及座靠四部分组成。

在倾斜路面使用轮椅时，千万不能将轮椅倾倒或者突然转换方向，在轮椅下坡时不能突然紧急刹车，避免造成向前翻倒的危险事故。在使用轮椅的过程中切勿在脚踏板上站立，避免造成轮椅侧翻的事故。所以在使用轮椅时应经常检查轮椅，定时加润滑油，保持完好备用主要还是要细心，定期对轮椅进行检查，千万不能粗心大意。

相对于轮椅来说，拐杖的适用的人群范围则小了许多，拐杖适用于偏瘫、下肢肌力减退、平衡障碍、下肢关节病变患者和老年人。相较于轮椅来说，拐杖更能促进病人的肢体康复，因为在使用拐杖时需要借助病人自身的力气去维持身体，所以使用拐杖可以增强病人的体质。

技能训练

技能训练1　照顾病人日常盥洗

作为一名护理人员，照顾病人日常盥洗是一件很基础的事情，是每个护理人员都必须掌握的一项技能。干净的生活环境可以减少病人感染细菌的机会，有利于病人的身体健康。

一日之计在于晨，所以每天早上醒来的第一件事情就是帮助病人进行口腔清洁，所谓病从口入，口腔清洁是很重要的一件事。在给病人进行口腔清洁时动作要轻稳以免损伤牙龈及口腔黏膜，每次只能用一个棉球，棉球蘸水不可过多。接着就是帮病人擦脸，将干净的毛巾放进热水里，然后拿出来将水挤干帮病人擦脸，注意擦脸时动作要轻。除了面部清洁，还要给病人洗头，帮病人洗头时要注

意观察病人的面色、脉搏、呼吸的变化，如果发现有异常情况，应该立即停止洗头，对于衰竭、垂危的病人，一般最好不要在床上洗头。

此外，还要定期给病人擦澡，擦澡时要根据病人的不同情况选择不同的方法，全身情况比较良好的病人，可以洗淋浴；不能站立过久的病人，就要洗盆浴；而那些病情比较重，生活不能自理的病人，就需要护理人员来帮助进行擦洗，擦洗后要换上干净的衣裤。

要保持病人的床铺平整、清洁、衣服干净舒适。病人的被褥要常晒，床单、被套、枕套等床上用具应经常更换、清洗。大小便失禁者宜在身下铺一块护理垫，一定要选用柔软透气型，可保证清洁干爽，并及时做好便后护理，如涂抹爽身粉。床铺每日清整2~3次，保持平整、干净、无皱褶；尿湿的护理垫要及时更换。患者衣着要宽大柔软，贴身内衣纯棉材质的最佳，领扣、腰带要宽松易解、不影响呼吸。

技能训练2　给卧床病人洗头、擦澡、翻身、更换衣物

1. 给卧床病人洗头

卧床病人是护理人员需要特别注意的人群。在帮病人洗头时，首先，要准备好一个床上洗头盆、两个水桶、一条浴巾、一块一次性巾单、洗发液、电吹风、棉球若干、纱布若干、水杯、梳子。接着，要让病人躺在床上，将毛巾垫在洗发盆凹口处，将病人颈部靠在洗发盆凹口处，再在病人的肩膀下面垫一个软枕，在病人的耳孔内塞入棉球，将纱布盖在病人的眼睛上。然后用水杯舀温水，按照常规洗头法操作。等帮病人洗完头后取下棉球和纱布，取掉软枕，移开洗头盆，让病人仰卧，全身放松，头肩下垫上浴巾，用吹风机吹干头发，梳理头发，协助病人取舒适卧位休息。

2. 给卧床病人擦澡

在给卧床患者擦澡前首先要准备好清洁衣裤、大毛巾、热水、水桶、毛巾、肥皂、脸盆等用品。在擦澡前要告诉病人，让病人有心理准备。接着将门窗关好，移开桌椅，在盆里倒入3/4的热水，然后帮助病人将盖的被子松开，将大毛巾半垫半盖在患者擦洗部位，先用湿毛巾擦，然后用蘸肥皂的毛巾擦洗，再用湿毛巾反复擦净，最后用大毛巾擦干。护理人员给病人擦澡时不能随便乱擦，擦澡也是要注意先后顺序的：①松开领口，给患者洗眼、鼻、脸、耳、颈部等处，注意洗净耳后。②脱去患者上衣，先洗健康一侧，后洗患侧，擦洗两臂。注意洗净腋窝部。帮助患者侧卧，面向护理者，将脸盆放于床侧的大毛巾上，为患者洗净双手。③解开患者裤带，擦洗胸腹部，注意乳房下及脐部的擦洗，帮助患者翻身，擦洗背及臀部。④脱去长裤，擦洗两腿、两侧腹股沟、会阴。将盆移于足下，床上垫大毛巾，洗净双足，穿好裤子。⑤整理床铺，按需要更换床单，清理所用物品。

3. 给卧床病人翻身

及时给卧床病人翻身可以使病人有效地预防压疮，在帮卧床病人翻身时首先要帮助病人把颈部稍稍垫高，保持呼吸通畅，以免造成病人缺氧。当病人侧卧在床上时，应将病人的上半身向前倾，下半身向后倾，两腿弯曲。当病人右侧卧位时，应使病人的右腿在前，左腿在后；当病人左侧卧位时，应使病人的左腿在前，右腿在后。翻身前先帮病人轻扣背部，鼓励咳嗽、咳痰。对于神志清醒的病人，应让其积极配合。翻身时动作要轻柔，避免拖、拉、推给病人造成二次伤害，还要将病人抬离床面。护理人员一个人为病人翻身时，先将患者双手交叉放在胸前，微屈其下肢，然后双手分别托住患者对侧的肩部和膝部，使其转向另一侧，接着先托住患者肩部使其移向床上部，后托起臀部移向床中部，并适当调整成舒适的体位，在患者背部、腋下及两膝间放软枕或海绵。当两个人为病人翻身时，一人托住患者肩部和胸背部，一人托住腰部和臀部，两人同时托起肩、背、腰、臀使其翻身侧卧。为保证安全，最好两人来做。翻身后应将床单铺平整，并一直保持清洁、干燥。

4. 帮卧床病人更换衣物

1）向病人打招呼，让病人明白要换衣服，做好心理准备，并且准备好围帘以保护病人的隐私。

2）首先让病人在仰卧状态下侧膝部位立起，并脚踩住床铺尽量使腰部抬起。接着，护理人员要把病人背后的衣服掀起至肩部以上，让病人健侧肘部弯曲，贴紧肋下，然后开始脱掉健侧手臂的袖子。此时，护理人员应拉住衣服底襟，从病人健侧肘关节开始把袖子脱至肩部。

3）让病人翻身，呈侧卧位，护理人员将衣服底襟和领口一并握住，从病人下颚开始向上，从头部脱掉，与此同时护理人员一手要托住病人后脑。

4）在帮患者脱侧肩部的衣服时，护理人员从下方托住病人患侧腕关节，另一手拿住袖口向外拉，脱掉患侧袖子。

5）在帮病人穿衣时，让病人呈侧卧状态，护理人员一手伸入病人患侧袖口内，从下方托住病人腕关节，从患侧手臂套上袖子。护理人员将衣服底襟挽起至领口然后一并握住，为了便于病人头部通过领口，将领口处向两边撑开，扩大领口。护理人员用两手背撑开领口，两手掌托起病人后脑，让病人收下颚；如果病人无法收下颚，可以从病人头顶套上，让头部通过领口。如果病人自己可以用健侧手把衣服领口和底襟一并握住，就让病人自己握住，并且在换衣过程中要询问病人是否感到不适和疼痛。

6）最后帮病人恢复仰卧位。让病人健侧肘部弯曲，贴紧肋下，手指向斜上方伸展，指尖穿过袖子。整理好衣服两肩，让衣服整体平顺，不要出现褶皱。换衣完毕。

技能训练 3　照顾卧床病人二便

对于卧病在床的病人来说，他们的大多数时间都是在床上度过的，所以要保持床铺的清洁、干燥、平整，解决大小便是很关键的一个问题。作为一名护理人员，在帮助卧床病人清洁二便时应该要有不怕脏不怕累的精神。在神志清楚的病人能自己说出要大小便的情况下，可以将便盆放在床上给病人进行二便，如果是男性病人小便时可以用尿壶。护理人员在照顾解便时应该让病人仰卧，在病人臀部垫一小布单（或大尿布）以防污染床单，护理人员用手托起病人的臀部，将盆放在病人的臀部下面，扁的一头放置于骶尾部，开口一头向下。

长期卧床且又患大小便失禁的病人不仅要做到基础护理，更要做到心理护理。护理人员首先要分析病人的年龄、病情、失禁的原因、时间（晨间、晚间）等，根据分析制定一体化的护理方案，也可以使用成年尿不湿等工具。

随着生活水平的提高，电动护理床是现在受很多家庭欢迎的照顾瘫痪病人的一个工具，电动护理床之所以如此受欢迎是因为它带有便盆功能，这样就能让瘫痪病人方便地解决大小便问题。除了电动护理床还有手动护理床，相较于手动护理床来说，电动护理床要方便得多，电动护理床一般病人自己就能使用，而手动护理床则需要家人帮病人操作。总的来说，护理床的出现不但方便了病人更方便了护理人员。

技能训练 4　给病人测量体温和脉搏

1. 给病人测量体温的方法

（1）口腔检查法

1）测量体温前先检查体温计水银端有无破损，水银柱是否在35℃以下，检查无误后将体温计放于患者舌下，并告诉病人要紧闭嘴巴用鼻呼吸，不能咬破体温计，3分钟后取出体温计。

2）将体温计从病人口中取出并擦拭干净，查看度数后并记录下来，记录完毕后将水银柱甩到35℃以下。

（2）腋下检查法

1）测量体温前先检查体温计水银端有无破损，水银柱是否在35℃以下。

2）首先将体温计用干毛巾擦拭干净，然后将体温计水银端放于腋窝深处紧贴皮肤，并且告诉病人屈臂过胸，将体温计夹紧，5～10分钟后取出，察看度数并记录下来，记录完毕后将水银柱甩到35℃以下。

（3）肛门检查法

1）测量体温前先检查体温计水银端有无破损，水银柱是否在35℃以下，并将水银端蘸少许润滑剂。

2）让患者侧卧（或平卧）屈膝，将体温计水银端轻轻插入肛门3～4厘米，3分钟后取出。

3）对于神志不清的患者，护理人员应该协助病人扶持体温计，不得离开，防止体温计折断、脱落或滑入病人的直肠内。

4）将体温计从病人体内取出并且擦拭干净，察看度数并记录下来，将水银柱甩到35℃以下。

2. 给病人测量脉搏的方法

在给病人检查脉搏前应该叮嘱患者安静休息，在检查脉搏时让病人将前臂及手平放在适当部位，测量者用食指、中指、无名指指端并拢按在患者桡动脉上（必要时亦可按颞动脉、足背动脉、肱动脉），感到脉搏跳动后计数。一般数15秒，将所得数乘以4；危重及心脏病患者应数1分钟。测后记录。

技能训练5 照护病人使用轮椅、拐杖等助行器

1. 如何使用轮椅

1）轮椅的打开和收起：在打开轮椅时，护理人员应当将双手手掌分别放在轮椅的两个横杆上，横杆在扶手的下方，同时向下用力就可以打开轮椅。在收起轮椅时应该先将脚踏板翻起，然后用双手握住坐垫两端并且同时向上提拉。

2）护理人员操纵轮椅：将轮椅向前推时，首先帮助病人将刹车松开，然后让病人身体向后坐下并且眼睛看着前方，接着帮助病人将双手向后伸，稍屈肘，让病人用双手紧握轮环的后半部分。推动时应该让病人上身前倾双上肢同时向前推并伸直肘关节，当肘完全伸直后，放开轮环，如此重复进行。当遇到一侧肢体功能正常，另一侧功能障碍（如偏瘫）或者一侧上下肢骨折的病人时，可以帮助病人利用健侧上下肢同时操纵轮椅。操纵轮椅的方法如下：护理人员先帮助病人将健侧脚踏板翻起，然后让病人将健足放在地上，用健手握住手轮。告诉病人推动时，健足在地上向前踏步与健手配合，将轮椅向前移动。上斜坡时，保持上身的前倾，重心前移，其他方法同平地推轮椅。如果上坡时轮椅后倾，很容易发生轮椅后翻。

3）轮椅转移：很多时候护理人员需要帮助病人进行床到轮椅的转移或者轮椅到床的转移。护理人员在帮助病人进行床到轮椅的转移时应该将轮椅放在病人的健侧，轮椅和床应当成30~45度夹角，将车轮用刹车刹住并且移开足托。让患者健手握住轮椅外侧扶手站起，站稳后以健足为轴缓慢转动身体，使臀部对着椅子缓慢坐下。相反地，护理人员在帮助病人进行轮椅到床的转移时应当使病人用健侧靠近床，使轮椅与床之间成30~45度夹角，将车轮用刹车刹住，移开足托。健手抓住扶手站起，站稳后，向前放到床上，以健足为轴，慢转动身体，然后坐下。

2. 如何使用拐杖

护理人员在帮助病人使用拐杖时为了避免病人向前或向后倒，应当时刻注意病人握住拐杖时身体的姿势。

1）护理人员要帮助病人保持身体直立，然后将拐杖递给病人，让病人用上臂夹紧拐杖，这样才能控制身体的重心，防止身体向外倾倒。

2）提醒病人用手腕保持向上跷的力量，臀部应保持直立或向前挺出的姿势，不要后弯。当病人双手拄拐站直时，使拐杖脚距离病人的脚12～20厘米。

3）接着帮助病人将拐杖调节到合适长度，一般拐杖顶部距离腋窝2～3指宽，不是把拐杖直接顶到腋窝。拐杖的手柄位置需要调节到双臂自然下垂时手腕水平，同时肘关节可以适当弯曲。

技能训练6　陪伴病人就诊

1）护理人员可以在网上提前帮病人挂号。

2）护理人员要帮助病人在挂号室去挂相关科室的号，等挂完号以后就可以带着病人前往相关科室就诊，就诊完毕后护理人员应当拿着检查单去收费处缴费。缴费结束后，护理人员需带着病人前往相关科室检查，检查完毕后再带着病人返回首诊科室就诊。

3）如果病人是门诊治疗者，等到医师完善门诊病历并开具处方，护理人员拿着处方去门诊购药后便可以带着病人离开医院。如果是需住院治疗的患者，在医师完善门诊病历并开具住院证后，护理人员应当帮助病人在住院处办理住院手续。

4）除了陪伴病人就诊的这些必要的程序，在陪伴病人就诊时也要多跟病人聊天，多了解病人的想法，这样可以减轻病人压抑的情绪。要在言语中多鼓励病人，增强病人的信心，让病人觉得就诊不是一件难受的事情。

5）护理人员应当在陪病人就诊之前帮病人准备好点心和饮用水，防止病人在就诊的过程中饥饿或口渴。

复习思考题

1. 与病人相处时有哪些沟通技巧？
2. 照护病人进食进水的注意事项有哪些？
3. 使用电子体温计的正确顺序是怎样的？

试 题 库

一、判断题（对的画√，错的画×）

1. 按蔬菜的主要食用部位，可分为根菜类、茎菜类、叶菜类、花菜类等五大类。（　　）

2. 削、刨、刮等去皮方法适用于番茄、桃、枇杷等果蔬原料。（　　）

3. 盐醋搓洗法主要用于动物中黏液较重的原料的洗涤，如动物的肚、肠等。（　　）

4. 鲥鱼的鳞片中含有较多脂肪，烹调时鳞片里的脂肪随温度升高而慢慢融化，可以改善鱼肉的滋润度和滋味，可以保留。（　　）

5. 运用外斜刀法时刀背向外侧倾斜，右侧角度为锐角，40～50度。（　　）

6. 虾的去壳法中，剥壳法适用于体型相对较大的虾。（　　）

7. 螃蟹整只加热时，可在加热前用棉线将蟹足捆扎，以防受热后蟹足脱落，保持完整造型。（　　）

8. 冷藏原料时一般将原料置于4℃以下保藏，鱼肉类可以掌握在0℃以下，蔬果类也可采用同样的冷藏温度。（　　）

9. 具有扁薄平面结构的料块叫片，运用平、直、斜刀法皆可成片，依据不同刀法的运用分平刀片、斜刀片和直刀片三个基本类型。（　　）

10. 呈甜味的化合物种类很多，范围很广，在烹调中以蔗糖为代表。蔗糖的最强甜味温度是20℃左右。（　　）

11. 用加酶洗衣粉洗衣时，溶化洗衣粉的水温可以超过60℃。（　　）

12. 洗衣机可洗涤涤棉、低档毛、麻等织物，但不宜用来洗涤丝绸及毛线。（　　）

13. 毛料衣物晾晒时，应选择通风处晾干，不要在日光下暴晒。（　　）

14. 干洗后服装上的污垢能彻底去除，但衣物易霉蛀。（　　）

15. 羊毛、蚕丝都属于蛋白质纤维，所以怕碱、怕阳光。（　　）

16. 纯毛织物手感柔软而富有弹性且丰满，捏紧后放松布面会有折痕。（　　）

17. 肥皂可用于洗涤任何纤维纺织品。　　　　　　　　（　　　）

18. 合成纤维衣物不可在阳光下暴晒。　　　　　　　　（　　　）

19. 洗衣机洗涤、脱水时衣物可以不要放均匀。　　　　（　　　）

20. 棉麻衣服不分颜色可以混在一起洗。　　　　　　　（　　　）

21. 扫帚应从楼梯扶手处向墙壁处扫。　　　　　　　　（　　　）

22. 墙角用于地面的夹角处和摆放物的底部，不用清扫。（　　　）

23. 清扫厅堂、通道等公共部位拖布应从四边向中间施拖。（　　　）

24. 使用钢丝球擦拭时不可用力太大，以免损伤被清洁保养的建筑物装饰材料的硬表面。　　　　　　　　　　　　　　　　　　（　　　）

25. 刀片在使用时，刃口处有锈迹不影响使用。　　　　（　　　）

26. 吸尘器每次连续使用时间不要超过 3 小时，防止电机过热而烧毁。
　　　　　　　　　　　　　　　　　　　　　　　（　　　）

27. 拖布施拖时，拖布头不得提得太高，甩的幅度不能太大。（　　　）

28. 湿抹布在使用时要求达到的润湿程度是要拧出水来。（　　　）

29. 发现鸡毛掸的羽毛脱落，仅剩羽毛梗时，应将其拔除，以免划伤建筑物装饰材料表面。　　　　　　　　　　　　　　　　　（　　　）

30. 玻璃刮长度有不同种类，通常为 75 厘米。　　　　（　　　）

31. 孕妇沐浴时水的温度越高越好。　　　　　　　　　（　　　）

32. 孕妇不要坐在澡盆里洗澡。　　　　　　　　　　　（　　　）

33. 孕妇可以长时间乘车旅游。　　　　　　　　　　　（　　　）

34. 产妇可用温开水刷牙，不可用力过猛，每次 2～3 分钟即可。（　　　）

35. 产妇要穿化纤类内衣。　　　　　　　　　　　　　（　　　）

36. 产妇母乳喂养应遵循早开奶、早吸吮，按需哺乳的原则。（　　　）

37. 产妇美食以大荤大补为主最好。　　　　　　　　　（　　　）

38. 新生儿脐带没有脱落以前，不能将他进水中洗澡，以免弄湿脐带，引起脐炎。　　　　　　　　　　　　　　　　　　　　　（　　　）

39. 新生儿奶具不要天天消毒。　　　　　　　　　　　（　　　）

40. 新生儿冲调奶粉，水温越高越好。　　　　　　　　（　　　）

41. 新生儿以腹式呼吸为主，每分钟 40～45 次，新生儿的呼吸不规律，这是正常现象，不用担心。　　　　　　　　　　　　　　　（　　　）

42. 早期新生儿睡眠时间相对要长一些，每天达到 20 小时以上，随着日龄增加，睡眠时间会逐渐减少。　　　　　　　　　　　　　（　　　）

43. 人工喂养新生儿时，奶粉越浓越好。　　　　　　　（　　　）

44. 抱宝宝时不需要托住新生儿的头。　　　　　　　　（　　　）

45. 宝宝洗澡时水温控制在 38℃ 左右。　　　　　　　（　　　）

46. 宝宝衣物与大人衣物可以一起清洗。　　　　　　　　（　　　）

47. 新生儿每次吃完奶后应以右侧卧位为宜。　　　　　　（　　　）

48. 母乳喂养的新生儿无须额外补充水分，人工喂养的新生儿应适当补充水分。　　　　　　　　　　　　　　　　　　　　　　　　（　　　）

49. 清洁、消毒婴幼儿膳食器具、奶瓶奶嘴，可以不用分开。（　　　）

50. 抱宝宝可以一手抱孩子，一手做其他事情。　　　　　　（　　　）

51. 老年人的体成分、新陈代谢、器官功能等的改变，是一个随年龄增大而日益缓慢的生理变化过程，这一过程不会因疾病及外界因素的影响而加速或延缓。　　　　　　　　　　　　　　　　　　　　　　　　（　　　）

52. 老年人加强身体、心理各方面的保健对预防各种慢性疾病的发生，及推迟生理功能老化进程尤为重要。　　　　　　　　　　　　（　　　）

53. 老年人个体差异不太显著，在膳食营养方面的妥善安排与调整，是推迟生理功能老化进程的重要措施之一。　　　　　　　　　　（　　　）

54. 在老年人外出活动中，要注意老人的安全。上街不要穿戴颜色鲜艳的衣服或帽子，过马路应有人陪伴。　　　　　　　　　　　　（　　　）

55. 老年人生理特征的个体差异较大，不同体质，不同生活方式，不同营养条件，不同精神状态下的人体在进入老年期之后，所产生的变化也各有不同。
　　　　　　　　　　　　　　　　　　　　　　　　　　（　　　）

56. 护理人员要留意老人的缺水状况，因为缺水会引起老人便秘和体内代谢失调。　　　　　　　　　　　　　　　　　　　　　　（　　　）

57. 老人对寒冷抵抗能力较差，一旦食用生、冷、硬的食品，就会影响到消化、吸收，甚至引起肠道疾病。因此，老人的食物以高热为主。（　　　）

58. 老年人在体育锻炼、家务劳动后，不可大量猛喝开水或其他饮料，这种"急灌式"的饮水方法会突然加重心脏负担。　　　　　　（　　　）

59. 和老年人交流时，不要让老人抬起头或远距离跟你说话，那样老人会感觉你高高在上和难以亲近，应该近距离弯下腰去与老人交谈，老人才会觉得与你平等和觉得你重视他。　　　　　　　　　　　　　　　（　　　）

60. 万一有事谈得不如意或老人情绪有变时，要尽量劝说，用手轻拍对方的手或肩膀进行安慰，稳定老年人的情绪。　　　　　　　（　　　）

61. 老年人进食时应注意食物种类要复杂多样。　　　　　　（　　　）

62. 糖尿病人应多吃含胆固醇的食物。　　　　　　　　　　（　　　）

63. 脑炎、脊髓炎及脑脊髓炎患者每天摄入的水分应少于 2000 毫升。
　　　　　　　　　　　　　　　　　　　　　　　　　　（　　　）

64. 普食的餐间间隔一般为 4～6 小时。　　　　　　　　　（　　　）

65. 清洁、消毒后的餐具宜用抹布揩干。　　　　　　　　　（　　　）

66. 与病人相处时不需与病人沟通。 （　　）

67. 给病人洗澡时水温应保持在40℃左右。 （　　）

68. 健胃药宜在饭后服。 （　　）

69. 在给病人翻身时，应该把病人的颈部稍稍垫高，以保持呼吸通畅。

（　　）

70. 在使用拐杖时，双手拄拐支撑身体，拐杖脚距离病人的脚约30厘米左右。 （　　）

二、选择题（将正确答案的序号填入括号内）

（一）单选题

1. 采用碱液去皮法对原料去皮时，去皮后的果蔬原料应立即投入流动的水中彻底漂洗，去除残余的碱液防止变色，大批量加工时还需要用酸液进行中和，其浓度一般为（　　）。

A.1%～3%　　　　B.0.1%～0.3%　　　C.0.01%～0.03%　　D.5%～10%

2. 肌肉组织是肉的主要构成部分，在正常禽畜体内，肉体的含量一般为（　　）。

A.20%～30%　　　B.30%～40%　　　C.50%～60%　　　D.70%～80%

3. 清水漂洗法适用于松散易碎的原料，如骨髓和（　　）。

A. 肺　　　　　B. 脑　　　　　C. 大肠　　　　D. 肚

4. 制作"烤鸭""凤鸡"时，最佳的开膛方法宜采用（　　）。

A. 肋开　　　　B. 背开　　　　C. 腹开　　　　D. 颈开

5. 盐水洗涤法适用于虫卵较多和直接生食的蔬菜原料，特别是体内钻有幼虫的豆荚类原料，浓度一般控制在（　　）。

A.0.02%～0.03%　　　　　　　B.12%～13%

C.20%～30%　　　　　　　　　D.2%～3%

6. 对无鳞鱼进行去除黏液的主要方法是生搓和（　　）。

A. 刮洗　　　　B. 清水冲洗　　　C. 熟烫　　　　D. 去皮

7. 锯切法是推切和拉切的结合，下列原料中宜采用此刀法的是（　　）。

A. 面包　　　　B. 豆腐　　　　C. 里脊肉　　　　D. 莴笋

8. 低温能抑制微生物的生长繁殖，因此一般原料均宜存放的温度是（　　）。

A.0℃以下　　B.4℃以下　　　C.10℃以下　　　D.14℃以上

9. 从厚片上截取的细长料形称为条，厚片的厚度一般会大于（　　）。

A.0.1厘米　　B.1.0厘米　　　C.0.5厘米　　　D.1.5厘米

10. 食盐的咸味成分是氯化钠，食盐的阈值一般为（　　）。

A.0.02%　　　B.1.2%　　　　C.2.0%　　　　D.0.2%

11. （　　）不易招虫蛀，存放时不要用防蛀剂或杀虫剂。

A. 棉　　　　　　B. 人造棉　　　　　　C. 真丝　　　　　　D. 羊毛

12. 洗涤全棉床单，水温可达（　　）℃

A. 30 ~ 40　　　　B. 40 ~ 50　　　　　C. 60 ~ 70　　　　　D. 80 ~ 90

13. 丝绸织物应在（　　）晾干。

A. 通风处　　　　B. 室内　　　　　　C. 阳光下　　　　　D. 室外

14. 化学纤维服装的洗涤温度一般在常温或（　　）℃左右。

A. 30　　　　　　B. 40　　　　　　　C. 50　　　　　　　D. 60

15. 羊毛、蚕丝燃烧时会发出（　　）味。

A. 特殊芳香　　　B. 臭　　　　　　　C. 烧毛发　　　　　D. 烧纸

16. 洗涤沾染血渍、奶渍的衣物一般选用（　　）。

A. 低泡洗衣粉　　　　　　　　　　B. 中泡洗衣粉

C. 高泡洗衣粉　　　　　　　　　　D. 加酶洗衣粉

17. 洗衣机在洗涤时要根据（　　）来确定洗涤的方式。

A. 衣物的面料　　　　　　　　　　B. 衣物颜色的深浅

C. 衣物的件数　　　　　　　　　　D. 衣物的重量

18. 涤棉织品鉴别主要看其是否（　　）。

A. 手感平滑、柔软、光洁　　　　　B. 挺爽光洁、平整

C. 手感粗糙而不柔和　　　　　　　D. 折皱恢复慢

19. 洗衣机在洗涤时要根据（　　）来确定洗涤的时间。

A. 被洗衣物的重量　　　　　　　　B. 被洗衣物的脏污程度

C. 被洗衣物的质地　　　　　　　　D. 被洗衣物的颜色深浅

20. 衣物一般浸泡（　　）分钟左右，水温不超过（　　）℃最好。

A. 20，40　　　　B. 15，40　　　　　C. 15，20　　　　　D. 30，40

21. 在家居清洁工作中，按湿润程度，抹布可分为（　　）。

A. 湿抹布和干抹布　　　　　　　　B. 干抹布

C. 湿抹布　　　　　　　　　　　　D. 软布和硬布

22. 每位保洁员应配置（　　）套（干、湿各1块为1套）抹布。

A. 1 ~ 2 套　　　　B. 2 ~ 3 套　　　　C. 3 ~ 4 套　　　　　D. 4 ~ 5 套

23. 家居清洁日常服务垃圾清理作业标准为（　　）。

A．垃圾不外露　　　　　　　　　　B．垃圾不遗落

C. 垃圾无异味　　　　　　　　　　D. 垃圾不外露、不遗落

24. 家居清洁日常服务玻璃窗清洁作业标准为（　　）。

A．无灰尘、无水迹、光亮

B．无污渍、无灰尘、保持光亮

C. 无手印、无污渍、无灰尘、保持光亮

D. 无手印、无污渍

25. 家居清洁服务工作流程共有（　　）步。

A. 5　　　　　　　　B. 6　　　　　　　　C. 4　　　　　　　　D. 7

26. 家居清洁服务到客户门口叫门，客户开门后，（　　）进入室内工作。

A. 应礼貌地向对方解释清楚来意，得到对方允许后

B. 得到对方允许后

C. 应礼貌地向对方解释清楚来意

D. 打电话让公司人员向客户解释

27. 清洁服务人员到客户家里后（　　）就可以开始工作了。

A. 向客户介绍自己后

B . 工作前对工作区域现场环境了解后

C. 按照家居清洁服务作业流程及标准工作

D. 清洁服务人员应首先提醒客户收好贵重物品

28. 靠近卫生间和厨房的墙面容易出现霉斑，影响墙壁的美观。遇到墙面长了霉斑，如果不严重，建议将漂白水和清水以1:4的比例稀释，用抹布擦拭，10分钟后以清水洗干净，不仅能有效清除表面霉斑，还有消毒的作用；有颜色的漆面则建议（　　）。

A. 用漂白水擦拭即可　　　　　　　B. 使用专业的墙体霉菌清除剂

C. 用砂纸打磨　　　　　　　　　　D. 用洁洁灵擦拭

29. 对于瓷砖上的肥皂垢（　　）。

A. 用钢丝球擦拭

B. 用洁洁灵擦拭

C. 可以先用暖水冲洗一下，使皂垢部分溶解后，再使用刷子轻轻擦除

D. 用抹布擦拭

30. 用全能碱性清洁剂清洗顽固污渍与油胶兑水比例为（　　）。

A. 1:2　　　　　　　B. 1:3　　　　　　　C. 1:4　　　　　　　D. 1:5

31. 孕妇的膳食原则为（　　）。

A. 两搭配、一注重　　　　　　　　B. 应多吃荤菜，少吃素菜

C. 想吃什么就吃什么　　　　　　　D. 孕妇要减肥

32. 孕妇洗浴时温度以（　　）为宜。

A. 温度越高越好　　　　　　　　　B. 38℃

C. 28℃　　　　　　　　　　　　　D. 48℃

33. 指导产妇用（　　）水刷牙，不可用力过猛，每次2~3分钟即可。

A. 温水　　　　　　B. 凉水　　　　　　C. 开水　　　　　　D. 饮料

34. 产妇坐月子内衣要选择（　　）。

A. 全棉透气性好的月子衣服　　　　　B. 化纤类内衣

C. 紧身塑性内衣　　　　　　　　　　D. 弹力好的内衣

35. 产妇一般在产后（　　）开奶最好。

A. 一天　　　　　B. 半小时　　　　C. 12 小时　　　　D. 一个星期

36. 宝宝洗澡时间以（　　）为宜。

A. 10 分钟　　　　　　　　　　　　B. 20 分钟

C. 半小时　　　　　　　　　　　　　D. 时间越长越好

37. 清洗、消毒奶具的正确做法是（　　）。

A. 用凉水直接清洗、消毒

B. 用毛巾擦擦就好

C. 用温水直接清洗、消毒

D. 使用消毒专用锅、蒸汽锅等对奶具进行消毒并且要将奶瓶及奶嘴进行
拆分

38. 哺乳期的母亲食物搭配应注意（　　）。

A. 营养均衡　　　　　　　　　　　　B. 高蛋白质食物

C. 高热量食物　　　　　　　　　　　D. 低脂肪食物

39. 婴儿常用（　　）表达他们的感知和需求。

A. 发音　　　　　　　　　　　　　　B. 手势

C. 口语　　　　　　　　　　　　　　D. 面部表情、肢体动作和哭笑

40. 新生儿每天要睡（　　）小时左右，有个体差异。

A. 7～8 小时　　　　　　　　　　　　B. 10 小时

C. 12 小时　　　　　　　　　　　　　D. 18～20 小时

41. 新生儿以腹式呼吸为主，每分钟（　　）次。

A. 20～25 次　　　B. 30～35 次　　　C. 40～45 次　　　D. 50～55 次

42. 新生儿一出生立即采取保暖措施，可防止体温下降，尤其要注意防御冬
寒，冬天室内温度应保持在（　　）。

A. 20～22℃　　　B. 24～26℃　　　C. 28～30℃　　　D. 30℃以上

43. 若想预防吐奶和呛奶，应该将孩子的床置于（　　）度斜坡状，而不是
将头部抬高。

A. 15　　　　　B. 20　　　　　C. 30　　　　　D. 35

44. 新生儿每次吃完奶后应以（　　）卧位为宜。

A. 左　　　　　B. 右　　　　　C. 平躺　　　　D. 随便

45. 一岁以内的婴儿在正常洗澡时水温应控制在（　　）左右。

A. 30℃　　　　　B. 38℃　　　　　C. 45℃　　　　　D. 随便

46. （　　）是为婴儿选择纸尿裤时应注意的事项。

A. 尺码要大一些　　　　　　　　　　B. 尺码要小一些

C. 只要是名牌大小均可　　　　　　　D. 尺码不能过大或过小

47. 婴儿居室空气污浊，温度过高或过低会影响婴儿（　　）。

A. 智力　　　　　　　　　　　　　　B. 呼吸道功能

C. 消化系统　　　　　　　　　　　　D. 心理健康

48. 婴儿被褥晾晒的次数掌握在（　　）。

A. 一个月一次　　　　　　　　　　　B. 15 天一次

C. 每周一次　　　　　　　　　　　　D. 每天都要晾晒

49. 婴儿感到不适的主要反应是（　　）。

A. 啼哭　　　　　B. 乱叫　　　　　C. 脸红　　　　　D. 脸青

50. 给婴儿洗澡要坚持（　　）。

A. 夏天两天一次，冬天一周一次

B. 夏天要天天洗，冬天每星期 2～3 次

C. 冬天也要天天洗

D. 视情况而定

51. 老年人膳食护理中，每日盐总量不超过多少克为低盐？（　　）

A. 2 克　　　　　B. 3 克　　　　　C. 4 克　　　　　D. 5 克

52. 护理人员与老人接触的时候首先要注意什么？（　　）

A. 尊重　　　　B. 有耐心　　　　C. 安全　　　　D. 细心

53. 老年人的营养需要不包括哪一种？（　　）

A. 蛋白质　　　　　　　　B. 糖类

C. 维生素　　　　　　　　D. 碳水化合物

54. 护理人员帮助老年人洗澡时，一般认为最合适的温度是（　　）。

A. 30～33℃　　　　B. 34～36℃　　　　C. 33～38℃　　　　D. 35～40℃

55. 为预防老年人便秘，护理人员每日早晨应给老人饮用一杯（　　）的温开水或凉开水。它能刺激肠道的蠕动，有助于排便。

A. 100～200 毫升　　　　　　　　B. 200～300 毫升

C. 300～400 毫升　　　　　　　　D. 400～500 毫升

56. 护理人员帮助老年人换衣物时，应注意血压偏高或偏低的老人，尤其不宜穿（　　）衣服，否则可能会影响胃肠功能及带来腰痛等不适感。

A. 紧口　　　　　B. 宽松　　　　　C. 舒适　　　　　D. 清爽

57. 护理人员护理老人时，下面哪种方法不能避免老人皮肤瘙痒干燥？（　　）

A. 洗澡后擦些甘油水或润肤油脂　　　B. 少用或不用碱性强的浴皂

C. 可增加洗澡的次数　　　　　　　　D. 避免刺激性食物

58. 护理人员护理老人时，下面那一项不是其应具备的心理素质？（　　　）

A. 爱心　　　　　　B. 恒心　　　　　　C. 热心　　　　　　D. 诚心

59. 护理人员护理老人时，应以（　　　）为中心。

A. 诚心　　　　　　B. 诚实　　　　　　C. 耐心　　　　　　D. 服务

60. 下列哪一个不是老年人的进食注意事项？（　　　）

A. 吃得要慢　　　　B. 水果很多　　　　C. 味道要淡　　　　D. 蔬菜要多

61. 下列病人膳食类别中不属于同一层别的一项是（　　　）。

A. 基本膳食　　　　　　　　　　　　　B. 治疗膳食

C. 特殊治疗膳食　　　　　　　　　　　D. 钾钠代谢膳食

62. 以下关于灶具清洁的说法，错误的是（　　　）。

A. 铁制炊具容易生锈，用完要马上清洗

B. 铝制炊具要趁热擦洗，可用盐水或碱水擦洗

C. 灶具上的油污，可用肥皂水或漂白粉溶液擦拭

D. 生熟菜板分开，每次用完后刷洗或浇烫，放置于通风干燥处晾干

63. 普食应用范围几乎占所有膳食的（　　　）。

A. 40%～55%　　　　　　　　　　　　B. 50%～65%

C. 60%～75%　　　　　　　　　　　　D. 70%～85%

64. 照护病人进食进水的第四步是（　　　）。

A. 协助病人进食

B. 视病人身体情况取合适位置

C. 漱口清洁口腔

D. 漱口清洁口腔，擦净口角周围残留物，取下餐巾

65. 软饭适用于（　　　）的幼儿。

A. 1～2岁　　　　　B. 2～3岁　　　　　C. 3～4岁　　　　　D. 4～5岁

66. 以下哪种方法不属于水银温度计的测量方法？（　　　）

A. 口腔测量法　　　　　　　　　　　　B. 腋下测量法

C. 电子温度计测量法　　　　　　　　　D. 肛门测量法

67. 以下说法错误的是（　　　）。

A. 帮病人洗头时，不需要注意观察病人的面色、脉搏、呼吸的变化

B. 一般来说，全身情况比较良好的病人，可以洗淋浴

C. 在给病人翻身时，翻身次数应视病情及局部受压情况而定，如有皮肤发
红或破损应及时处理，并增加翻身次数，做好交接班

D. 在给病人更换衣物时，要先向病人打招呼，让病人明白要换衣服，并准
备好围帘保护病人隐私

68. 在拄拐杖时，以下说法正确的是（   ）。

①双手拄拐站直身体，使拐杖脚旁开你的脚边约 12～20 厘米左右。

②调节拐杖到合适长度，一般拐杖顶部距离腋窝约 2～3 指宽，不是把拐杖直接顶到腋窝。

③拐杖的手柄位置需要调节到双臂自然下垂时手腕水平。当你使用拐杖支撑时，肘关节可以适当弯曲。

④在双手使用拐杖时可以玩手机

A. ①②③   B. ①②④   C. ②③④   D. ①③④

69. 在给病人更换衣物时，首先要做的事就是（   ）。

A. 让病人翻身，呈侧卧位，护理人员将衣服底襟和领口一并握住，从病人下颚开始向上，从头部脱掉

B. 向病人打招呼，让病人明白要换衣服，准备好围帘保护病人隐私

C. 在穿衣时，让病人呈侧卧位，护理人员一手伸入病人患侧袖口内，从下方托住病人的腕关节，从患侧手臂套上袖子

D. 整理好衣服两肩，让衣服整体平顺，不要出现褶皱

70. 电子温度计量法的正确的顺序是（   ）。

①使用 ST-1 型数字体温计时先接通电源，按下"校正"按钮，荧光数字管显示出 37℃校正温度值。②正确安装电池，注意正负极性。③将感温元件置于需测量部位，将插头插入仪器面板传感器插孔内，荧光数字管即显示出所测部位的温度值。（   ）

A. ②①③   B. ①②③   C. ③②①   D. ③①②

（二）多选题

1. 家禽家畜类原料种类很多，但其结构却基本相同，其构成包括肌肉组织和（   ）。

A. 脂肪组织   B. 结缔组织   C. 骨骼组织   D. 皮肤组织

2. 依据刀刃与原料的接触角度，将一般刀法分为（   ）。

A. 平刀法   B. 斜刀法   C. 推刀法   D. 直刀法

3. 开膛的目的是为了清除和整理内脏，但开膛的部位则需根据具体菜肴的要求进行选择，常见的方法有（   ）。

A. 胸开   B. 腹开   C. 背开   D. 肋开

4. 原料初步加工如果不立即进行烹调，也会发生变色、变味的现象，为避免影响菜品质量，这时应该采取的保鲜方法有（   ）。

A. 水养法   B. 封闭法   C. 冷藏法   D. 控湿法

5. 冷冻原料解冻方法中，外部加热解冻法包括（   ）。

A. 加温解冻法   B. 微波解冻法

C. 自然缓慢解冻法　　　　　　　　　D. 流水解冻法

6. 手工洗涤的方法有（　　　）。

A. 拎　　　　　　B. 擦　　　　　　C. 搓　　　　　　D. 刷

7. 不能暴晒的衣物有（　　　）。

A. 毛料衣物　　　　　　　　　　　　B. 丝绸织物

C. 化学纤维织物　　　　　　　　　　D. 棉、麻织物

8. 需悬挂存放的衣物有（　　　）。

A. 皮衣　　　　　　　　　　　　　　B. 精纺呢绒大衣

C. 毛衣　　　　　　　　　　　　　　D. 速干衣

9. 下面（　　　）洗涤温度必须低于 25℃。

A. 棉毛衫　　　　B. 丝绸旗袍　　　C. 羊绒衫　　　　D. 腈纶外衣

10. 下面（　　　）属于植物纤维。

A. 棉织品　　　　B. 丝织品　　　　C. 人造纤维　　　D. 麻织品

11. 抹布在使用前应先对折，再对折，其使用面积仅为 1/16。先用第一个 1/16 面积拭擦，在其被灰尘污染后，即打开折叠的抹布，再用其立面的 1/16 面积，直到工作面积全部使用完（但其中一个工作面与手掌接触）。在手掌的一面应是干净的，主要原因是（　　　）。

A. 抹去的灰尘、尘渍等都留存在抹布中，这些污垢中可能会有腐蚀性物质，故不能与手直接接触

B. 保持手的干净，不被抹布中的污垢污染。否则会因手的污染再次污染其他物件表面

C. 多次对折后的抹布增加了厚度，也就增加了与手掌的接触面，能够使手腕发出的力，很好地分配到擦拭中的抹布上，擦拭的力量增加，因此清除污垢的能力得到了增强。而多次对折，减少了洗抹布的次数，提高了工作效率

D. 最后用和手掌接触的工作面再擦拭最后一遍

12. 用扫帚清扫地面时的要领为（　　　）。

A. 稳　　　　　　B. 沉　　　　　　C. 重　　　　　　D. 慢

13. 楼梯的清扫方法为（　　　）。

A. 扫帚应从楼梯扶手处向墙壁处扫

B. 上一梯级的垃圾、杂物应从墙壁处扫向下一梯级，以防止垃圾、杂物从上下层楼梯缝隙间下落

C. 每扫到一个楼梯平台，应将垃圾扫入簸箕内

D. 清扫时应注意清除墙面与楼梯结合处易存留的垃圾

14. 客厅、通道等场所的清扫方法为（　　　）。

A. 应从四边向中间清扫

B. 从中间扫到门外

C. 每扫一边，应将扫出的垃圾、灰尘等污垢及时扫入簸箕内，以免造成再次污染

D. 要注意墙角和摆放物的底部的清扫，摆放物可移动的，应移动后清扫

15. 地面的各种凹凸槽、门凹槽的清扫方法为（　　　）。

A. 应用扫帚横峰从两死角处扫向中间

B. 为了防止灰尘必须洒水

C. 用扫帚横峰清扫时，扫帚横峰不能抬得太高，以免垃圾、灰尘扬起，尤其是将垃圾、灰尘从中间扫出时

D. 将垃圾、灰尘扫出时，可用簸箕对准凹凸槽，直接扫出，但扫帚不可扬得太高

16. 孕妇的膳食原则为（　　　）。

A. 粗细粮搭配

B. 荤素菜搭配

C. 注重早餐吃得好，午餐吃得饱，晚餐吃得少

D. 大荤大补

17. 产妇生产后要注意（　　　）。

A. 先要通气后方可进食　　　　　　B. 要在半小时后疏通乳管

C. 要先吃些大补的催乳汤　　　　　D. 要先吃些清淡的催乳汤

18. 喂奶前的指导为（　　　）。

A. 在喂奶前，先给新生儿换好尿布，避免在哺乳时或哺乳后给新生儿换尿布

B. 准备好热水和毛巾，请产妇洗手，用温热毛巾为产妇清洗乳房

C. 乳房过胀应先挤掉少许乳汁，待乳晕发软时开始哺乳（母乳过多时采用）

D. 翻动刚吃过奶的新生儿容易造成溢奶

19. 产妇可以（　　　）。

A. 刷牙　　　　　　　　　　　　　B. 洗头

C. 洗澡　　　　　　　　　　　　　D. 吃坚硬的食物

20. 托抱新生儿注意事项（　　　）。

A. 要注意支撑婴儿的头部和颈部　　B. 要多与新生儿交流

C. 让新生儿紧贴胸部　　　　　　　D. 要用温柔的眼睛注视新生儿

21. 婴幼儿呼吸发育特点为（　　　）。

A. 新生儿以腹式呼吸为主　　　　　B. 每分钟 40～45 次

C. 新生儿的呼吸不规律　　　　　　　　D. 和正常人一样

22. 婴幼儿人工喂养方法与注意事项为（　　　）。

A. 避免配方奶温度过热烫伤婴儿或因奶嘴滴速过快婴儿来不及咽下而发生呛奶

B. 避免奶瓶、奶嘴等用具消毒不洁造成婴儿口腔、肠胃感染

C. 严格按照奶粉外包装上建议的比例用量冲调奶粉

D. 人工喂养婴儿时，奶粉的浓度不能过浓，也不能过稀

23. 婴儿洗澡前的准备为（　　　）。

A. 时间选择在喂奶后 1 小时左右

B. 将室温保持在 24～26℃ 之间，如果达不到，应先开空调或其他取暖设备将房间加温

C. 将洗澡的物品准备好，如澡盆、浴液、小毛巾、干净内衣、尿布、包被、爽身粉、酒精等

D. 测量水温在 38～40℃ 之间，可用水温计测量或用手臂内侧测试水温

24. 洗澡时注意事项为（　　　）。

A. 避免洗澡时室温太低，导致婴儿受凉

B. 倒水时应先放凉水，后加热水，以免烫伤婴儿

C. 先倒少许爽身粉在手上，然后轻轻擦拭，避免粉尘影响新生儿呼吸

D. 不要将爽身粉涂于新生儿外阴，特别是女婴

E. 避免一手抱孩子，一手做其他事情，以免发生危险

25. 照护婴幼儿睡觉注意事项为（　　　）。

A. 室温控制在 20～23℃　　　　　　　　B. 睡木板床最好

C. 睡前排一次尿　　　　　　　　　　　D. 换上宽松柔软的睡衣

26. 老年人的膳食要遵循哪三个原则？（　　　）

A. 早餐要好　　　B. 午餐要饱　　　C. 晚餐要少　　　D. 每餐营养

27. 照护老年人饮食要做到哪"三低"？（　　　）

A. 低脂　　　B. 低盐　　　C. 低油　　　D. 低糖

28. 在日常生活的膳食获取中，老年人的营养需要有哪些？（　　　）

A. 蛋白质　　　B. 水分　　　C. 碳水化合物　　　D. 维生素

29. 护理人员与老人沟通的原则有哪些？（　　　）

A. 亲切胜于亲热　　　　　　　　B. 态度胜于技术

C. 多听胜于多说　　　　　　　　D. 耐心与同理心

30. 对于老年人来讲,穿衣服也必须注意健康问题,如果可能的话一定要(　　　)。

A. 美观　　　B. 舒适　　　C. 保暖　　　D. 健康

31. 病人膳食器具收纳过程中应注意（　　　）。

A. 铁制炊具易生锈，用完要马上清洗；铝制炊具要趁热擦洗，用湿布擦去表面污垢，用盐水或碱水擦洗；不锈钢炊具清洁后要擦干，放阴凉通风处，用软布擦干水渍，以免生出锈斑

B. 菜板用木质的，生熟菜板分开，用完后刷洗、浇烫，放于干燥处晾干，以防止霉菌滋生。刀具用完后及时冲洗以软布擦净

C. 碗具、筷子洗净后放入碗柜

D. 病人餐具单独存放，并定期消毒

32. 以下属于消毒方法的是（　　　）。

A. 煮沸　　　　　　　　　　B. 电烤箱

C. 洗碗机洗涤　　　　　　　D. 化学浸泡

33. 羊肉萝卜汤的治疗功效是（　　　）。

A. 预防心脑血管病　　　　　B. 养胃

C. 健脾益胃　　　　　　　　D. 控压

34. 以下哪些方面是属于护理人员在跟病人相处时的技巧？（　　　）

A. 鼓励病人树立责任感，积极参与康复

B. 在照顾病人时，要把他看成是有能力承担责任的人，而不将他看成毫无自理能力的人

C. 在跟病人相处时，病人是不需要护理人员的称赞的

D. 要经常陪病人参加一些社会活动，分散病人对疾病的注意力

35. 关于口服给药的注意事项，以下说法正确的是（　　　）。

A. 给药前护理人员要先检查药物是否正确

B. 当所给的药为液体药时，药液不足 1 毫升，必须用滴管吸取计量，为了使药量准确，应当将滴管稍倾斜，并注意用滴管时 1 毫升按 15 滴计算

C. 当所给的药为油剂药时，可以直接将药液倒入杯内

D. 在更换药液品种时可以直接将药液倒入量杯内，不需要清洗量杯

技能要求试题

一、制作青椒炒肉丝（表1）

表1　青椒肉丝（白炒）考核评分表

序号	考核内容	考核要点	配分	评分标准	扣分	得分
1	选料及清洗	1. 首选猪里脊肉，其他部位的精肉也可以选用 2. 所选用的猪里脊肉必须新鲜、无异味	20分	每项要点 5 分，叙述不全酌情扣分		

（续）

序号	考核内容	考核要点	配分	评分标准	扣分	得分
1	选料及清洗	3. 猪肉宜用温水清洗，去除原料表面的油腻及杂物 4. 青椒选择外形规则、皮薄的较好，摘去除根蒂、囊籽，洗涤方法采用清水冲洗法	20分	每项要点5分，叙述不全酌情扣分		
2	刀工	1. 切成长度约6厘米，截面宽度约0.3厘米的丝 2. 青椒切成5厘米×0.2厘米×0.2厘米的丝 3. 根据菜肴规定的制作要求，肉丝要漂去血水，方法是将切好的肉丝浸泡于水中约10分钟，然后捞出	15分	每项要点5分，叙述不全酌情扣分		
3	上浆	1. 将经过浸泡去除血水的肉丝挤干水分 2. 加入葱姜酒汁、盐、味精搅拌均匀，进行码味 3. 取水加干淀粉调制成水淀粉液，或取蛋清加干淀粉调制成蛋清淀粉液 4. 将水淀粉液或蛋清淀粉液和码味后的肉丝搅拌均匀，要求数量适宜，浓度适中，不宜太紧或太松 5. 取少量油封在上浆好的肉丝表面，防止因摆放时间较长而使肉丝风干	25分	每项要点5分，叙述不全酌情扣分		
4	炉灶操作	1. 取锅洗净，锅热后加油。将油加热至120℃左右，肉丝倒入锅中滑散，至肉丝呈白色时加入青椒丝搅匀后一同捞出滤油 2. 原锅中加入少许水、盐、味精调好味道，烧沸后暂时离火 3. 取水加干淀粉调制成水淀粉，锅上火后加入水淀粉勾芡，待芡汁浓稠时加入滑好油的肉丝和青椒丝，淋明油翻炒均匀即可出锅	30分	每项要点10分，叙述不全酌情扣分		
5	成品呈现	成品要求色泽洁白、亮油包芡、咸鲜适口、配比恰当	10分	叙述不完整酌情扣分		
合计			100分			

二、洗涤和收纳衣服（表2）

表2　洗涤和收纳衣服考核表

序号	考核内容	考核要点	配分	评分标准	扣分	得分
1	衣服洗涤	1. 识别衣物洗涤标识 2. 依据衣物质地选用洗涤用品 3. 手工和使用洗衣机洗涤衣物注意事项	15分	每项要点5分，叙述不全酌情扣分		
2	收纳衣服	1. 晾衣架使用方法及不同质地衣物晾晒方法 2. 衣物折叠、整理、收纳注意事项 3. 衣物防霉、防蛀处理方法及注意事项	15分	每项要点5分，叙述不全酌情扣分		
合计			30分			

三、清洁、擦拭玻璃门窗（表3）

表3　清洁、擦拭玻璃门窗考核表

序号	考核内容	考核要点	配分	评分标准	扣分	得分
1	将玻璃清洁剂配比好	配比准确	6分	配比比例不准确相应扣		
2	用涂水器（羊毛套）把配比好的清洁剂从上到下涂抹到玻璃上面，直至全部抹湿	涂抹清洁剂没有明显滴落	6分	大量滴落相应扣分		
3	然后用玻璃刮从上到下、从左到右的方法依次擦拭玻璃，每擦拭一次用揩布揩干净刮器，然后重复操作，直到干净	符合流程从上到下、然后在从左到右的方法，达到无大块水迹、大块污渍残留的效果	6分	流程不对相应扣分		
4	用湿抹布擦干窗底角落、窗台、窗框水迹	用湿抹布擦干窗底角落、窗台、窗框水迹	6分	擦拭后留有水渍相应扣分		
5	完毕后应检查所擦拭的玻璃，如有不干净的则需要重复。如有微小水渍，则用干抹布擦拭干净	玻璃清洁明亮，窗框门把色泽光亮	6分	不符合标准相应扣分		
合计			30分			

四、指导产妇哺乳（表4）

表4 指导产妇哺乳考核表

序号	考核内容	考核要点	分数分配	评分标准	扣分	得分
1	哺乳前	先给新生儿换尿布 用温水给产妇洗净双手，再用热毛巾给产妇清洁乳房 让产妇保持坐位或卧位，放松即可	7.5分	每项要点2.5分，回答不全酌情扣分		
2	哺乳时	让新生儿的头枕在产妇的手臂内，让新生儿的身体呈一条直线，面向产妇乳房，鼻尖对准乳头 产妇一只手呈C型，托起乳房，让新生儿把乳头和大部分乳晕含在口中，让新生儿吸吮 一侧吸吮10～15分钟，两侧吸吮30分钟左右	7.5分	每项要点2.5分，回答不全酌情扣分		
3	哺乳后	哺乳完后产妇用一只手轻压在新生儿下颚，吐出乳头，再挤几滴乳汁涂在乳头上，形成保护膜，可防止乳头破裂 宝宝竖抱拍嗝，右侧卧位，以防溢奶	5分	每项要点2.5分，回答不全酌情扣分		
合计			20分			

五、抱放新生儿（表5）

表5 抱放新生儿考核表

序号	考核内容	考核要点	配分	评分标准	扣分	得分
1	抱新生儿	抱新生儿时一只手托住新生儿的头部，另一只手放入新生儿的颈下 再把托头的手换到臀部，同时轻轻用力将新生儿抱起 放新生儿时，应让新生儿的臀部先着床，后放新生儿的上部身体，再把抱臀部下的手抽出后托住头部，取出放在颈下的手，再轻轻地放下头部	12分	每项要点4分、操作不到位酌情扣分		
2	注意事项	动作轻缓、规范 动作幅度适宜	8分	每项要点4分、操作不到位酌情扣分		
合计			20分			

六、协助行动不便的老年人沐浴（表6）

表6 协助行动不便的老年人沐浴考核表

序号	考核内容	考核要点	配分	评分标准	扣分	得分
1	协助入浴	健侧的脚先迈入浴缸 将患侧的脚放入浴缸 扶住浴者臀部 进入浴缸 放下臀部	15分	每项要点3分，叙述不全酌情扣分		
2	协助出浴	把脚收回 身体前倾 将老人臀部拉近护理人员 向浴凳移动 坐在浴凳上 脚抬出浴缸	15分	每项要点3分，叙述不全酌情扣分		
合计			30分			

七、给病人测量体温（表7）

表7 给病人测量体温

序号	考核内容	考核要点	配分	评分标准	扣分	得分
1	口腔检查法	1. 测量体温前先检查体温计水银端有无破损，水银柱是否在35℃以下，检查无误并擦试干净后将体温计放于患者舌下，并告诉病人要紧闭嘴巴用鼻呼吸，不能咬破体温计，3分钟后取出体温计 2. 将体温计从病人口中取出并擦拭干净，查看度数后并记录下来，记录完毕后将水银柱甩到35℃以下	10分	每项要点5分，叙述不全酌情扣分		
2	腋下检查法	测量体温前先检查体温计水银端有无破损，水银柱是否在35℃以下 将体温计用干毛巾擦拭干净，然后将体温计水银端放于腋窝深处紧贴皮肤，并且告诉病人屈臂过胸，将体温计夹紧，5～6分钟后取出，察看度数并记录下来，记录完毕后将水银柱甩到35℃以下	10分	每项要点5分，叙述不全酌情扣分		

序号	考核内容	考核要点	配分	评分标准	扣分	得分
3	肛门检查法	测量体温前先检查体温计水银端有无破损，水银柱是否在35℃以下，并将水银端蘸少许润滑剂 让患者侧卧（或平卧）屈膝，将体温计水银端轻轻插入肛门3~4厘米，3分钟后取出 对于神志不清的患者，护理人员应该协助病人扶持体温计，不得离开，防止体温计折断、脱落或滑入病人的直肠内 将体温计从病人体内取出并且擦拭干净，察看度数并记录下来，将水银柱甩到35℃以下	10分	每项要点2.5分，叙述不全酌情扣分		
合计			30分			

主观题测试（职业道德）

1. 考核内容

（1）家政服务工作的价值和家政服务职业道德规范。

（2）家政服务工作安全防护基本知识和技能。

（3）家政服务工作相关法律法规以及解决法律问题的基本途径。

2. 考核要求

（1）理解家政服务工作的价值和职业道德规范，确立积极的职业道德观念和服务意识。

（2）掌握安全防护基本知识和技能。

（3）了解相关法律法规，树立法律意识，了解解决法律问题的基本途径。

3. 分数分配

（1）家政服务工作的价值和家政服务职业道德规范。（40%）

（2）家政服务工作安全防护基本知识和技能。（40%）

（3）家政服务工作相关法律法规以及解决法律问题的基本途径。（20%）

4. 评分标准

职业道德主要是对家政服务从业人员对职业的性质与价值认识的培训，预期培训效果是认识和态度的变化，因此职业道德教学与评价都应强调学员本身的参与和思考，而不能仅仅是对知识的记忆。

（1）学员能否结合自己的工作经验，表达对这一职业的认识和思考。

（2）每个家政服务员的岗位不同，学员是否对自己岗位的独特要求有比较清楚的认识和价值认同。

5. 参考试题

（1）作为家政服务员，怎样才能做好工作，更好地满足现代不同家庭的需要？

（2）结合你自己的经验，谈谈家政服务员在工作中必须做到的有哪些，绝对不能做的有哪些。

（3）请你谈谈自己的求职经验或教训，总结一下求职的时候特别需要注意哪些问题。

（4）请你说说在家政服务中曾经遇到的困难甚至危险，并说说你是怎么解决和应对这些问题的。

试 题 答 案

一、判断题

1. ×　2. ×　3. √　4. √　5. ×　6. √　7. √　8. ×　9. √　10. ×
11. √　12. √　13. √　14. ×　15. √　16. √　17. ×　18. ×　19. ×　20. ×
21. √　22. √　23. √　24. √　25. √　26. √　27. √　28. √　29. √　30. √
31. ×　32. √　33. √　34. √　35. √　36. √　37. ×　38. √　39. ×　40. ×
41. √　42. √　43. √　44. √　45. √　46. √　47. √　48. √　49. √　50. ×
51. ×　52. √　53. √　54. √　55. √　56. √　57. ×　58. √　59. √　60. √
61. √　62. ×　63. ×　64. √　65. √　66. ×　67. √　68. ×　69. √　70. ×

二、选择题

（一）单选题

1. B　2. C　3. B　4. A　5. D　6. C　7. A　8. B　9. C　10. D
11. B　12. D　13. A　14. B　15. C　16. D　17. A　18. A　19. B　20. C
21. A　22. C　23. D　24. C　25. D　26. A　27. D　28. B　29. C　30. D
31. A　32. B　33. A　34. A　35. B　36. A　37. C　38. A　39. D　40. D
41. C　42. B　43. A　44. B　45. A　46. D　47. B　48. C　49. A　50. B
51. A　52. C　53. B　54. C　55. B　56. C　57. C　58. B　59. C　60. B
61. D　62. C　63. B　64. C　65. C　66. C　67. A　68. A　69. B　70. A

（二）多选题

1. ABC	2. ABD	3. BCD	4. ABCD	5. ACD	6. ABCD	7. ABC
8. AB	9. BC	10. AD	11. ABC	12. ABCD	13. ABCD	14. ACD
15. ACD	16. ABC	17. ABD	18. ABCD	19. ABC	20. ABCD	21. ABC
22. ABCD	23. ABCD	24. ABCDE	25. ABCD	26. ABC	27. ABD	28. ABCD
29. ABCD	30. ABCD	31. ABCD	32. ABCD	33. AB	34. ABD	35. AB

参 考 文 献

[1] 周晓燕. 烹调工艺学[M]. 北京：中国纺织出版社，2008.

[2] 薛党辰. 烹饪基本功训练教程[M]. 北京：中国纺织出版社，2008.

[3] 赵廉. 烹饪原料学[M]. 北京：中国纺织出版社，2008.

[4] 陈忠明. 面点工艺学[M]. 北京：中国纺织出版社，2008.

[5] 牛铁柱. 烹调工艺学[M]. 北京：机械工业出版社，2010.

[6] 冯玉珠. 烹调工艺学[M]. 北京：中国轻工业出版社，2006.

[7] 陈锡珠，黄芝娴. 家政服务员（初级）[M]. 北京：中国劳动社会保障出版社，2011.

[8] 万梦萍，匡仲潇. 家庭服务员[M]. 2 版. 北京：中国劳动社会保障出版社，2012.

[9] 夏君，邹金宏. 家政六好管理 [M]. 北京：中国财富出版社，2013.

[10] 吴兴鹏. 服装洗涤整烫基本技能[M]. 北京：中国劳动社会保障出版社，2008.

[11] 邵小云，等. 物业保洁培训[M]. 北京：化学工业出版社，2014.

[12] 谭宏英. 家政培训[M]. 成都：成都时代出版社，2010.

[13] 王君. 家政服务员：基础知识[M]. 北京：中国劳动社会保障出版社，2006.

[14] 朱凤莲，等. 家政服务员上岗手册 [M]. 北京：中国时代经济出版社，2011.

[15] 艾贝母婴研究中心. 宝宝辅食制作与营养配餐[M]. 成都：四川科学技术出版社，2015.

[16] 陈帖. 催乳师培训教材 [M]. 北京：旅游教育出版社，2015.

[17] 李琳. 育儿知识[M]. 北京：中国妇女出版社，2014.

[18] 王廷礼. 母婴护理师 [M]. 北京：中国劳动社会保障出版社，2012.

[19] 万梦萍. 母婴护理员（月嫂）[M]. 北京：中国劳动社会保障出版社，2012.

[20] 王楠. 妊娠分娩育儿[M]. 北京：中国纺织出版社，2015.

[21] 陈学锋. 育婴员 [M]. 北京：海军出版社，2009.

[22] 丁昀. 育婴师[M]. 北京：中国劳动社会保障出版社，2006.

[23] 朱凤莲. 老人护理员上岗手册 [M]. 北京：中国时代经济出版社，2011.

[24] 刘洋. 居家养老护理师（初级）[M]. 哈尔滨：哈尔滨工程大学出版社，2013.

[25] 中国就业培训技术指导中心. 老年照护[M]. 北京：中国劳动社会保障出版社，2012.

[26] 人力资源和社会保障部教材办公室. 家政服务员[M]. 北京：中国劳动社会保障出版社，2009.

[27] 郭剑平，曹炳泰，罗胜帅. 改善江苏省家政服务业发展状况的对策探究[J]. 江苏商论，2011(5)：36-38.

[28] 樊金娥，李欧. 学科基质——当代家政学本土化研究的前提反思[J]. 吉林广播电视大学学报，2008(12)：13-16.

[29] 朱运致. 能干女性——女性与家政[M]. 北京：中国劳动社会保障出版社，2011.

[30] 朱运致. 中国家政学学科发展的回顾与展望[J]. 现代教育科学：高教研究，2010(75)：108-111.

[31] 卓长立，高玉芝. 家政服务员[M]. 北京：中国劳动社会保障出版社，2012.